# Python 机器学习项目实战

[德] 阿列克谢·格里戈里耶夫(Alexey Grigorev)　著

但　波　蔡天一　丁　昊　　　　译

清华大学出版社

北　京

北京市版权局著作权合同登记号 图字：01-2022-3478

Alexey Grigorev

Machine Learning Bookcamp, Build a Portfolio of Real-life Projects

EISBN: 978-1-61729-681-9

Original English language edition published by Manning Publications, USA © 2021 by Manning
Publications. Simplified Chinese-language edition copyright © 2022 by Tsinghua University Press
Limited. All rights reserved.

**图书在版编目(CIP)数据**

Python机器学习项目实战 / (德) 阿列克谢•格里戈里耶夫著；但波，蔡天一，丁昊译. —北京：清华
大学出版社，2023.1

书名原文：Machine Learning Bookcamp, Build A Portfolio of Real-life Projects

ISBN 978-7-302-62279-6

Ⅰ. ①P… Ⅱ. ①阿… ②但… ③蔡… ④丁… Ⅲ. ①软件工具—程序设计 ②机器学习 Ⅳ. ①TP311.561
②TP181

中国国家版本馆 CIP 数据核字(2023)第 007092 号

责任编辑：王　军
装帧设计：孔祥峰
责任校对：成凤进
责任印制：曹婉颖

出版发行：清华大学出版社
　　　　　网　　　址：http://www.tup.com.cn，http://www.wqbook.com
　　　　　地　　　址：北京清华大学学研大厦 A 座　　　　邮　　　编：100084
　　　　　社 总 机：010-83470000　　　　　　　　　　邮　　　购：010-62786544
　　　　　投稿与读者服务：010-62776969，c-service@tup.tsinghua.edu.cn
　　　　　质 量 反 馈：010-62772015，zhiliang@tup.tsinghua.edu.cn
印 装 者：天津鑫丰华印务有限公司
经　　　销：全国新华书店
开　　　本：170mm×240mm　　　　印　　　张：24　　　　字　　　数：613 千字
版　　　次：2023 年 3 月第 1 版　　　　印　　　次：2023 年 3 月第 1 次印刷
定　　　价：128.00 元

产品编号：095332-01

# 译 者 序

　　AlphaGo 的胜利、无人驾驶的成功、模式识别的突破性进展以及人工智能的飞速发展一次又一次地挑动着我们的神经。作为人工智能的核心，机器学习也在人工智能的大步发展中备受瞩目、光辉无限。如今，机器学习的应用已遍及人工智能的各个分支，如专家系统、自动推理、自然语言理解、模式识别、计算机视觉、智能机器人等领域。但也许我们不曾想到的是，机器学习乃至人工智能的起源是对人本身的意识、自我、心灵等哲学问题的探索。而在发展的过程中，更是融合了统计学、神经科学、信息论、控制论、计算复杂性理论等学科的知识。总的来说，机器学习的发展是整个人工智能发展史上颇为重要的一个分支。

　　随着"大数据"时代的到来以及计算机算力的提升，机器学习进入一个新时代。以最近火热的 ChatGPT 为例，它是美国人工智能研究实验室 OpenAI 开发的一种全新聊天机器人模型，它能够通过学习和理解人类的语言来进行对话，还能根据聊天的上下文进行互动并协助人类完成一系列任务。它的发展可谓是机器学习的巨大飞跃，甚至可以视为人类迈向"真·人工智能"的巨大跨越。随着机器学习技术的发展以及在各行各业的应用，可以说机器学习现在与我们每个人都息息相关。

　　作为一名大学教师，我的主要研究领域为人工智能和深度学习，目前为研究生讲授《模式识别》等课程；同时也参与了多个与机器学习相关的科研项目，对机器学习的工程应用有丰富的经验。当看到本书时，我感觉非常有必要将其翻译出来并让更多的人学习到其中的内容。本书是一本针对机器学习与聚焦实践经验的实用指南，适用于对数据科学感兴趣并需要快速获得有用和可重用经验（针对数据和数据问题）的相关开发人员。建议大家在学习本书时，除了逐字逐句地认真阅读外，还必须要付诸实践。衷心希望读者能够通过本书成为机器学习的高手和大师。

　　本书由但波、蔡天一、丁昊共同翻译，虽然在翻译过程中，对每句话都进行了反复思考，力图传达作者确切的意图，但囿于译者水平有限，错误疏漏之处在所难免，望各位读者、专家和业内人士不吝提出宝贵意见。

　　最后，真诚地感谢在翻译过程中予以我们帮助的清华大学出版社的编辑们，感谢所有译者的家人一如既往的支持和鼓励，也感谢所有帮助和指导我们的人。

但波

# 序　言

我认识 Alexey 已有六年多。我们差点在柏林一家科技公司的同一个数据科学团队共事：Alexey是在我离开几个月后加入的。除此之外，我们最终还是通过数据科学竞赛平台 Kaggle 和一位共同的朋友认识了彼此。我们同组参加了 Kaggle 自然语言处理竞赛，这是一个有趣的项目，需要仔细地使用预先训练过的单词嵌入并巧妙地将它们组合在一起。当时，Alexey 正在撰写一本书并邀请我进行技术评审。该书是关于 Java 和数据科学的，其中 Alexey 对有趣示例的精心策划给我留下了深刻印象。这很快促成了一场新合作：我们共同撰写了一本关于 TensorFlow 的书，该书致力于讲解从强化学习到推荐系统的不同项目，旨在为读者提供具体示例并激发其灵感。

与 Alexey 一起工作时，我注意到就像许多从软件工程过渡到数据科学的人一样，他更喜欢通过实际操作和编程来学习。

因此，当听说 Alexey 又开始写另一本以项目为基础的书时，我并不感到惊讶。因为受邀为 Alexey的作品作序，所以我从头拜读了本书，其内容让我兴趣盎然。本书主要针对机器学习进行介绍并聚焦实践经验。它是为与 Alexey 有着相同背景的人编写的，适用于对数据科学感兴趣并需要快速获得有用和可重用经验(针对数据和数据问题)的相关开发人员。

作为写过十几本关于数据科学和人工智能的书籍的作者，我知道已经有很多关于这一主题的书籍和课程。然而，本书却完全不同。在本书中，你不会发现与其他书籍所提供的相同或似曾相识的数据问题。它没有迂腐的、重复的主题流，不会像地图上的路线一样，总是指向你已经知道或见过的地方。

书中讲述的一切都围绕着实际和接近真实世界的示例。你将学习如何预测汽车的价格、确定客户是否会流失并评估不偿还贷款的风险。之后，你将服装照片分类成 T 恤、连衣裙、裤子和其他类别。这个项目特别有趣，因为 Alexey 亲自策划了这个数据集。同时，你也可以用自己衣柜里的衣服来丰富该数据集。

通过阅读本书，你将应用机器学习来解决常见的问题，并且将使用最简单和最有效的解决方案来获得最优的结果。第 1 章首先学习诸如线性回归和逻辑回归的算法。然后逐渐转向梯度提升和神经网络。本书的优点在于，在通过实践讲授机器学习的同时，它也为你在现实世界中的学习做了准备。你将处理不平衡类和长尾分布并了解如何处理不整洁的数据。你还将评估模型并使用 AWS Lambda 以及 Kubernetes 部署它们，而这只是你通过本书学习到的一小部分新技术。

从工程师的角度看，可以说本书的编排是为了让你获得 20%的核心知识，而这些知识涵盖了成为一名伟大数据科学家所需的 80%的内容。更重要的是，你将在 Alexey 的指导下进行阅读和练习，这些内容来自他的工作和 Kaggle 经验。在这样的前提下，我希望你在阅读本书的内容和具体项目的过程中一切顺利。我确信它将帮助你掌握数据科学及其问题、工具和解决方案。

—— Luca Massaron

# 自 序

我的职业生涯是从 Java 开发人员开始的。2012 年到 2013 年前后,我开始对数据科学和机器学习产生兴趣。首先,我学习了网络课程,然后攻读了硕士学位,并且花两年时间研究了商业智能和数据科学的不同之处。最终,我于 2015 年毕业,开始从事数据科学工作。

在工作中,我的同事向我展示了 Kaggle——一个数据科学竞赛平台。我当时想,"有了从硕士课程学习的所有技能以及硕士学位,一定可以轻松地赢得任何比赛"。但当我尝试竞赛时,结果却惨败。我所掌握的所有理论知识对 Kaggle 来说都是无用的。我的模型很糟糕,因此最终在排行榜的位置非常靠后。

接下来的 9 个月,我参加了数据科学竞赛。我做得并非特别好,但这段时间让我真正学会了机器学习。我意识到对我来说,最好的学习方法是做项目。当我专注于问题、动手去做以及进行实验时,才能真正学会和掌握技术。但是,如果把重点放在课程和理论上,我会花费太多的时间去学习实践中并不重要和有用的东西。

事实上,当谈论起我的经历时,我发现很多人有同样的感受。正因为如此,本书的重点是通过做项目来学习。我相信软件工程师(与我背景相同的人)在实践中能得到真知。

本书通过汽车价格预测项目开始学习线性回归。然后,因为想确定客户是否会停止使用公司的服务,所以将学习逻辑回归。为学习决策树,我们通过对银行客户进行评分以确定他们是否能够偿还贷款。最后,使用深度学习将服装图片按照 T 恤、裤子、鞋子、外衣等进行类别划分。

书中的每个项目都从问题描述开始。然后使用不同的工具和框架来解决相关问题。通过聚焦问题,我们只讲述有助于解决问题的重要部分。其中也包含理论,但我会把它尽可能地压缩,讲述的重点仍然是实践部分。

然而,有时必须在一些章节中插入公式。在一本有关机器学习的书中避开公式是不现实的。我知道公式对有些人来说是可怕的。我感同身受,这也是我用代码解释所有公式的原因。当你看到一个公式时,不要让它吓到你。可以尝试先理解代码,然后回到公式,查看代码是如何转换为公式的。这样这个公式就不会再吓人。

本书未涵盖所有相关话题。我们只专注最基本的内容,即你利用机器学习工作时肯定要用到的知识。此外还有其他一些尚未提及的重要主题:时间序列分析、聚类、自然语言处理等。读完本书后,你将有足够的背景知识来自学这些主题。

本书中有 3 章内容主要围绕模型部署展开。这些是非常重要的章节。能否部署好一个模型是一个项目成功与否的关键。即使是最好的模型,如果其他人不能使用,那也是无用的。这就是你需要花时间去学习如何让别人可以使用它的原因,也是我在书中学完逻辑回归后很早提及它的原因。

最后一章是利用 Kubernetes 部署模型。这不是一个简单的章节,但现在 Kubernetes 是最常用的容器管理系统。因此,很可能你需要用它来工作,这也是它被收录在书中的原因。

最后，书的每一章几乎都包括练习。跳过它们可能会让你学起来感觉很舒适，但我不建议这样做。通过本书的学习，你肯定会学到许多新东西。但如果不在实践中应用这些知识，你将很快遗忘其中的大部分内容。练习有助于在实践中应用这些新技能——你会更牢固地记住所学知识。

现在开始本书的学习旅程吧。

——Alexey Grigorev

# 致　　谢

撰写本书占用了我很多的空闲时间。我花费了无数无眠的夜晚为此工作。因此，我首先要感谢妻子的耐心和支持。

其次，我还要感谢编辑 Susan Ethridge，感谢她的耐心。本书的第一个早期版本于 2020 年 1 月发布。不久之后，我们周围疫情肆虐，大家都被关在家里。写本书对我来说极具挑战性。我不知道错过了多少截止日期，但 Susan 并没有催促我，而是让我按照自己的节奏写作。

第一个读完所有章节的人(Susan 之后)是 Michael Lund。我要感谢 Michael 提供的无价反馈，感谢他在草稿上留下的所有评论。本书有一位评审者曾说"全书对细节的关注是惊人的"，而这主要归功于 Michael 的付出。

在封闭期间找到写书的动力是困难的。有时，我根本感觉不到任何动力进行创作。但评审者和 MEAP 读者的反馈激励着我。尽管困难重重，他们帮助我完成了这本书。因此，我要感谢大家对草稿的审阅和对我的反馈，最重要的是感谢你们温暖的话以及你们的支持。

我尤其想感谢一些给我反馈的读者：Martin Tschendel、Agnieszka Kamińska 和 Alexey Shvets。此外，我还要感谢在 LiveBook 评论区或 DataTalks.Club 的 Slack 组的#ml-bookcamp 频道中留下反馈的所有人。

在第 7 章中，我将一个包含各类衣服的数据集用于图像分类项目。这个数据集是专门为本书创建的。我要感谢所有贡献衣服图像的人，特别是 Kenes Shangerey 和 Tagias，他们贡献了整个数据集 60%的素材。

在本书的最后一章，我用 Kubernetes 和 Kubeflow 来介绍模型部署。Kubeflow 是一种较新的技术，有些东西还没有相应文档。因此，我要感谢我的同事 Theofilos Papapanagiotou 和 Antonio Bernardino 给予的帮助。

如果没有 Manning 出版社市场部的帮助，本书不可能畅销。我特别感谢 Lana Klasic 和 Radmila Ercegovac 帮助宣传本书，并且感谢他们为吸引更多读者而举办的社交媒体活动。我还要感谢项目编辑 Deirdre Hiam、审稿编辑 Adriana Sabo、文字编辑 Pamela Hunt 和校对编辑 Melody Dolab。

感谢本书所有的评审者：Adam Gladstone、Amaresh Rajasekharan、Andrew Courter、Ben McNamara、Billy O'Callaghan、Chad Davis、Christopher Kottmyer、Clark Dorman、Dan Sheikh、George Thomas、Gustavo Filipe Ramos Gomes、Joseph Perenia、Krishna Chaitanya Anipindi、Ksenia Legostay、Lurdu Matha Reddy Kunireddy、Mike Cuddy、Monica Guimaraes、Naga Pavan Kumar T、Nathan Delboux、Nour Taweel、Oliver Korten、Paul Silisteanu、Rami Madian、Sebastian Mohan、Shawn Lam、Vishwesh Ravi Shrimali 和 William Pompei，是你们的建议让本书变得更好。

最后，我还要感谢 Luca Massaron 激励我写书。我并非是一个像你一样多产的作家，但感谢你带给我的巨大动力。

# 前　言

## 本书读者对象

本书是为能够编程并能快速掌握 Python 基本知识的人编写的。读者不需要有任何机器学习的经验。理想读者是愿意从事机器学习工作的软件工程师。然而，需要为学习和业余项目编写代码的积极向上的大学生阅读本书后同样会受益匪浅。

此外，那些已经在使用机器学习但想了解更多的人也会发现本书很有帮助。许多已经担任数据科学家和数据分析师的人都表示，本书对他们很有帮助，特别是关于部署的章节。

## 本书组织结构

本书一共包含 9 章内容，共研究了 4 个不同的项目。

- 第 1 章讨论传统软件工程与机器学习的区别；介绍组织机器学习项目的过程，涵盖从最初了解业务需求到最后部署模型的步骤；还详细地介绍过程中的建模步骤并讨论应该如何评估模型和选择最好的模型。为说明该章中的概念，运用了垃圾邮件检测案例。
- 第 2 章给出第一个项目——预测一辆汽车的价格。我们将学习如何对其使用线性回归。首先准备一个数据集并做一些数据清理。接下来，进行探索性数据分析，以更好地理解数据。然后用 NumPy 建立一个线性回归模型，以了解机器学习模型内部运转机制。最后讨论正则化和模型质量评估等话题。
- 第 3 章解决客户流失预测问题。该章假设我们在一家电信公司工作，想要确定哪些客户可能很快停止使用我们的服务。这是一个用逻辑回归来解决的分类问题。我们从特征重要性分析入手，了解哪些因素对这个问题最为重要。然后讨论作为处理分类变量(性别、合同类型等因素)方式的独热编码。最后，用 Scikit-Learn 训练一个逻辑回归模型，以了解哪些客户即将流失。
- 第 4 章采用第 3 章建立的模型并对其性能进行评估。该章涵盖最重要的分类评估指标：准确度、查准率和查全率。我们讨论了混淆矩阵，然后具体讲述 ROC 分析和 AUC 计算。该章最后讨论 $K$ 折交叉验证。
- 第 5 章将客户流失预测模型作为一个 Web 服务进行部署。这是整个过程中的一个重要步骤，因为如果不使模型变得可用，那么它对任何人都没有用处。首先介绍用于创建 Web 服务的 Python 框架 Flask。然后用 Pipenv 和 Docker 进行依赖项管理并在 AWS 上完成服务的部署。

- 第 6 章介绍一个关于风险评分的项目。我们想了解银行的客户是否会有还贷问题。为此，我们学习决策树的工作原理并用 Scikit-learn 训练一个简单的模型。然后，转向更复杂的基于树的模型，如随机森林和梯度提升。

- 第 7 章构建一个图像分类项目。我们将训练一个模型，将服装图像分为 T 恤、衣服、裤子等 10 个类别。我们使用 TensorFlow 和 Keras 来训练模型，此外介绍迁移学习的内容，因为它能够用相对较小的数据集训练模型。

- 第 8 章采用第 7 章中训练的服装分类模型，并且用 TensorFlow Lite 和 AWS Lambda 进行部署。

- 第 9 章部署服装分类模型，但在第一部分使用 Kubernetes 和 TensorFlow Serving，在第二部分使用 Kubeflow 和 Kubeflow Serving。

为帮助你更好地阅读本书以及了解 Python 和它的库，我们提供了 5 个附录。

- 附录 A 介绍如何设置针对本书的环境，展示如何安装 Anaconda 和 Python、如何运行 Jupyter Notebook、如何安装 Docker 以及如何创建 AWS 账户。

- 附录 B 介绍 Python 的基础知识。

- 附录 C 涵盖 NumPy 的基本知识，并且简要介绍机器学习所需的最重要的线性代数概念：矩阵乘法和矩阵求逆。

- 附录 D 介绍 Pandas。

- 附录 E 解释如何在 AWS SageMaker 上获得带有 GPU 的 Jupyter Notebook。

这些附录是选读的，但它们都很有帮助，尤其是若你之前没使用过 Python 或 AWS。

你不必从头至尾地阅读本书。为帮助你导航，可以使用下列指南。

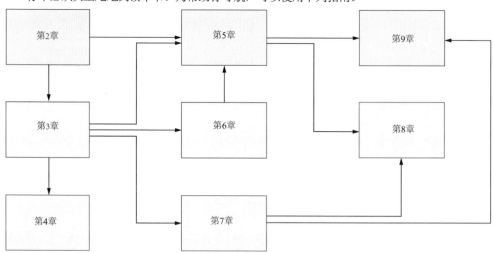

其中第 2、3 章的内容最重要，其余章节的内容都基于这两章。阅读完第 2、3 章的内容后，可以跳到第 5 章学习模型部署、到第 6 章学习基于树的模型或者到第 7 章学习图像分类。第 4 章讲解的评估指标基于第 3 章的内容：评估第 3 章的客户流失预测模型的质量。第 8、9 章将部署图像分类模型，因此在此之前先阅读第 7 章是很有帮助的。

每一章几乎都包括练习。做这些练习很重要，它们会帮助你更好地记住相关内容。

# 关 于 作 者

Alexey Grigorev 与家人居住在柏林。他是一名经验丰富的软件工程师，专注于机器学习。他在 OLX 集团担任首席数据科学家，帮助同事们将机器学习应用于生产。

工作之余，Alexey 还运营着 DataTalks.Club——一个由喜欢数据科学和机器学习的爱好者组成的社区。他还出版过另外两本著作：*Mastering Java for Data Science* 和 *TensorFlow Deep Learning Projects*。

# 关于封面插图

本书封面插图的标题是 *Femme de Brabant*。该插图选自 Jacques Grasset de Saint-Sauveur(1757—1810)所著的 *Costumes de Différents Pays*,该图集于 1797 年在法国出版,是一本关于各国服饰的合集。其中每幅插图都是手工绘制和着色的。Jacques Grasset de Saint-Sauveur 的收藏品种类丰富,生动地为我们展示了 200 年前世界上的不同地区在文化上的多样性。那时人们说着不同的方言和语言,彼此之间的沟通很少。站在街头或乡村,仅从他们的衣着就能很容易辨别他们来自何处、从事哪种职业以及生活状况如何。

对比当前,人们的着装已发生改变,世界上不同国家和地区的多样性也已经消失。现在很难区分不同大陆的居民,更不用说区分不同的城市、地区或国家的居民了。也许是我们个人生活的丰富多彩(或者是更多样化和快节奏的科技)取代了文化的多样性。

在一个很难区分计算机类书籍之间差异的时代,Manning 利用这种基于两个世纪前地区生活丰富的多样性而设计的书籍封面来宣告计算机行业的创造性和主动性,通过使用 Jacques Grasset de Saint-Sauveur 的图片让本书焕然一新。

# 目　　录

# 机器学习简介

**本章内容**

- 了解机器学习及其可以解决的问题
- 建立一个成功的机器学习项目
- 训练和选择机器学习模型
- 进行模型验证

本章将介绍机器学习并描述它最有用的案例，展示机器学习项目与传统软件工程(基于规则的解决方案)的不同之处，并且以垃圾邮件检测系统为例说明两者的区别。

为使用机器学习解决现实生活中的问题，我们需要一种建立机器学习项目的方法。本章将讨论CRISP-DM：一种建立成功机器学习项目的循序渐进方法。

最后，进一步研究 CRISP-DM 的一个步骤——建模步骤。在该步骤中，我们训练不同的模型并选择能解决问题的最优模型。

## 1.1 机器学习

机器学习是应用数学和计算机科学的一部分。它使用概率、统计学和优化理论等数学学科工具从数据中提取模式。

机器学习隐藏的主要思想是从示例中学习：准备一个包含示例的数据集，机器学习系统将从这个数据集中"学习"。换言之，我们为系统提供输入和期望的输出，系统会试图弄清楚如何自动进行转换，而不必人工提醒。

例如，我们可以收集一个包含汽车及其价格描述的数据集。然后为这个数据集提供一个机器学习模型并通过显示汽车及其价格来"教"它。这个过程被称为训练或拟合(见图 1-1)。

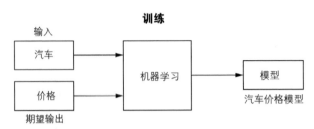

图 1-1 机器学习算法接收输入数据(对汽车的描述)和期望输出(汽车价格)。基于这些数据,它生成一个模型

训练完成后就可以使用该模型预测未知的汽车价格(见图 1-2)。

图 1-2 训练完成后,我们获得一个可以应用于新输入数据(未知价格的汽车)并得到输出(价格预测)的模型

如上所述,机器学习所需的只是一个数据集,其中对于每个输入项(如一辆汽车),都有期望的输出(价格)。

这个过程与传统的软件工程有很大不同。如果没有机器学习,分析师和开发人员需要查看他们拥有的数据并尝试手动查找其中的模式。之后,他们提出一些逻辑:一组将输入数据转换为所需输出的规则。然后使用 Java 或 Python 等编程语言对这些规则进行显式编码,其结果被称为软件。因此,与机器学习相比,人类完成了传统编程中的所有困难工作(见图 1-3)。

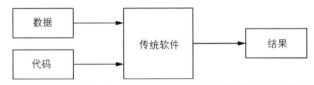

图 1-3 在传统软件中,模式是人工发现的,然后用编程语言进行编码。所有工作都是靠人完成的

通过图 1-4,我们可以总结传统软件系统和基于机器学习的系统之间的区别。在机器学习中,我们为系统提供输入和输出数据,结果是一个可以将输入转换为输出的模型(代码)。困难的工作由机器完成,我们只需要监督训练过程以确保模型性能良好,如图 1-4(b)所示。相比之下,在传统系统中,我们首先要自己找到数据中的模式,然后基于人工发现的模式编写代码,将数据转换为期望的结果,如图 1-4(a)所示。

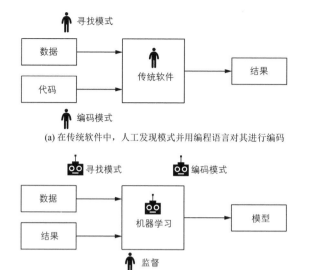

(a) 在传统软件中，人工发现模式并用编程语言对其进行编码

(b) 机器学习系统通过从示例中学习来自动发现模式。经过训练后，它会生成一个
"知道"这些模式的模型，但我们仍需要对其进行监督以确保模型是正确的

图1-4　传统软件系统与机器学习系统的区别。在传统的软件工程中，我们完成所有工作；而在机器学习中，我们将模
式发现工作交给机器

## 1.1.1　机器学习与基于规则的方法

为阐明机器学习与基于规则的方法之间的区别并说明机器学习有用的原因，接下来将考虑一个具体案例。在本节中，我们将讨论垃圾邮件检测系统来展示这两种方法之间的差异。

假设我们正在运行电子邮件服务，用户开始因为收到未经请求的带有广告的电子邮件而发出抱怨。为解决该问题，我们期望创建一个系统，将不需要的消息标记为垃圾邮件并将它们转发到垃圾邮件文件夹。

解决该问题最显而易见的方法是自己查看这些电子邮件，观察这些电子邮件中是否存在任何模式。例如，可以检查发件人和内容。

如果发现垃圾邮件中确实存在某种模式，可以记下发现的模式并提出两个简单的规则来捕获这些消息。

- 如果发件人=promotions@online.com，则分类为"垃圾邮件"；
- 如果标题包含"立即购买享受 50%折扣"并且发件人域名是 online.com，则分类为"垃圾邮件"；
- 否则，分类为"正常的电子邮件"。

我们成功地用 Python 编写了这些规则并创建了垃圾邮件检测服务。一开始，系统运行良好并捕获了所有垃圾邮件，但过了一段时间，新垃圾邮件开始会漏掉。现有规则不再能成功地将这些消息标记为"垃圾邮件"。

为解决该问题，我们对新消息的内容进行了分析，发现其中大部分都包含"存款"这个词。因此添加一个新规则。

- 如果发件人=promotions@online.com，则分类为"垃圾邮件"；

- 如果标题包含"立即购买享受 50%折扣"并且发件人域名是 online.com，则分类为"垃圾邮件"；
- 如果正文包含"存款"一词，则分类为"垃圾邮件"；
- 否则，分类为"正常的电子邮件"。

在发现这个规则后，我们将修复程序部署到 Python 服务中并开始捕获更多垃圾邮件，这让邮件系统的客户感到高兴。

然而，一段时间后，用户又开始抱怨：有些人出于好意使用"存款"一词，但我们的系统未能识别出这一事实并将这些消息标记为垃圾邮件。为解决该问题，我们查看正常的消息并尝试了解它们与垃圾邮件的不同之处。一段时间后，我们发现了一些模式并再次修改规则。

- 如果发件人=promotions@online.com，则分类为"垃圾邮件"；
- 如果标题包含"立即购买享受 50%折扣"并且发件人域名是 online.com，则分类为"垃圾邮件"；
- 如果正文包含"存款"一词且
  - 如果发件人域名是 test.com，则分类为"垃圾邮件"；
  - 如果描述长度≥100 字，则分类为"垃圾邮件"；
- 否则，分类为"正常的电子邮件"。

在本例中，我们手动查看输入数据并对其进行分析，以尝试从中提取模式。分析的结果是，我们得到了一组规则，可以将输入数据(电子邮件)转换为两种可能的结果之一：垃圾邮件或非垃圾邮件。

现在假设重复这个过程几百次。我们最终得到难以维护和理解的代码。某些时候，在不破坏现有逻辑的情况下在代码中包含新模式是不可能的。因此，从长远看，很难维护和调整现有规则来使垃圾邮件检测系统仍然运行良好并最大限度地减少垃圾邮件投诉。

这正是机器学习可以帮助解决的问题。在机器学习中，我们通常不会尝试人工提取这些模式。相反，我们将此任务委托给统计方法，为系统提供一个数据集，其中包含标记为垃圾邮件或非垃圾邮件的电子邮件，并且用一组特点(特征)描述每个对象(电子邮件)。基于这些信息，系统会尝试在没有人工帮助的情况下找到数据中的模式。最后，它会学习如何将这些特征组合在一起，以便将垃圾邮件标记为垃圾邮件，而不会将正常的邮件标记为垃圾邮件。

有了机器学习，维护一套人工制定的规则的问题就迎刃而解了。当出现新模式(例如出现一种新型垃圾邮件)时，不必人工调整现有规则集，只需要提供一个带有新数据的机器学习算法。因此，该算法从新数据中提取新的重要模式，而不会破坏旧的现有模式，但前提是这些旧模式仍然重要并存在于新数据中。

下面查看如何使用机器学习来解决垃圾邮件分类问题。为此，首先需要用一组特征来表示每封电子邮件。一开始可以选择从以下特征入手。

- 标题长度>10？真/假；
- 正文长度>10？真/假；
- 发件人是 promotions@online.com？真/假；
- 发件人是 hpYOSKmL@test.com？真/假；
- 发件人域名是 test.com？真/假；
- 正文包含"存款"一词？真/假。

在本例中，我们用一组共 6 个特征来描述所有电子邮件。巧合的是，这些特征都是从前面的规则中衍生出来的。

有了这组特征，我们可以将任何电子邮件编码为特征向量：包含特定电子邮件的所有特征值的数字序列。

现在假设有一封邮件被用户标记为垃圾邮件(见图 1-5)。

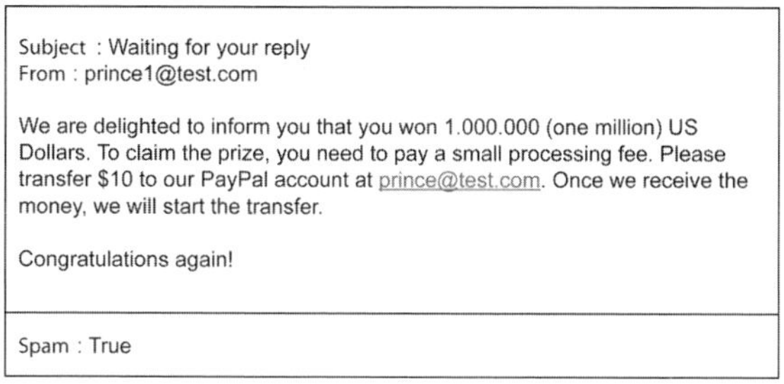

Subject：Waiting for your reply
From：prince1@test.com

We are delighted to inform you that you won 1.000.000 (one million) US Dollars. To claim the prize, you need to pay a small processing fee. Please transfer $10 to our PayPal account at prince@test.com. Once we receive the money, we will start the transfer.

Congratulations again!

Spam：True

图 1-5　用户标记为垃圾邮件的邮件

我们可以将这封邮件表示为一个向量[1, 1, 0, 0, 1, 1]，并且对于 6 个特征中的每一个，我们将值编码为 1 表示真，或 0 表示假(见图 1-6)。因为用户将邮件标记为垃圾邮件，所以目标变量为 1(真)。

图 1-6　垃圾邮件的六维特征向量。6 个特征中的每一个都由一个数字表示。这种情况下，如果特征为真，则使用 1；如果特征为假，则使用 0

通过这种方式，可以为数据库中的所有电子邮件创建特征向量并为每个电子邮件附加一个标签。这些向量将成为模型的输入。然后该模型采用所有这些数字并以一种特定方式组合特征，即对垃圾邮件的预测接近 1(垃圾邮件)，对正常邮件的预测为 0(非垃圾邮件)，如图 1-7 所示。

图 1-7　机器学习算法的输入由多个特征向量和每个向量的目标变量组成

因此，我们获得了一个比一组硬编码规则更灵活的工具。如果将来发生某些变化，我们不必人工重新访问所有规则并尝试重新组织它们。相反，仅使用最新数据并用新数据替换旧模型即可。

这个示例只是机器学习可以让我们的生活更轻松的一种方式。机器学习的其他应用如下。

- 建议一辆汽车的价格；
- 预测客户是否会停止使用公司的服务；

- 根据查询的相关性对文档进行排序；
- 向客户展示他们更有可能单击的广告，而不是无关的内容；
- 对维基百科上的有害和不正确的编辑进行分类。像这样的系统可以帮助维基百科的版主在确认建议的编辑时优先考虑该部分内容；
- 推荐客户可能购买的商品；
- 对不同类别的图像进行分类。

当然，机器学习的应用不只限于这些示例。不夸张地说，几乎任何可以表示为"输入数据/期望输出"的东西都可以被用来训练机器学习模型。

## 1.1.2 当机器学习不起作用时

尽管机器学习很有帮助并且可以解决很多问题，但在某些情况下并不是真的需要它。

对于一些简单任务，规则和启发式效果通常很好，因此最好先从它们开始，再考虑使用机器学习。在垃圾邮件示例中，我们从创建一组规则开始，但是当维护这组规则变得困难之后，我们转向了机器学习。然而，我们使用了一些规则作为特征并简单地将它们反馈到模型中。

某些情况下，根本不可能使用机器学习。要使用机器学习，需要有数据的支撑。如果没有可用数据，就不可能进行机器学习。

## 1.1.3 监督机器学习

刚提到的电子邮件分类问题是监督学习的一个示例：为模型提供特征和目标变量，然后模型会计算出如何使用这些特征达成目标。这种类型的学习被称为监督学习，因为我们通过展示示例来监督或讲授模型。这就像我们教孩子时，通过展示不同物体的图片，然后告诉他们这些物体的名称。

更正式地说，可以用数学方式来表示监督机器学习模型。

$$y \approx g(X)$$

式中

- $g$ 是想利用机器学习进行学习的函数。
- $X$ 是特征矩阵，其中行是特征向量。
- $y$ 是目标变量：一个向量。

机器学习的目标是以下面这样的方式学习函数 $g$，即当它输入矩阵 $X$ 时，输出接近向量 $y$。换言之，函数 $g$ 必须能够接收 $X$ 并输出 $y$。学习 $g$ 的过程通常称为训练或拟合。我们将 $g$ "拟合"到数据集 $X$，使它输出 $y$(见图 1-8)。

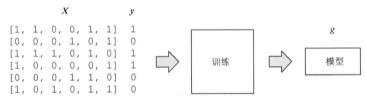

图 1-8 当训练一个模型时，算法接收矩阵 $X$，其中特征向量是行，期望的输出是向量 $y$，里面包含我们想要预测的所有值。训练的结果是 $g$(模型)。经过训练后，$g$ 应用于 $X$ 时应该输出 $y$，或者简言之，$g(X) \approx y$

监督学习问题有多种类型，具体取决于目标变量 $y$。主要类型如下。

- 回归——目标变量 $y$ 是数值，例如汽车价格或明天的温度。我们将在第 2 章中介绍回归模型。
- 分类——目标变量 $y$ 是分类的，例如垃圾邮件/非垃圾邮件或汽车品牌。我们可以进一步将分类分为两个子类别：①二元分类，它只有两种可能的结果，例如垃圾邮件或非垃圾邮件；②多元分类，它有两种以上可能的结果，例如汽车品牌(丰田、福特、大众等)。其中二元分类是机器学习最常见的应用。从第 3 章开始，我们将在本书的多个章节中讨论它。在相关章节中，我们将构建一个模型来预测客户是否会流失，即停止使用公司的服务。
- 排名——目标变量 $y$ 是一组元素的排序，例如搜索结果页面中的页面顺序。排名问题经常发生在搜索和推荐等领域，但这超出了本书的范围，因此不会进行详细介绍。

每个监督学习问题都可以用不同的算法解决，有多种类型的模型可供选择。这些模型定义了函数 $g$ 如何准确地从 $X$ 学习，从而预测输出结果 $y$。这些模型如下。

- 第 2 章中将介绍用于解决回归问题的线性回归；
- 第 3 章中将介绍用于解决分类问题的逻辑回归；
- 第 6 章中将介绍用于解决回归和分类问题的基于树的模型；
- 第 7 章中将介绍用于解决回归和分类的神经网络。

由于计算机视觉方法的突破，使得深度学习和神经网络近来受到了很多关注。这些网络比早期的方法更好地解决了诸如图像分类的任务。深度学习是机器学习的一个子领域，其中函数 $g$ 是一个多层神经网络。我们将从第 7 章开始介绍更多关于神经网络和深度学习的知识，其中将训练一个用于图像分类的深度学习模型。

# 1.2　机器学习过程

创建机器学习系统不只是涉及选择模型、训练模型并将其应用于新数据。模型训练部分只是此过程中的一小步。

它还涉及许多其他步骤，例如确定机器学习可以解决的问题，以及使用模型的预测结果来影响最终用户。更重要的是，这个过程是迭代的。当训练模型并将其应用于新数据集时，我们经常发现模型表现不佳的情况。因此，我们使用这些示例来重新训练模型，以便新版本能更好地处理此类情况。

某些技术和框架有助于我们不会以失控的方式组织机器学习项目。其中一个框架是跨行业数据挖掘标准过程(Cross-Industry Standard Process for Data Mining，CRISP-DM)。它是在 1996 年发明的，尽管年代久远，但仍然适用于今天的问题。

根据 CRISP-DM(见图 1-9)，机器学习过程分为 6 个步骤。

- 问题理解
- 数据理解
- 数据准备
- 建模
- 评估
- 部署

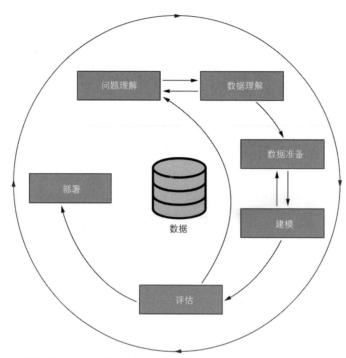

图 1-9　CRISP-DM 过程。机器学习项目从理解问题开始，然后进入数据准备、训练模型和评估结果阶段。最后，
模型进入部署阶段。这个过程是迭代的，每一步都有可能回到上一步

每个阶段涵盖的典型任务如下。

- 在问题理解步骤中，我们尝试确定问题，理解如何解决它，并且决定机器学习是否将成为
解决问题的有用工具。
- 在数据理解步骤中，我们分析可用数据集并决定是否需要收集更多数据。
- 在数据准备步骤中，我们将数据转换为可以用作机器学习模型输入的表格形式。
- 数据准备好后将进入建模步骤，我们在该步骤中训练模型。
- 确定最佳模型后，就是评估步骤。我们评估模型以确定它是否解决了最初的问题并衡量其
在这方面的成功程度。
- 最后，在部署步骤中，我们将模型部署到生产环境。

## 1.2.1　问题理解

现在考虑一个电子邮件服务提供商的垃圾邮件检测示例。我们看到的垃圾邮件比以前更多，而
当前的系统无法轻松处理。该问题在问题理解步骤中得到解决：我们分析问题和现有解决方案并尝
试确定向该系统添加机器学习是否有助于阻止垃圾邮件。我们还定义了目标以及如何衡量它。例如，
目标可以是"减少报告的垃圾邮件数量"或"减少用户支持部门每天收到的垃圾邮件投诉数量"。
在这一步中，我们也可能认为机器学习无济于事并提出一种更简单的方法来解决问题。

## 1.2.2 数据理解

下一步是数据理解。这里，我们尝试确定可以用来解决问题的数据源。例如，如果网站有一个"报告垃圾邮件"按钮，我们可以获取用户将收到的电子邮件标记为垃圾邮件的数据。然后查看并分析数据，以确定它是否足以解决手上的问题。

然而，由于多种原因，这些数据可能不够好。一个原因可能是数据集太小而无法学习到任何有用的模式。另一个原因可能是数据过于嘈杂。用户可能无法正确使用按钮，因此它对于训练机器学习模型毫无用处，或者数据收集过程可能会中断，只能收集我们想要的一小部分数据。

如果目前拥有的数据还不够充分，则无论是从外部来源获取数据，还是改进内部收集数据的方式，都需要找到一种方法来获得更好的数据。在该步骤中的发现也有可能会影响在问题理解步骤中设定的目标，因此我们可能需要回到最初并根据发现及时调整目标。

当有可靠的数据源时，接下来进入数据准备步骤。

## 1.2.3 数据准备

在该步骤中，我们清理数据并对其进行转换，使其可用作机器学习模型的输入。对于垃圾邮件示例，我们将数据集转换为一组特征，稍后将这些特征输入模型中。

数据准备好后，进入建模步骤。

## 1.2.4 建模

在该步骤中，我们决定使用哪种机器学习模型，以及如何确保利用它得到最好的结果。例如，我们可能决定尝试用逻辑回归和深度神经网络来解决垃圾邮件问题。

我们需要知道如何衡量模型的性能以选择最好的模型。对于垃圾邮件模型，可以查看模型预测垃圾邮件的效果并选择最有效的模型。因此，设置适当的验证框架很重要，这也是将在下一节中更详细地介绍它的原因。

在这一步中，我们很可能需要回过头来调整准备数据的方式。也许我们想出了一个很理想的特征，因此回到数据准备步骤并编写一些代码来计算该特征。代码完成后，再次训练模型以检查该特征性能是否良好。例如，我们可能会添加一个"主题的长度"特征来重新训练模型，并且检查此更改是否提高了模型的性能。

选择最好的模型后，随即进入评估步骤。

## 1.2.5 评估

在该步骤中，我们检查模型是否符合预期。当我们在问题理解步骤中设定目标时，还定义了确定目标是否实现的方法。通常，我们通过查看一个重要的指标并确保模型将该指标推向正确的方向来做到这一点。在垃圾邮件检测示例中，指标可以是单击"报告垃圾邮件"按钮的人数或客户支持部门收到的关于正在解决的问题的投诉数量。这两种情况下，我们希望使用模型减少数量。

接下来就是具体的部署。

## 1.2.6 部署

评估模型的最佳方法是对其进行实战测试：将其推广到一小部分用户，然后检查指标是否针对这些用户发生了变化。例如，如果希望模型减少报告的垃圾邮件的数量，那么与其他用户相比，我们希望在该组中看到更少的报告。

在部署模型后，我们使用在所有步骤中学到的一切并返回第一步，以反思实现了什么或没有实现什么。我们可能会意识到最初的目标是错误的，真正想做的可能不是减少报告的数量，而是通过减少垃圾邮件的数量来提高用户参与度。因此，回到问题理解步骤并重新定义目标。然后，当再次评估模型时，使用不同的指标来衡量其是否成功。

## 1.2.7 迭代

如上所述，CRISP-DM 强调机器学习过程的迭代性：在最后一步之后，我们总是期望回到第一步，细化原来的问题并根据学到的信息对其进行修改。我们不会在最后一步就停下；相反会重新思考这个问题，查看在下一次迭代中哪些方面可以做得更好。

人们总以为机器学习工程师和数据科学家整天都在训练机器学习模型。实际上，正如在CRISP-DM 图中看到的那样，这个想法是不正确的。在建模步骤之前和之后有很多步骤，所有这些步骤对于一个成功的机器学习项目都是重要的。

# 1.3  建模和模型验证

正如前面看到的，训练模型(建模步骤)只是整个过程中的一个步骤。但这是重要的一步，因为它是实际使用机器学习来训练模型的环节。

在收集了所有需要的数据并确定它是可用的之后，我们找到了一种处理数据的方法，然后继续训练机器学习模型。在垃圾邮件示例中，这发生在获得所有垃圾邮件报告、处理邮件并准备好将矩阵放入模型之后。

这时，我们可能会问自己使用什么模型：逻辑回归还是神经网络？如果决定使用神经网络(因为我们听说它是最好的模型)，那么如何确保它确实比任何其他模型都要好呢？

此步骤的目标是以实现最佳预测性能的方式生成模型。为此，需要有一种方法来可靠地衡量每个可能的候选模型的性能，然后选择最好的。

一种可能的方法是训练一个模型，让它在一个实时系统上运行，然后观察发生了什么。在垃圾邮件示例中，我们决定使用神经网络来检测垃圾邮件，因此对其进行训练并将其部署到生产系统中。然后观察模型如何处理新消息并记录系统不正确的情况。

然而，这种方法对于我们的示例并不理想：不可能对每个候选模型都这样做。更糟糕的是，我们可能会意外地部署一个非常差的模型，并且只有当它针对系统的实时用户运行后才会发现这一点。

**注意：** 在实时系统上测试模型被称为在线测试，这对于在真实数据上评估模型的质量非常重要。

但是，这种方法属于过程的评估和部署步骤，而不属于建模步骤。

在部署之前选择最佳模型的一个更好的方法是模拟上线后的场景。我们获取完整的数据集并从中取出一部分，然后在数据的剩余部分训练模型。训练完成后，我们假设留出的数据集是新的、未知的数据并用它测量模型的性能。这部分数据通常被称为验证集，而将数据集的一部分留出并使用它来评估性能的过程被称为验证(见图 1-10)。

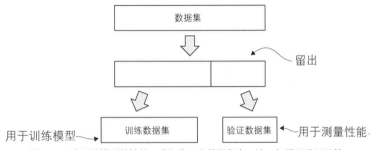

图 1-10 为评估模型的性能，我们将一些数据留在一边，仅用于验证目的

在垃圾邮件数据集中，可以每十封邮件取出一封。这样，我们留出了 10%的数据仅用于验证模型，其余 90%的数据则用于训练。接下来，在训练数据上训练逻辑回归和神经网络。训练好模型后，将它们应用于验证数据集并检查哪一个模型在预测垃圾邮件方面更准确。

如果在将模型应用于验证后，我们发现逻辑回归仅在 90%的情况下预测垃圾邮件是正确的，而神经网络在 93%的情况下是正确的，那么可以得出结论，神经网络模型比逻辑回归模型更好(见图 1-11)。

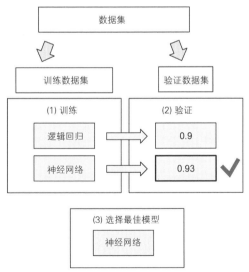

图 1-11 验证过程。我们将数据集分成两部分，在训练部分训练模型并在验证部分评估模型的性能。利用评估结果可以选择最佳模型

通常，我们要尝试的模型不止两个，而是更多。例如，逻辑回归有一个参数 C，根据我们设置的值，结果可能会有很大差异。同样，神经网络模型也有很多参数，每个参数都可能对最终模型的

预测性能产生很大影响。除此之外，还有其他模型，每个模型也都有自己的参数集。如何选择具有最佳参数的最佳模型？

为此，我们使用相同的评估方案。在训练数据上训练具有不同参数的模型并利用它们验证数据，然后根据最佳验证结果选择模型及其参数(见图 1-12)。

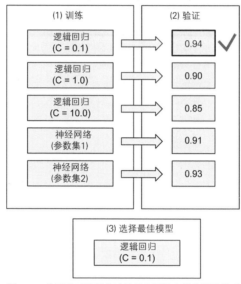

图 1-12　使用验证数据集选择具有最佳参数的最佳模型

然而，这种方法有一个微妙的问题。如果我们一遍又一遍地重复模型评估的过程并为此使用相同的验证数据集，那么在验证数据集中观察到的好结果可能只是偶然出现的。换言之，"最佳"模型可能只是在预测这个特定数据集的结果时很幸运。

**注意：**在统计学和其他领域，这个问题被称为多重比较问题或多重检验问题。对同一数据集进行预测的次数越多，就越有可能偶然看到良好的结果。

为防止这个问题，我们使用相同的想法：再次留出部分数据。这部分数据被称为测试数据集。我们很少使用它，仅将其用于测试我们选择的最佳模型(见图 1-13)。

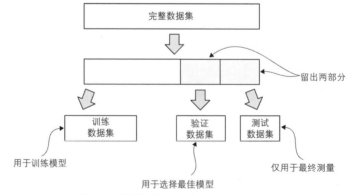

图 1-13　将数据划分为训练、测试和验证部分

为了将此应用于垃圾邮件示例，首先留出 10% 的数据作为测试数据集，然后留出 10% 的数据作为验证集。我们在验证数据集上尝试多个模型，选择最好的一个并将其应用于测试数据集。如果验证和测试之间的性能差异不大，我们就确认这个模型确实是最好的(见图 1-14)。

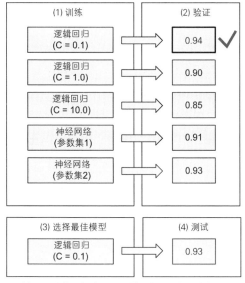

图 1-14　使用测试数据集确认最佳模型在验证集上的性能是最好的

**重点**：设置验证过程是机器学习中最重要的一步。没有它，就没有可靠的方法来知道刚刚训练的模型是好的、无用的还是有害的。

为模型选择最佳模型和最佳参数的过程被称为模型选择。我们可以将模型选择总结如下(见图 1-15)。

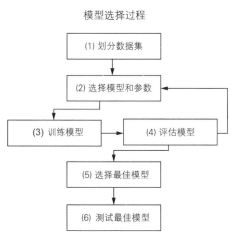

图 1-15　模型选择过程。首先，划分数据集，选择一个模型并仅在数据的训练部分对其进行训练。然后在验证部分评估模型。多次重复这个过程，直到找到最佳模型

- 将数据分成训练、验证和测试部分。

- 首先在训练部分训练每个模型，然后在验证集上对其进行评估。
- 每次训练不同模型时，都使用验证部分记录评估结果。
- 最后，确定哪个模型是最好的并在测试数据集上进行测试。

重要的是要使用模型选择过程并首先在离线设置中验证和测试模型，以确保我们训练的模型是好的。如果模型在离线状态下表现良好，那么我们可以决定进入下一步，部署模型以评估其在真实用户场景中的性能。

# 1.4　本章小结

- 与传统的基于规则的软件工程系统(其中规则是人工提取并进行编码的)不同，机器学习系统可以学会自动从数据中提取有意义的模式。这为我们提供了更大的灵活性并使我们更容易适应变化。
- 成功实施一个机器学习项目需要一个结构和一套指导方针。CRISP-DM 是一个用于组织机器学习项目的框架，它将过程分解为从问题理解到部署的 6 个步骤。该框架强调了机器学习的迭代性质并帮助我们保持有序性。
- 建模是机器学习项目中的重要一步：这是实际使用机器学习来训练模型的部分。在此步骤中，我们创建了可实现最佳预测性能的模型。
- 模型选择是选择最佳模型来解决问题的过程。我们将所有可用数据分为三部分：训练、验证和测试。在训练集上训练模型并使用验证集选择最佳模型。选择最佳模型后，使用测试步骤作为最终检查，以确保最佳模型表现良好。这个过程有助于我们创建有用的模型，保证这些模型运行良好，并且不发生任何意外。

第 $2$ 章

# 用于回归的机器学习

**本章内容**

- 使用线性回归模型创建汽车价格预测项目
- 使用 Jupyter Notebook 进行初步探索性数据分析
- 设置验证框架
- 从头开始实现线性回归模型
- 为模型执行简单的特征工程
- 通过正则化控制模型
- 使用模型预测汽车价格

第 1 章讨论了监督机器学习,其中通过为机器学习模型提供示例来教它们如何识别数据中的模式。

假设我们有一个包含汽车描述的数据集(例如品牌、型号和年份),想使用机器学习来预测它们的价格。汽车的这些特性被称为特征,而价格是目标变量(即想要预测的东西)。然后模型获取特征并将它们组合起来输出价格。

这是监督学习的一个示例:我们有一些关于某些汽车价格的信息,可以用它来预测其他汽车的价格。在第 1 章中,我们还讨论了不同类型的监督学习:回归和分类。如果目标变量是数值,则这是一个回归问题;如果目标变量是分类的,则这是一个分类问题。

本章将创建一个回归模型,从最简单的回归模型开始:线性回归。我们将自己实现算法(这非常简单,只需要几行代码即可完成)。同时,它非常具有说明性,会教你如何处理 NumPy 数组并执行矩阵乘法和矩阵求逆等基本矩阵运算。此外,在对矩阵求逆时会遇到数值不稳定的问题,因此我们将了解正则化如何帮助解决这些问题。

## 2.1 汽车价格预测项目

我们在本章要解决的问题是预测汽车的价格。假设有一个网站,人们可以在上面买卖二手车。

当卖家在该网站上发布广告时，他们通常很难给出一个有意义的价格。我们想帮助客户自动给出一个建议价格。我们要求卖家指定汽车的型号、品牌、年份、里程和其他重要特征，这样可以根据这些信息建议最优惠的价格。

公司的一位产品经理偶然发现了一个包含汽车价格的开放数据集并让我们查看它。我们检查了数据，发现它包含所有重要特征以及推荐价格——这正是我们的用例所需要的。因此，我们决定使用这个数据集来构建价格推荐算法。

项目计划如下。

(1) 下载数据集。

(2) 对数据作一些初步的分析。

(3) 设置验证策略以确保模型获得正确的预测。

(4) 用 Python 和 NumPy 实现一个线性回归模型。

(5) 通过特征工程从数据中提取重要特征以改进模型。

(6) 通过正则化使模型稳定并使用它来预测汽车价格。

## 下载数据集

我们为这个项目做的第一件事是安装所有必需的库：Python、NumPy、Pandas 和 Jupyter Notebook。最简单的方法是使用名为 Anaconda 的 Python 发行版(https://www.anaconda.com)。有关安装指南请参阅附录 A。

安装库后，需要下载数据集。我们有多种选择。一种选择是通过 Kaggle 网页界面手动下载它，网址为 https://www.kaggle.com/CooperUnion/cardataset(通过 https://www.kaggle.com/jshih7/car-price-prediction，可以阅读有关数据集及其收集方式的更多信息)。打开界面，然后单击下载链接。另一种选择是使用 Kaggle 命令行界面(CLI)，这是一种通过 Kaggle 以编程方式访问所有可用数据集的工具。本章将使用后者。附录 A 中描述了如何配置 Kaggle CLI。

注意：Kaggle 是一个面向对机器学习感兴趣的人的在线社区。它主要以主办机器学习竞赛而闻名，但也是一个任何人都可以共享数据集的数据共享平台(有超过 16 000 个数据集可供任何人使用)。它是项目想法的重要来源，对机器学习项目非常有用。

本章以及整本书都将主要使用 NumPy。我们将介绍所有必要的 NumPy 操作，但请参阅附录 C 以获得更深入的介绍。

该项目的源代码可在本书的 GitHub 存储库中找到，网址为 https://github.com/alexeygrigorev/mlbookcamp-code，详见 chapter-02-car-price。

作为第一步，我们将为该项目创建一个文件夹。我们可以给它任意命名，例如 chapter-02-car-price。

```
mkdir chapter-02-car-price
cd chapter-02-car-price
```

然后下载数据集。

```
kaggle datasets download -d CooperUnion/cardataset
```

此命令下载 cardataset.zip 文件(这是一个 ZIP 格式的文档)。接下来解压缩该文档。

```
unzip cardataset.zip
```

里面有一个文件：data.csv。

获得数据集后，我们继续下一步，即理解它。

## 2.2　探索性数据分析

理解数据是机器学习过程中的一个重要步骤。在训练任何模型之前，我们需要知道拥有什么样的数据以及它是否有用。我们通过探索性数据分析(Exploratory Data Analysis，EDA)来实现这一点。

通过查看数据集可了解以下内容。

- 目标变量的分布；
- 此数据集的特征；
- 这些特征值的分布；
- 数据质量；
- 缺失值的数量。

### 2.2.1　探索性数据分析工具箱

主要的分析工具是 Jupyter Notebook、Matplotlib 和 Pandas。

- Jupyter Notebook 是一个交互式执行 Python 代码的工具。它允许我们执行一段代码并立即查看结果。此外，我们可以在自由文本中显示图表和添加注释。它还支持其他语言，例如 R 或 Julia(因此而得名：Jupyter 代表 Julia、Python 和 R)，但我们只会在 Python 中使用它。
- Matplotlib 是一个绘图库。它非常强大，允许创建不同类型的可视化，例如折线图、条形图和直方图。
- Pandas 是一个用于处理表格数据的库。它可以从任何来源读取数据，包括 CSV 文件、JSON 文件或数据库。

我们还将使用 Seaborn(这是另一种建立在 Matplotlib 之上的绘图工具)，它使绘制图表更容易。

通过执行以下命令启动 Jupyter Notebook。

```
jupyter notebook
```

此命令在当前目录中启动 Jupyter Notebook 服务器并在默认 Web 浏览器中打开它(见图 2-1)。

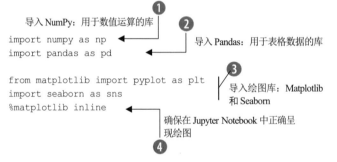

图 2-1 Jupyter Notebook 服务的启动界面

如果 Jupyter 在远程服务器上运行，则需要额外配置。有关设置的详细信息请参阅附录 A。

现在为该项目创建一个笔记本。单击 New 按钮，然后在 Notebooks 部分中选择 Python 3。我们可以将其命名为 chapter-02-car-price-project——单击当前标题(Untitled)，将其替换为新标题。

首先导入该项目需要的所有库。在第一个单元格中写入以下内容。

前两行(见❶和❷)是所需库的导入：NumPy 用于数值运算，Pandas 用于表格数据。惯例是使用较短的别名(例如 import pandas as pd 中的 pd)导入这些库。这种约定在 Python 机器学习社区中很常见，每个人都遵守它。

接下来的两行(见❸)是绘图库的导入。第一个是 Matplotlib，它是一个用于创建高质量可视化的库。按原样使用这个库并不总是容易的。一些库可使 Matplotlib 的使用变得更简单，Seaborn 就是其中之一。

最后，❹处的%matplotlib inline 告诉 Jupyter 在笔记本中进行绘图，因此它能够在我们需要时渲染它们。

按 Shift|Enter 组合键或单击 Run 按钮以执行选定单元格的内容。

我们不准备详细介绍 Jupyter Notebook，读者可查看官方网站(https://jupyter.org)以了解更多信息。该网站有大量文档和示例，可以帮助你掌握它。

## 2.2.2　读取和准备数据

现在开始读取数据集。为此，可以使用 Pandas 的 read_csv 函数。将以下代码放在下一个单元格中，然后再次按 Shift+Enter 组合键。019

```
df = pd.read_csv('data.csv')
```

这行代码读取 CSV 文件并将结果写入一个名为 df 的变量(它是 DataFrame 的缩写)。现在可以检查里面包含多少行内容。我们使用 len 函数。

```
len(df)
```

该函数的输出结果为 11914，这意味着该数据集中有近 12 000 辆汽车(见图 2-2)。

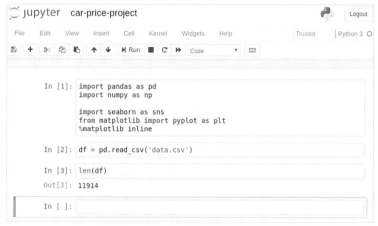

图 2-2　Jupyter Notebook 是交互式的。我们可以在单元格中输入一些代码，执行它并立即看到结果，这对于探索性数据分析来说非常理想

现在使用 df.head()查看 DataFrame 的前五行(见图 2-3)。

| In [4]: | df.head() | | | | | | | | | |
|---|---|---|---|---|---|---|---|---|---|---|
| Out[4]: | | Make | Model | Year | Engine Fuel Type | Engine HP | Engine Cylinders | Transmission Type | Driven_Wheels | Number of Doors |
| 0 | | BMW | 1 Series M | 2011 | premium unleaded (required) | 335.0 | 6.0 | MANUAL | rear wheel drive | 2.0 | T |
| 1 | | BMW | 1 Series | 2011 | premium unleaded (required) | 300.0 | 6.0 | MANUAL | rear wheel drive | 2.0 | Lux |
| 2 | | BMW | 1 Series | 2011 | premium unleaded (required) | 300.0 | 6.0 | MANUAL | rear wheel drive | 2.0 | |
| 3 | | BMW | 1 Series | 2011 | premium unleaded (required) | 230.0 | 6.0 | MANUAL | rear wheel drive | 2.0 | Lu |
| 4 | | BMW | 1 Series | 2011 | premium unleaded (required) | 230.0 | 6.0 | MANUAL | rear wheel drive | 2.0 | |

图 2-3　Pandas DataFrame 的 head()函数的输出：它显示了数据集的前五行。此输出使我们能够了解数据的结构

这让我们对数据有了一个概念。我们看到这个数据集中有一些不一致的地方：列名有时有空格，有时有下画线(_)。特征值也是如此：有时大写，有时是带有空格的短字符串。这既不方便又令人困惑，但我们可以通过将它们规范化来解决这个问题——用下画线替换所有空格并小写所有字母。

在❶和❸中，我们使用了特殊的 str 属性。通过它，可以同时对整列应用字符串操作，而无须编写任何 for 循环。我们使用它来小写列名和这些列的内容，以及用下画线替换空格。

我们只能将此属性用于内部包含字符串值的列。这正是首先在❷中选择此类列的原因。

**注意**：在本章和后续章节中，我们将在相当高的层次上介绍相关的 Pandas 操作。有关 Pandas 更连贯和更深入的介绍请参考附录 D。

经过这个初始预处理后，DataFrame 看起来更统一(见图 2-4)。

| In [6]: | df.head() | | | | | | | | |
|---|---|---|---|---|---|---|---|---|---|
| Out[6]: | | make | model | year | engine_fuel_type | engine_hp | engine_cylinders | transmission_type | driven_wheels | n |
| | 0 | bmw | 1_series_m | 2011 | premium_unleaded_(required) | 335.0 | 6.0 | manual | rear_wheel_drive | |
| | 1 | bmw | 1_series | 2011 | premium_unleaded_(required) | 300.0 | 6.0 | manual | rear_wheel_drive | |
| | 2 | bmw | 1_series | 2011 | premium_unleaded_(required) | 300.0 | 6.0 | manual | rear_wheel_drive | |
| | 3 | bmw | 1_series | 2011 | premium_unleaded_(required) | 230.0 | 6.0 | manual | rear_wheel_drive | |
| | 4 | bmw | 1_series | 2011 | premium_unleaded_(required) | 230.0 | 6.0 | manual | rear_wheel_drive | |

图 2-4   数据预处理的结果。列名和值被规范化：它们全是小写，并且空格被转换为下画线

该数据集包含多列。
- make：汽车的品牌(宝马、丰田等)。
- model：汽车的型号。
- year：汽车生产的年份。
- engine_fuel_type：发动机需要的燃料类型(柴油、电动等)。
- engine_hp：发动机的马力。
- engine_cylinders：发动机的气缸数。
- transmission_type：变速器类型(自动或手动)。
- driven_wheels：前轮、后轮、全部。
- number_of_doors：汽车的门数。

- market_category：豪华版、跨界车等。
- vehicle_size：紧凑型、中型或大型。
- vehicle_style：轿车或敞篷车。
- highway_mpg：高速公路上的每加仑英里数(mpg)。
- city_mpg：城市中的每加仑英里数。
- popularity：在 Twitter 上提及该车的次数。
- msrp：制造商的建议零售价。

对我们来说，这里最有趣的列是最后一个，即 msrp。我们将使用此列来预测汽车的价格。

## 2.2.3　目标变量分析

msrp 列包含重要信息——它是目标变量 $y$，也是我们想要通过学习去预测的值。

探索性数据分析的第一步应该始终是查看 $y$ 的值是什么样的。通常通过检查 $y$ 的分布来做到这一点，即 $y$ 可能值的可视化描述以及它们出现的频率。这种类型的可视化被称为直方图。

我们将使用 Seaborn 绘制直方图，因此在 Jupyter Notebook 中输入以下内容。

```
sns.histplot(df.msrp, bins=40)
```

绘制此图后，我们立即注意到价格分布有一条很长的尾巴。左侧有很多低价车，但随着价格升高，汽车数量迅速下降，形成了极少数高价车的一个长尾(见图 2-5)。

可以通过放大并查看低于 100 000 美元的车来仔细观察(见图 2-6)。

```
sns.histplot(df.msrp[df.msrp < 100000])
```

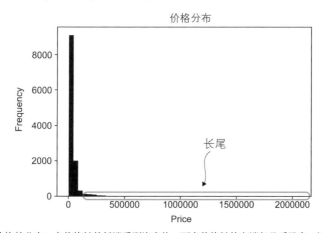

图 2-5　数据集中价格的分布。在价格轴的低端看到许多值，而在价格轴的高端却几乎没有。这是一个长尾分布，是很多低价商品和极少昂贵商品的典型情况

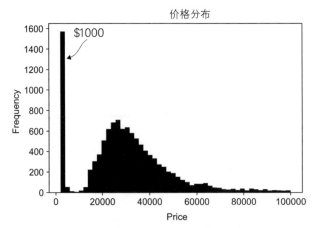

图2-6　100 000 美元以下汽车的价格分布。仅查看低于 100 000 美元的汽车价格可以让我们更好地了解价格分布的头部
区域。我们还注意到很多售价 1000 美元的汽车

这种长尾使我们很难看到分布，但它对模型的影响更大：这种分布会极大地混淆模型，因此它
不会使模型学习得足够好。解决此问题的一种方法是对数变换。如果将 log 函数应用于价格，它就
会消除不良影响(见图 2-7)。

$$y_{new} = \log(y + 1)$$

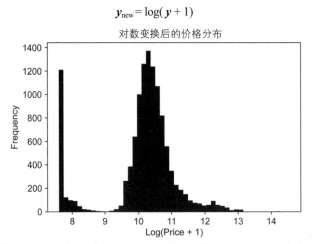

图2-7　价格的对数。去除了长尾效应，我们可以在一个图中看到整个分布

在有 0 的情况下，+1 部分很重要。0 的对数是负无穷大，但 1 的对数为 0。如果值都是非负的，
通过加 1，我们确保变换后的值不会小于 0。

对于本例，0 不是问题——所有价格都从 1000 美元开始——但这仍然是我们遵循的惯例。NumPy
具有执行此变换的函数。

```
log_price = np.log1p(df.msrp)
```

要查看变换后的价格分布，可以使用相同的 histplot 函数(见图 2-7)。

```
sns.histplot(log_price)
```

正如所见，这种变换消除了长尾，现在分布类似于钟形曲线。这种分布当然不是正态分布，因为价格较低时峰值较大，但模型可以更容易地处理它。

**注意：**一般来说，当目标分布看起来像正态时是良好的分布(见图 2-8)。这种情况下，线性回归等模型表现良好。

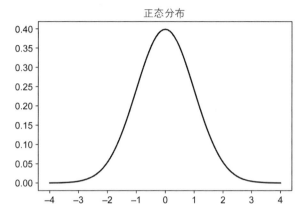

图 2-8　正态分布(也称为高斯分布)呈钟形曲线，它是对称的且在中心有一个峰值

**练习 2.1**
分布的头部是一个有很多值的范围区间。那什么是分布的长尾？
(a) 1 000 美元左右存在一个大的峰值。
(b) 当存在有许多值远离头部的情况时——这些值在视觉上显示为直方图上的"尾巴"。
(c) 许多非常相似的值聚集在一个很短的区域内。

## 2.2.4　检查缺失值

稍后将进一步研究其他特征，但现在应该做的一件事是检查数据中是否存在缺失值。这一步很重要，因为通常机器学习模型无法自动处理缺失值。我们有必要知道是否需要通过一些特殊操作来处理这些值。

Pandas 有一个方便的函数来检查缺失值。

```
df.isnull().sum()
```

该函数将显示如上内容。

```
make                    0
model                   0
year                    0
engine_fuel_type        3
engine_hp              69
engine_cylinders       30
transmission_type       0
driven_wheels           0
number_of_doors         6
market_category      3742
```

```
vehicle_size              0
vehicle_style             0
highway_mpg               0
city_mpg                  0
popularity                0
msrp                      0
```

首先看到的是目标变量 msrp 没有任何缺失值。这个结果很好，否则这样的记录对我们没有用处：我们总是需要知道一个观察的目标值才能用它来训练模型。此外，一些列存在缺失值，尤其是 market_category，其中有近 4000 行缺失值。

在稍后训练模型时需要处理缺失值，因此我们应该记住这个问题。目前，不对这些特征做任何其他事情，而是继续下一步：设置验证框架，以便可以训练和测试机器学习模型。

## 2.2.5　验证框架

正如之前所了解到的，尽早建立验证框架很重要，以确保训练的模型良好且可以泛化(也就是说，模型可以应用于新的、未知的数据)。为此，我们将一些数据放在一边，只用一部分数据训练模型。然后使用保留的数据集(也就是没有用于训练的数据集)来确保模型的预测是有意义的。

这一步很重要，因为我们通过使用将函数 $g(X)$ 拟合到数据 $X$ 的优化方法来训练模型。有时这些优化方法会选择虚假模式——对模型来说看起来是真实模式，但实际上是模式的随机波动。例如，如果有一个小型训练数据集，其中所有 BMW 汽车的成本仅为 10 000 美元，模型会认为这适用于世界上所有的 BMW 汽车。

为避免发生这种情况，我们使用了验证。因为验证数据集不是用来训练模型，所以优化方法没有用过这些数据。当我们将模型应用于这些数据时，它模拟了将模型应用于我们从未见过的新数据的情况。如果验证数据集包含价格高于 10 000 美元的 BMW 汽车，但模型预测它们的价格为 10 000 美元，那么我们会注意到模型在这些示例上的性能不佳。

如前所述，需要将数据集划分为三部分：训练、验证和测试(见图 2-9)。

让我们按下列条件划分 DataFrame，如代码清单 2.1 所示。

- 20%的数据用于验证。
- 20%的数据用于测试。
- 剩下的 60%数据用于训练。

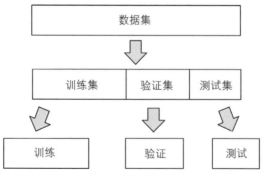

图 2-9　整个数据集划分为三部分：训练、验证和测试

**代码清单 2.1　将数据划分为训练集、验证集和测试集**

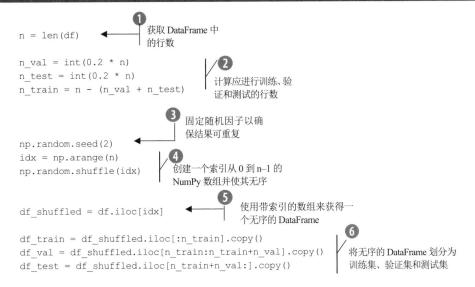

让我们仔细查看这段代码并澄清一些事情。

在❹中创建一个数组，然后将其无序化。让我们观察发生了什么。可以取一个由 5 个元素组成的较小数组并将其无序化。

```
idx = np.arange(5)
print('before shuffle', idx)
np.random.shuffle(idx)
print('after shuffle', idx)
```

如果运行它，它会输出类似于如下内容。

```
before shuffle [0 1 2 3 4]
after shuffle [2 3 0 4 1]
```

然而，如果再次运行它，结果将是不同的。

```
before shuffle [0 1 2 3 4]
after shuffle [4 3 0 2 1]
```

为确保每次运行它的结果都一样，我们在❸中固定了随机种子。

```
np.random.seed(2)
idx = np.arange(5)
print('before shuffle', idx)
np.random.shuffle(idx)
print('after shuffle', idx)
```

函数 np.random.seed 接收任意数字并使用这个数字作为 NumPy 随机包中所有生成数据的起始种子。

当执行这段代码时，它会输出如下内容。

```
before shuffle [0 1 2 3 4]
```

```
after shuffle [2 4 1 3 0]
```

这种情况下，结果仍然是随机的，但是当重新执行它时，结果与之前的运行结果相同。

```
before shuffle [0 1 2 3 4]
after shuffle [2 4 1 3 0]
```

这有利于结果重现。如果我们希望其他人运行此代码并获得相同的结果，那么需要确保所有内容都是固定的，甚至包括代码的"随机"组件。

**注意**：这使得结果可以在同一台计算机上重现。如果使用不同的操作系统和不同版本的 NumPy，结果可能会有所不同。

在创建一个索引为 idx 的数组后，可以使用它来获得初始 DataFrame 的无序版本。为此，在 **5** 中使用了 iloc，这是一种通过编号访问 DataFrame 行的方法。

```
df_shuffled = df.iloc[idx]
```

如果 idx 包含无序的结果数，此代码将产生无序的 DataFrame(见图 2-10)。

|   | make | model | year | msrp |
|---|------|-------|------|------|
| 0 | lotus | evora_400 | 2017 | 91900 |
| 1 | aston_martin | v8_vantage | 2014 | 136900 |
| 2 | hyundai | genesis | 2015 | 38000 |
| 3 | suzuki | samurai | 1993 | 2000 |
| 4 | mitsubishi | outlander | 2015 | 26195 |

`df.iloc[idx]` ⟹

|   | make | model | year | msrp |
|---|------|-------|------|------|
| 2 | hyundai | genesis | 2015 | 38000 |
| 4 | mitsubishi | outlander | 2015 | 26195 |
| 1 | aston_martin | v8_vantage | 2014 | 136900 |
| 3 | suzuki | samurai | 1993 | 2000 |
| 0 | lotus | evora_400 | 2017 | 91900 |

```
idx = [2, 4, 1, 3, 0]
```

图 2-10　使用 iloc 对 DataFrame 进行重排序。当与无序的索引数组一起使用时，它会创建一个无序的 DataFrame

在此示例中，我们将 iloc 与索引列表一起使用。另外，还可以使用带有冒号运算符(:)的范围，这正是在 **6** 中将无序的 DataFrame 划分为训练集、验证集和测试集的操作。

```
df_train = df_shuffled.iloc[:n_train].copy()
df_val = df_shuffled.iloc[n_train:n_train+n_val].copy()
df_test = df_shuffled.iloc[n_train+n_val:].copy()
```

现在 DataFrame 被划分成 3 个部分，继续下面的操作。初步分析显示价格分布存在长尾，为消除其影响，需要应用对数变换。为此，可以分别对每个 DataFrame 执行以下操作。

```
y_train = np.log1p(df_train.msrp.values)
y_val = np.log1p(df_val.msrp.values)
y_test = np.log1p(df_test.msrp.values)
```

为避免后面意外使用目标变量，这里将其从 DataFrame 中删除。

```
del df_train['msrp']
del df_val['msrp']
del df_test['msrp']
```

**注意**：删除目标变量是一个可选步骤。这有助于确保我们在训练模型时不使用它：如果发生这种情况，我们将使用价格来预测价格，获得的模型将具有完美的准确性。

验证划分完成后，进入下一个步骤：训练模型。

# 2.3　机器学习之回归

执行初始数据分析之后，就可以训练模型。我们正在解决的问题是一个回归问题：目标是预测一个数字——汽车的价格。该项目中将使用最简单的回归模型：线性回归。

## 2.3.1　线性回归

为预测一辆汽车的价格，需要使用机器学习模型。为此，我们将使用线性回归。通常，我们不会手动执行此操作，而让一个框架做这件事。然而，在本章中，我们想表明这些框架内部并没有魔法：它只是代码。线性回归是一个完美的模型，因为它相对简单并且只需要几行 NumPy 代码即可实现。

首先，了解线性回归的工作原理。正如我们在第 1 章中所知道的，监督机器学习模型具有以下形式。

$$y \approx g(X)$$

这是一种矩阵形式。$X$ 是一个矩阵，其中观察值的特征是矩阵的行；$y$ 是一个向量，其中包含想要预测的值。

这些矩阵和向量可能听起来令人困惑，因此退后一步，考虑单个观察值 $x_i$ 和想要预测的值 $y_i$ 会发生什么。这里的索引 $i$ 表示这是一个观察数 $i$，是训练数据集中 $m$ 个观察值之一。

那么，对于这个单一的观察值，前面的公式应该表示如下。

$$y_i \approx g(x_i)$$

如果有 $n$ 个特征，向量 $x_i$ 是 $n$ 维的，那么它包含 $n$ 个分量。

$$x_i = (x_{i1}, x_{i2}, ..., x_{in})$$

因为它包含 $n$ 个分量，所以可以把函数 $g$ 写成一个有 $n$ 个参数的函数，和前面的公式一样。

$$y_i = g(x_i) = g(x_{i1}, x_{i2}, ..., x_{in})$$

对于我们的示例而言，训练数据集中包含 7150 辆汽车。这意味着 $m=7150$，并且 $i$ 可以是 0 和 7 149 之间的任何数字。例如，对于 $i=10$，可以得到以下汽车信息。

```
make                              rolls-royce
model               phantom_drophead_coupe
year                                     2015
engine_fuel_type      premium_unleaded_(required)
engine_hp                                 453
engine_cylinders                           12
transmission_type                   automatic
driven_wheels             rear_wheel_drive
number_of_doors                             2
market_category      exotic,luxury,performance
vehicle_size                            large
vehicle_style                    convertible
```

```
highway_mpg                                    19
city_mpg                                       11
popularity                                     86
msrp                                       479775
```

选择一些数值特征，然后暂时忽略其余部分。我们可以从马力、城市中的每加仑英里数和受欢迎程度开始。

```
engine_hp      453
city_mpg       11
popularity     86
```

然后将这些特征分别分配给 $x_{i1}$、$x_{i2}$ 和 $x_{i3}$。这样就得到具有 3 个分量的特征向量 $\boldsymbol{x}_i$。

$$\boldsymbol{x}_i = (x_{i1}, x_{i2}, x_{i3}) = (453, 11, 86)$$

为了更容易理解，可以将这个数学表示形式转换成 Python。在本例中，函数 $g$ 具有以下签名。

```
def g(xi):
    # xi is a list with n elements
    # do something with xi
    # return the result
    Pass
```

在这段代码中，变量 xi 就是向量 $\boldsymbol{x}_i$。根据实现的不同，xi 可以是一个包含 $n$ 个元素的列表，也可以是一个大小为 $n$ 的 NumPy 数组。

对于前面描述的汽车，xi 是一个包含 3 个元素的列表。

```
xi = [453, 11, 86]
```

当将函数 g 应用于变量 xi 时，它会生成 y_pred 作为输出，这是 g 对 xi 的预测。

```
y_pred = g(xi)
```

我们希望这个预测尽可能接近 $\boldsymbol{y}_i$，即汽车的真实价格。

**注意：** 本节中将使用 Python 来说明数学公式背后的思想。我们不需要使用这些代码片段来完成项目。另一方面，将这段代码放入 Jupyter 并尝试运行它可有助于理解这些概念。

函数 $g$ 有多种形式，机器学习算法的选择定义了它的工作方式。

如果 $g$ 是线性回归模型，它具有以下形式。

$$g(\boldsymbol{x}_i) = g(x_{i1}, x_{i2}, ..., x_{in}) = w_0 + x_{i1}w_1 + x_{i2}w_2 + ... + x_{in}w_n$$

变量 $w_0, w_1, w_2, ..., w_n$ 是模型的参数。

- $w_0$ 是偏置项。
- $w_1, w_2, ..., w_n$ 是每个特征 $x_{i1}, x_{i2}, ..., x_{in}$ 的权重。

这些参数准确定义了模型应该如何组合特征，以便在最后尽可能做出更好的预测。如果对这些参数背后的含义还不清楚也没关系，因为稍后将介绍它们。

为了使公式更简短，可使用求和符号。

$$g(\boldsymbol{x}_i) = g(x_{i1}, x_{i2}, \ldots, x_{in}) = w_0 + \sum_{j=1}^{n} x_{in} w_j$$

**练习 2.2**

对于监督学习，使用机器学习模型进行单个观察 $y_i \approx g(\boldsymbol{x}_i)$。这个项目的 $\boldsymbol{x}_i$ 和 $y_i$ 是什么？

(a) $\boldsymbol{x}_i$ 是一个特征向量，即一个包含一些描述对象(一辆车)的数字的向量；而 $y_i$ 是这辆车价格的对数。

(b) $y_i$ 是一个特征向量，即一个包含一些描述对象(一辆车)的数字的向量；而 $\boldsymbol{x}_i$ 是这辆车价格的对数。

这些权重是训练模型时学到的。为更好地理解模型如何使用这些权重，考虑表 2-1 中的值。

表 2-1　线性回归模型学习到的权重的一个示例

| $w_0$ | $w_1$ | $w_2$ | $w_3$ |
| --- | --- | --- | --- |
| 7.17 | 0.01 | 0.04 | 0.002 |

因此，如果想将此模型转换为 Python，它将如下所示。

```
w0 = 7.17
#    [w1    w2    w3   ]
w = [0.01, 0.04, 0.002 ]
n = 3

def linear_regression(xi):
    result = w0
    for j in range(n):
        result = result + xi[j] * w[j]
    return result
```

将所有特征权重放在一个单独的列表 w 中，就像之前对 xi 所做的一样。现在需要做的就是遍历这些权重并将它们乘以相应的特征值。这不过是将前面的公式直接转换成 Python 而已。

这显而易见。让我们进一步看公式。

$$w_0 + \sum_{j=1}^{n} x_{in} w_j$$

因为示例中包含 3 个特征，所以 $n=3$，于是有

$$g(\boldsymbol{x}_i) = g(x_{i1}, x_{i2}, x_{i3}) = w_0 + \sum_{j=1}^{3} x_{in} w_j = x_{i1} w_1 + x_{i2} w_2 + x_{i3} w_3$$

相应的代码如下。

```
result = w0 + xi[0] * w[0] + xi[1] * w[1] + xi[2] * w[2]
```

其中有一个例外，Python 中的索引从 0 开始，$x_{i1}$ 变为 xi[0]，$w_1$ 变为 w[0]。

现在查看当将模型应用于观察值 $\boldsymbol{x}_i$ 并用它们的值替换权重时会发生什么。

$$g(\boldsymbol{x}_i) = 7.17 + 453 \times 0.01 + 11 \times 0.04 + 86 \times 0.002 = 12.31$$

得到的预测值是 12.31。请记住，在预处理期间对目标变量 $\boldsymbol{y}$ 应用了对数变换。这就是为什么在这些数据上训练的模型也能预测价格的对数。要撤销这个变换，需要取对数的指数。在本示例中，当执行上述操作后，预测变为 603 000 美元。

$$\exp(12.31 + 1) = 603\ 000$$

偏置项(7.17)是对汽车一无所知的情况下预测的值；它作为基准。

然而，我们确实对这辆车有所了解：马力、城市中的每加仑英里数以及受欢迎程度。这些特征是 $x_{i1}$、$x_{i2}$ 和 $x_{i3}$ 特征，每个特征都告诉我们一些关于汽车的信息。我们使用这些信息来调整基准。

首先考虑第一个特征：马力。该特征的权重为 0.01，这意味着对于每增加一个单位马力，我们通过添加 0.01 来调整基准。因为引擎中有 453 马力，所以将 4.53 添加到基准：453 马力×0.01=4.53。

mpg 也是如此。每增加一个单位的每加仑英里数会使价格增加 0.04，因此增加 0.44：11mpg×0.04=0.44。

最后考虑受欢迎程度。对于本示例，Twitter 流中的每次提及都会导致 0.002 的增加。总的来说，受欢迎程度对最终预测的贡献为 0.172。

这正是将所有内容组合在一起时得到 12.31 的原因(见图 2-11)。

$$g(x_i) = 7.17 + 453 \times 0.04 + 11 \times 0.04 + 86 \times 0.002 = 12.31$$

偏置项    马力    mpg    受欢迎程度
4.53    0.44    0.172

图 2-11    线性回归的预测是四项内容的总和，即根据特征中信息进行调整的基准 7.17(偏置项)、
马力贡献值 4.53、mpg 贡献值 0.44 以及受欢迎程度贡献值 0.172

现在，请记住我们实际上是在处理向量，而不是单个数字。$\boldsymbol{x}_i$ 是一个包含 $n$ 个分量的向量。

$$\boldsymbol{x}_i = (x_{i1}, x_{i2}, \ldots, x_{in})$$

我们还可以将所有权重放在一个向量 $\boldsymbol{w}$ 中。

$$\boldsymbol{w} = (w_0, w_1, w_2, \ldots, w_n)$$

事实上，我们已经在 Python 示例中这样处理了，当把所有权重放在一个列表中时，该列表是一个维度为 3 的向量，每个单独的特征都有权重。以下是示例中向量的形式。

$$\boldsymbol{x}_i = (x_{i1}, x_{i2}, x_{i3}) = (453, 11, 86)$$

$$\boldsymbol{w} = (0.01, 0.04, 0.002)$$

因为现在将特征和权重分别视为向量 $\boldsymbol{x}_i$ 和 $\boldsymbol{w}$，所以可以用它们之间的点积替换向量元素之和。

$$\boldsymbol{x}_i^{\mathsf{T}} \boldsymbol{w} = \sum_{j=1}^{n} x_{ij} w_j = x_{i1} w_1 + x_{i2} w_2 + \ldots + x_{in} w_n$$

点积是两个向量相乘的一种方式：将向量的对应元素相乘，然后对结果求和。有关向量–向量乘法的详细信息，请参阅附录 C。

将点积公式转换为代码很简单。

```
def dot(xi, w):
    n = len(w)
```

```
    result = 0.0
    for j in range(n):
    result = result + xi[j] * w[j]
return result
```

通过使用新表示法，可以将线性回归的整个式子重写为如下。

$$g(\boldsymbol{x}_i) = w_0 + \boldsymbol{x}_i^{\mathrm{T}} \boldsymbol{w}$$

其中

● $w_0$ 是偏置项。

● $\boldsymbol{w}$ 是权重的 $n$ 维向量。

现在可以使用新的 dot 函数，因此 Python 中的线性回归函数将变得很短。

```
def linear_regression(xi):
    return w0 + dot(xi, w)
```

或者，如果 xi 和 w 是 NumPy 数组，则可以使用内置的 dot 方法进行乘法运算。

```
def linear_regression(xi):
    return w0 + xi.dot(w)
```

为了使它更短，可以将 $w_0$ 和 $\boldsymbol{w}$ 组合成一个 $n+1$ 维向量，方法是在 $w_1$ 前面添加 $w_0$。

$$w = (w_0, w_1, w_2, ..., w_n)$$

这里，将获得一个新权重向量 $w$，它由偏置项 $w_0$ 和权重 $w_1, w_2, \cdots$组成。

这在 Python 中非常容易实现。如果已经在列表 w 中包含旧权重，只需要如下操作。

```
w=[w0]+w
```

记住，Python 中的加号运算符用于连接列表，因此[1] + [2,3,4]将创建一个包含 4 个元素的新列表：[1,2,3,4]。在示例中，w 已经是一个列表，因此创建了一个新 w 并在开头添加了一个额外元素：w0。

因为现在 $\boldsymbol{w}$ 变成了 $n+1$ 维向量，所以还需要调整特征向量 $\boldsymbol{x}_i$，以便它们之间的点积仍然有效。可以简单地通过添加一个虚拟特征 $x_{i0}$ 来实现，它的值总是 1。然后在 $x_{i1}$ 之前添加这个新虚拟特征。

$$\boldsymbol{x}_i = (x_{i0}, x_{i1}, x_{i2}, ..., x_{in}) = (1, x_{i1}, x_{i2}, ..., x_{in})$$

或者，通过下列代码

```
xi=[1]+xi
```

将创建一个新列表 xi，第一个元素是 1，后面跟着旧列表 xi 中的所有元素。

通过这些修改，可以将模型表示为新 $\boldsymbol{x}_i$ 和新 $w$ 之间的点积。

$$g(\boldsymbol{x}_i) = \boldsymbol{x}_i^{\mathrm{T}} \boldsymbol{w}$$

对代码的转换很简单。

```
w0 = 7.17
w = [0.01, 0.04, 0.002]
w = [w0] + w

def linear_regression(xi):
```

```
    xi = [1] + xi
    return dot(xi, w)
```

这些线性回归公式是等价的，因为新 $x_i$ 的第一个特征是 1。当用 $x_i$ 的第一个分量乘以 $w$ 的第一个分量时，将得到偏置项，因为 $w_0 \times 1 = w_0$。

接下来考虑更复杂的情形并讨论矩阵形式。假设存在很多观察结果，$x_i$ 只是其中之一。因此，有 $m$ 个特征向量 $x_1, x_2, ..., x_i, ..., x_m$，每个向量由 $n+1$ 个特征组成。

$$x_1 = (1, x_{11}, x_{12}, ..., x_{1n})$$
$$x_2 = (1, x_{21}, x_{22}, ..., x_{2n})$$
$$...$$
$$x_i = (1, x_{i1}, x_{i2}, ..., x_{in})$$
$$...$$
$$x_m = (1, x_{m1}, x_{m2}, ..., x_{mn})$$

可以把这些向量组合成矩阵的行。这个矩阵被称为 $X$(见图 2-12)。

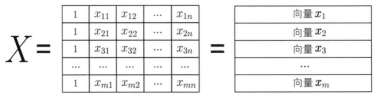

图 2-12　矩阵 $X$，其中 $x_1, x_2, ..., x_m$ 为行

观察它在代码中是什么样的。我们可以从训练数据集中取几行，例如第一行、第二行和第十行。

```
x1  = [1, 148, 24, 1385]
x2  = [1, 132, 25, 2031]
x10 = [1, 453, 11, 86]
```

现在把这些行放在另一个列表中。

```
X = [x1, x2, x10]
```

列表 X 现在包含 3 个列表。可以把它想象成一个 3×4 矩阵(一个三行四列的矩阵)。

```
X = [[1, 148, 24, 1385],
     [1, 132, 25, 2031],
     [1, 453, 11, 86]]
```

这个矩阵的每一列都是一个特征。
- 第一列是值为 1 的虚拟特征。
- 第二列是发动机马力。
- 第三列是城市中的每加仑英里数。
- 最后一列是受欢迎程度，也就是在 Twitter 上被提及的次数。

我们已经知道，如果要对单个特征向量进行预测，需要计算这个特征向量和权重向量之间的点积。现在有一个矩阵 X，它在 Python 中是一个特征向量列表。为预测矩阵的所有行，可以简单地遍历 X 的所有行并计算点积。

```
predictions = []

for xi in X:
    pred = dot(xi, w)
    predictions.append(pred)
```

在线性代数中，这是矩阵-向量乘法：用矩阵 $X$ 乘以向量 $w$。线性回归的公式变为如下所示。

$$g(X) = w_0 + Xw$$

结果是一个数组，其中包含 $X$ 的每一行的预测值。有关矩阵-向量乘法的更多细节，请参阅附录C。

有了这个矩阵公式，应用线性回归进行预测的代码就变得非常简单。转换成 NumPy 也非常简单。

```
predictions = X.dot(w)
```

**练习 2.3**

当用矩阵 $X$ 乘以权重向量 $w$ 时，可以得到什么？

(a) 代表实际价格的向量 $y$。

(b) 代表预测价格的向量 $y$。

(c) 代表预测价格的单个数字 $y$。

## 2.3.2　训练线性回归模型

到目前为止，我们只讨论了预测。为进行预测，需要知道权重 $w$，但是如何得到它们呢？

我们从数据中学习权重：通过使用目标变量 $y$ 找到能够以最好的方式结合 $X$ 的特征的 $w$。在线性回归的情况下，"最佳可能"意味着它最小化预测 $g(X)$ 和实际目标 $y$ 之间的误差。

有很多方法实现它。我们将使用最简单的实现方法——标准方程。权重向量 $w$ 的计算公式如下。

$$w = (X^T X)^{-1} X^T y$$

**注意**：有关标准方程的推导不在本书的范围之内。附录 C 中给出了一些关于它如何工作的知识，但你应该查阅机器学习教科书以获得更深入的介绍。Hastie、Tibshirani 和 Friedman 合著的 *The Elements of Statistical Learning* 第 2 版可以作为一个很好的入门书。

这部分数学看起来很可怕或令人困惑，但它很容易转换为 NumPy。

- $X^T$ 是 $X$ 的转置，在 NumPy 中是 X.T。
- $X^T X$ 是矩阵-矩阵乘法，可以使用 NumPy 中的 dot 方法实现：X.T.dot(X)。
- $X^{-1}$ 是 $X$ 的逆，可以使用 np.linalg.inv 函数来计算。

因此，上面的公式直接转换为如下。

```
inv(X.T.dot(X)).dot(X.T).dot(y)
```

关于这个方程的更多细节，请参阅附录C。

为实现标准方程，需要做以下工作。

(1) 创建一个函数，它包含带有特征的矩阵 $X$ 和带有目标的向量 $y$。

(2) 向矩阵 $X$ 中添加一个虚拟列(特征值总是设置为1)。

(3) 训练模型：用标准方程计算权重 $w$。

(4) 将该 $w$ 划分为 $w_0$ 和其余的权重并返回它们。

最后一步"将 $w$ 分解为偏置项和其余部分"是可选的，主要原因是为了方便；否则，需要在每次进行预测时添加虚拟列，而不是在训练期间只添加一次即可。

下面通过代码清单 2.2 进行具体实现。

**代码清单 2.2　使用 NumPy 实现的线性回归**

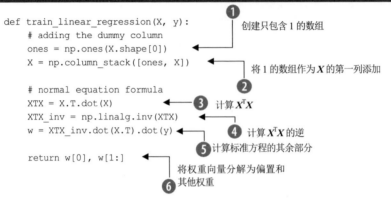

```
def train_linear_regression(X, y):
    # adding the dummy column
    ones = np.ones(X.shape[0])
    X = np.column_stack([ones, X])

    # normal equation formula
    XTX = X.T.dot(X)
    XTX_inv = np.linalg.inv(XTX)
    w = XTX_inv.dot(X.T).dot(y)

    return w[0], w[1:]
```

❶ 创建只包含 1 的数组
❷ 将 1 的数组作为 $X$ 的第一列添加
❸ 计算 $X^TX$
❹ 计算 $X^TX$ 的逆
❺ 计算标准方程的其余部分
❻ 将权重向量分解为偏置和其他权重

仅用 6 行代码，我们就实现了第一个机器学习算法。在❶中创建一个只包含 1 的向量，将其作为第一列添加到矩阵 $X$ 中；这是❷中的虚拟特征。接下来，在❸中计算 $X^TX$，在❹中计算它的逆，然后把它们放在一起来计算❺中的 $w$。最后，在❻中将权重分成偏置 $w_0$ 和其余权重 $w$。

我们使用 NumPy 中的 column_stack 函数来添加一列 1 可能会让人感到困惑，因此仔细观察它。

```
np.column_stack([ones, X])
```

它接收 NumPy 数组的列表(在本例中包含 ones 和 X)，并且将它们堆叠起来(见图2-13)。

如果将权重划分为偏置项和其他项，则进行预测的线性回归公式会略有变化。

$$g(X) = w_0 + Xw$$

这仍然很容易转换为 NumPy。

```
y_pred = w0 + X.dot(w)
```

可将其用于我们的项目。

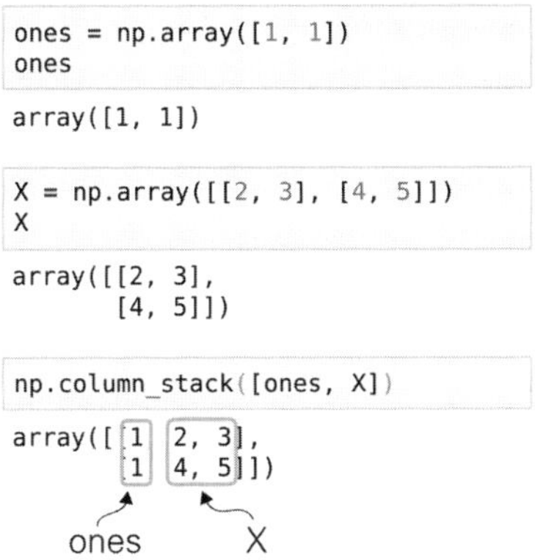

```
ones = np.array([1, 1])
ones
```

```
array([1, 1])
```

```
X = np.array([[2, 3], [4, 5]])
X
```

```
array([[2, 3],
       [4, 5]])
```

```
np.column_stack([ones, X])
```

```
array([[1  2, 3],
       [1  4, 5]])
```

ones        X

图 2-13  column_stack 函数接收 NumPy 数组的列表并将它们按列堆叠。在示例中，
该函数将包含 1 的数组添加为矩阵的第一列

## 2.4  预测价格

前面已经讨论了很多理论，现在回到之前的项目：预测汽车的价格。我们已经有了一个训练线性回归模型的函数，因此使用它来构建一个简单的基本解决方案。

### 2.4.1  基本解决方案

为了能够使用它，我们还需要一些数据：矩阵 $X$ 和带有目标变量 $y$ 的向量。我们已经准备好 $y$，但还没有 $X$：现在拥有的是 DataFrame，而不是矩阵。因此需要从数据集中提取一些特征来创建这个矩阵 $X$。

我们将从一种非常简单的创建特征的方法开始：选择一些数值特征并通过它们形成矩阵 $X$。前面的示例中只使用了 3 个特征。这一次将包含更多的特征并使用以下列。

- engine_hp
- engine_cylinders
- highway_mpg
- city_mpg
- popularity

从 DataFrame 中选择特征并将它们写入一个新变量 df_num。

```
base = ['engine_hp', 'engine_cylinders', 'highway_mpg', 'city_mpg',
        'popularity']
df_num = df_train[base]
```

正如 2.2 节中讨论的那样，数据集有缺失的值。我们需要进行一些操作，因为线性回归模型不能自动处理缺失值。

一种选择是删除包含至少一个缺失值的所有行。然而，这种方法有一些缺点。最重要的是，将失去在其他列中拥有的信息。即使我们可能不知道一辆车的门数，但仍然知道关于汽车的其他事情，如品牌、型号、年份和其他我们不想扔掉的东西。

　　另一种方法是用其他值填充缺失的值。这样就不会丢失其他列中的信息,并且即使该行缺少值,仍然可以进行预测。最简单的方法是用 0 填充缺失的值。我们可以使用 Pandas 中的 fillna 方法。

```
df_num = df_num.fillna(0)
```

　　这种方法可能不是处理缺失值的最佳方法,但通常情况下,它已经足够好。如果将缺失的特征值设置为 0,那么相应的特征就会被忽略。

　　**注意:** 还有一种选择是用平均值替换缺失的值。对于某些变量,例如气缸数,0 值没有多大意义:一辆汽车不可能是 0 气缸。然而,这将使代码更复杂,并且不会对结果产生重大影响。这就是我们采用一种更简单的方法(即用 0 替换缺失的值)的原因。

　　我们不难理解为什么将一个特征设置为 0 等同于忽略它。让我们回顾线性回归的公式。在本示例中,有 5 个特征,因此公式如下。

$$g(x_i) = w_0 + x_{i1}w_1 + x_{i2}w_2 + x_{i3}w_3 + x_{i4}w_4 + x_{i5}w_5$$

如果特征 3 缺失,用 0 填充它后,$x_{i3}$ 就变成 0。

$$g(x_i) = w_0 + x_{i1}w_1 + x_{i2}w_2 + 0w_3 + x_{i4}w_4 + x_{i5}w_5$$

这种情况下,无论该特征的权重 $w_3$ 如何,$x_{i3}w_3$ 将始终为 0。换言之,这个特征对最终的预测没有影响,预测只基于那些没有缺失的特征。

$$g(x_i) = w_0 + x_{i1}w_1 + x_{i2}w_2 + x_{i4}w_4 + x_{i5}w_5$$

现在需要将这个 DataFrame 转换为 NumPy 数组。最简单的方法是使用它的 values 属性。

```
X_train = df_num.values
```

**X_train** 是一个矩阵——一个二维 NumPy 数组。我们可以把它作为线性回归函数的输入。

```
w_0, w = train_linear_regression(X_train, y_train)
```

我们刚才训练了第一个模型。现在可以把它应用到训练数据中,查看它的预测效果如何。

```
y_pred = w_0 + X_train.dot(w)
```

为了解预测性能如何,可以使用 Seaborn 中的一个函数 histplot(之前用于绘制直方图)来绘制预测值并将它们与实际价格进行比较。

```
sns.histplot(y_pred, label='prediction')
sns.histplot(y_train, label='target')
plt.legend()
```

从图 2-14 中可以看出,预测值的分布与实际值有很大不同。这一结果可能表明,该模型不够强大,无法捕捉目标变量的分布。这并不奇怪,因为我们使用的模型非常基础,只包含 5 个非常简单的特征。

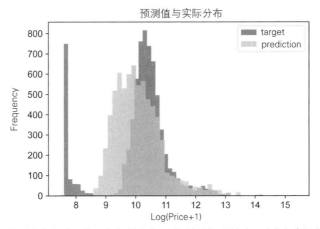

图 2-14　预测值(浅灰色)与实际值(深灰色)的分布。预测效果并不是很好，它们与实际分布非常不同

## 2.4.2　RMSE：评估模型质量

查看图表并将实际目标变量的分布与预测进行比较是评估质量的一种好方法，但不能每次在模型中改变某些特征时都这样做。相反，需要使用能够量化模型质量的指标。有许多指标可以用来评估回归模型的表现。最常用的是均方根误差(Root Mean Squared Error，RMSE)。

RMSE 会告诉我们模型的误差有多大。计算公式如下。

$$\text{REMS} = \sqrt{\frac{1}{m}\sum_{i=1}^{m}\left(g(\boldsymbol{x}_i) - \boldsymbol{y}_i\right)^2}$$

接下来试着理解这里发生了什么。首先查看和式的内部，如下所示。

$$\left(g(\boldsymbol{x}_i) - \boldsymbol{y}_i\right)^2$$

这是对观察的预测与该观察的实际目标值之间的差值(见图 2-15)。

| $g(x_1)$ | $g(x_2)$ | $g(x_3)$ | | $g(x_m)$ |
|---|---|---|---|---|
| 9.6 | 7.3 | 9.6 | ... | 10.8 |

$-$

| | | | | |
|---|---|---|---|---|
| 9.5 | 10.3 | 9.8 | ... | 10.7 |
| $y_1$ | $y_2$ | $y_3$ | | $y_m$ |

$=$

| | | | | |
|---|---|---|---|---|
| 0.1 | −3.0 | −0.2 | ... | 0.1 |

$g(x_1) - y_1$　　　$g(x_3) - y_3$　　$g(x_m) - y_m$

图 2-15　预测值 $g(\boldsymbol{x}_i)$ 与实际值 $\boldsymbol{y}_i$ 的差值

然后使用差值的平方，这让较大的差值有更大的权重。例如，如果预测值为 9.5，而实际值是 9.6，那么差值是 0.1，它的平方是 0.01，这是相当小的。但如果预测值为 7.3，而实际值是 10.3，那么差值是 3，差值的平方是 9(见图 2-16)。

这是 RMSE 的 SE 部分(平方误差)。

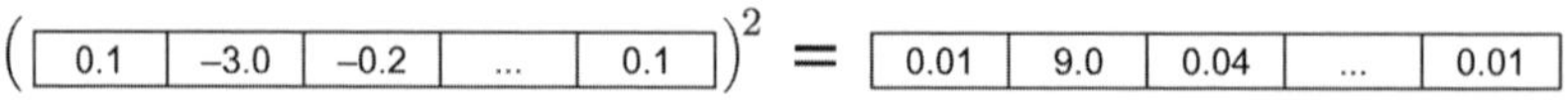

$$\left(\boxed{0.1} \;\boxed{-3.0}\; \boxed{-0.2}\; \boxed{\ldots} \;\boxed{0.1}\right)^2 = \boxed{0.01}\;\boxed{9.0}\;\boxed{0.04}\;\boxed{\ldots}\;\boxed{0.01}$$

图 2-16　预测值与实际值的差的平方。对于较大的差值，平方后的值将相当大

接下来进行求和。

$$\sum_{i=1}^{m}(g(\boldsymbol{x}_i)-\boldsymbol{y}_i)^2$$

这个总和涵盖了所有 $m$ 个观察值并把所有的平方误差加在一起变成单个数字(见图 2-17)。

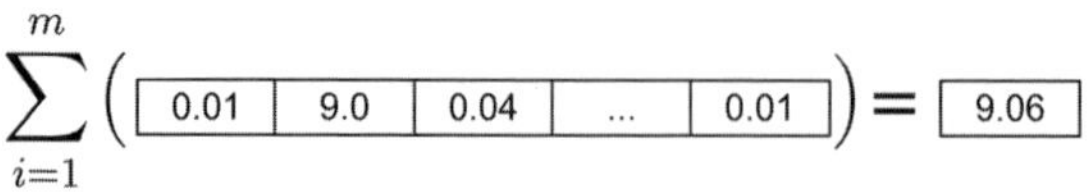

$$\sum_{i=1}^{m}\left(\boxed{0.01}\;\boxed{9.0}\;\boxed{0.04}\;\boxed{\ldots}\;\boxed{0.01}\right) = \boxed{9.06}$$

图 2-17　所有差的平方和的结果是单个数字

如果将这个和除以 $m$，将得到均方误差。

$$\frac{1}{m}\sum_{i=1}^{m}(g(\boldsymbol{x}_i)-\boldsymbol{y}_i)^2$$

这是模型的平均平方误差——RMSE 的 M 部分(平均值)或均方误差(MSE)。MSE 本身也是一个很好的指标(见图 2-18)。

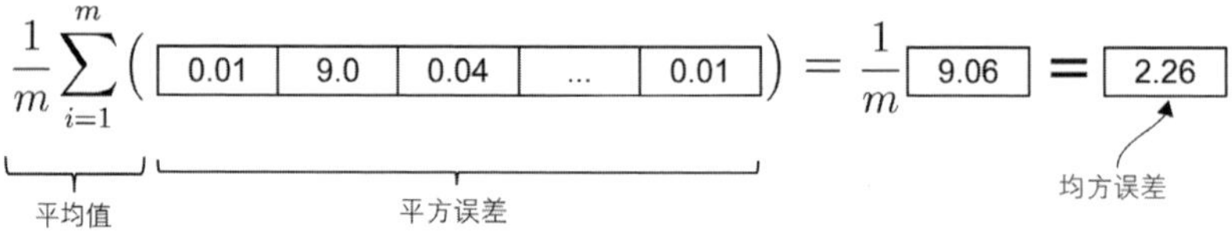

$$\frac{1}{m}\sum_{i=1}^{m}\left(\boxed{0.01}\;\boxed{9.0}\;\boxed{0.04}\;\boxed{\ldots}\;\boxed{0.01}\right) = \frac{1}{m}\boxed{9.06} = \boxed{2.26}$$

平均值　　　　　　　平方误差　　　　　　　　均方误差

图 2-18　MSE 是通过计算平方误差的平均值得到的

最后取平方根。

$$\text{REMS} = \sqrt{\frac{1}{m}\sum_{i=1}^{m}cg\,\frac{1}{m}\sum_{i=1}^{m}(g(\boldsymbol{x}_i)-\boldsymbol{y}_i)^2}$$

这是 RMSE 的 R 部分(根)，如图 2-19 所示。

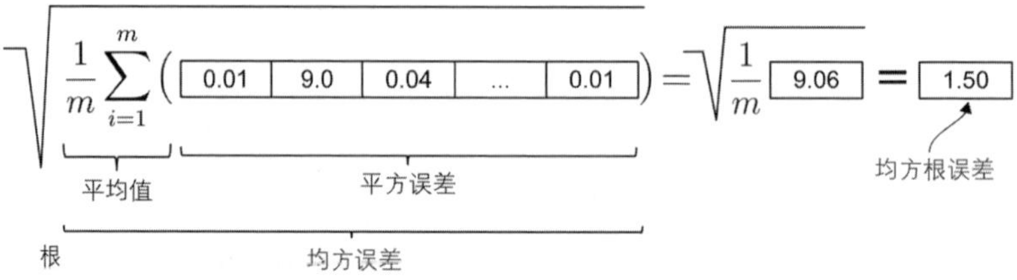

$$\sqrt{\frac{1}{m}\sum_{i=1}^{m}\left(\boxed{0.01}\;\boxed{9.0}\;\boxed{0.04}\;\boxed{\ldots}\;\boxed{0.01}\right)} = \sqrt{\frac{1}{m}\boxed{9.06}} = \boxed{1.50}$$

平均值　　　　　　　平方误差　　　　　　　均方根误差
根　　　　　　　均方误差

图 2-19　RMSE：首先计算 MSE，然后计算其平方根

当使用 NumPy 实现 RMSE 时，可以利用向量化：对一个或多个 NumPy 数组的所有元素应用相同操作的过程。我们可以从使用向量化中得到很多好处。首先，代码更简洁：不需要编写任何循

环来对数组的每个元素应用相同的操作。其次，向量化操作比简单的 Python for 循环快得多。

考虑代码清单 2.3 的实现。

**代码清单 2.3　均方根误差的实现**

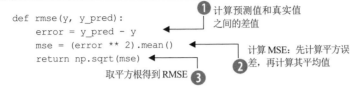

在 ❶ 中，计算带有预测的向量和带有目标变量的向量之间的元素级差值。结果是一个包含差值的新 NumPy 数组 error。在 ❷ 中，我们通过一行进行两项操作：计算 error 数组中每个元素的平方，然后得到结果的平均值，即 MSE。在 ❸ 中，计算平方根得到 RMSE。

NumPy 和 Pandas 中的元素级操作非常方便。可以对整个 NumPy 数组(或 Pandas 序列)应用操作，而不需要编写循环。

例如，在 rmse 函数的第一行中计算预测和实际价格之间的差值。

```
error = y_pred - y
```

对应的实际操作是，对于 y_pred 中的每个元素，减去 y 中相应的元素，然后将结果放入新数组 error 中(见图 2-20)。

| y_pred | 9.55 | 9.36 | 9.67 | 8.65 | 10.87 |
|---|---|---|---|---|---|

−

| y | 9.58 | 9.89 | 9.89 | 7.6 | 10.94 |
|---|---|---|---|---|---|

=

| error | −0.03 | −0.5 | −0.22 | 1.05 | −0.07 |
|---|---|---|---|---|---|

图 2-20　y_pred 和 y 在对应元素上的差值。结果被写入 error 数组

接下来，计算 error 数组中每个元素的平方，然后计算其平均值，最后得到模型的均方误差(见图 2-21)。

为确切地看到发生了什么，我们需要知道幂运算符(\*\*)也针对元素应用，因此结果是另一个数组，其中所有元素都进行了平方运算。

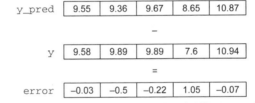

图 2-21　为计算 MSE，首先计算 error 数组中每个元素的平方，然后计算结果的平均值

当获得这个带有平方元素的新数组后，只需要使用 mean()方法计算其平均值(见图 2-22)。

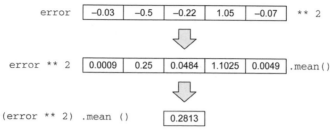

图 2-22　将幂运算符(**)按元素应用到 error 数组中，得到每个元素都进行了平方的另一个数组。然后通过计算平方误差数组的平均值来得到 MSE

最后，计算均值的平方根得到 RMSE。

```
np.sqrt(mse)
```

现在可以使用 RMSE 来评估模型的质量。

```
rmse(y_train, y_pred)
```

代码输出结果为 0.75。这个数字告诉我们，平均而言，模型的预测相差 0.75。这个结果本身可能不是很有用，但我们可以用它来比较该模型和其他模型的性能。如果一个模型的 RMSE 比另一个更好(更低)，则表明该模型更好。

## 2.4.3　验证模型

前一节的示例中计算了训练集上的 RMSE。结果是有用的，但并不能反映模型后续的使用方式。因此，模型要在未知的数据上进行汽车价格预测——为此目的，需要留出一个验证数据集。我们有意不将其用于训练，而是将其用于验证模型。

前面已经将数据分解为多个部分：df_train、df_val 和 df_test。我们还从 df_train 中创建了一个矩阵 X_train，并且使用 X_train 和 y_train 来训练模型。现在，需要执行相同的步骤来获取 X_val(一个由验证数据集计算得出的特征矩阵)。然后可以将这个模型应用到 X_val 来得到预测并与 y_val 进行比较。

首先创建 X_val 矩阵，遵循与创建 X_train 相同的步骤。

```
df_num = df_val[base]
df_num = df_num.fillna(0)
X_val = df_num.values
```

将这个模型应用到 X_val 来获得预测。

```
y_pred = w_0 + X_val.dot(w)
```

y_pred 数组包含对验证数据集的预测。现在使用 y_pred 并将其与 y_val 的实际价格进行比较(采用之前已经实现的 RMSE 函数)。

```
rmse(y_val, y_pred)
```

该代码的输出值是 0.76，这是应该用于比较模型的数字。

前面的代码中有一些重复：训练和验证测试需要相同的预处理，我们编写了两次相同的代码。

因此，将此逻辑移到单独的函数并避免重复代码是有意义的。

我们可以将该函数称为 prepare_X，因为它从一个 DataFrame 创建一个矩阵 X，如代码清单 2.4 所示。

**代码清单 2.4 用于将 DataFrame 转换为矩阵的 prepare_X 函数**

```
def prepare_X(df):
    df_num = df[base]
    df_num = df_num.fillna(0)
    X = df_num.values
    return X
```

现在整个训练和评估变得更简单，看起来如下所示。

```
X_train = prepare_X(df_train)                              训练模型
w_0, w = train_linear_regression(X_train, y_train)

X_val = prepare_X(df_val)                    将模型应用于验
y_pred = w_0 + X_val.dot(w)                   证数据集
print('validation:', rmse(y_val, y_pred))    ◄──
                                              计算验证数据的
                                              RMSE
```

这提供了一种方法来检查任何模型调整是否会导致模型预测质量的改善。接下来添加更多特征并检查是否得到更低的 RMSE 分数。

## 2.4.4 简单的特征工程

我们已经获得一个具有简单特征的基准模型。为进一步改进模型，可以向其中添加更多特征：创建其他特征并将它们添加到现有特征中。这个过程被称为特征工程。

因为已经建立了验证框架，所以可以很容易地验证添加新特征是否提高了模型的质量。我们的目的是改进在验证数据上计算得到的 RMSE。

首先通过特征 year 创建一个新特征 age。在预测价格时，汽车的年限应该是非常有用的：直觉上来说，汽车越新，价格应该越高。

因为数据集是在 2017 年创建的(可以通过检查 df_train.year.max()来验证)，所以可以通过从 2017 减去汽车生产的年份来计算汽车的年限。

```
df_train['age'] = 2017 - df_train.year
```

这个操作是一个元素级操作。我们计算了 2017 年与年份序列中每个元素之间的差值。结果是一个包含差值的新 Pandas 序列，它被作为年限列写入 DataFrame。

此处需要对训练集和验证集将相同的预处理应用两次。因为我们并不想多次重复特征提取代码，所以将此逻辑放入 prepare_X 函数中，如代码清单 2.5 所示。

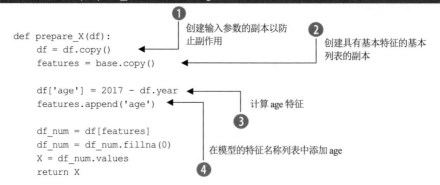

代码清单 2.5　在 prepare_X 函数中创建 age 特征

这次实现函数的方式与以前的版本略有不同。接下来查看这些区别。首先，在❶中创建了传递给函数的 df 的副本。在后面的代码中，通过在❸中添加额外的行来修改 df。这种行为被称为副作用：函数的调用者可能不会期望函数更改 df。为防止出现令人不快的意外情况，我们改为修改原始 DataFrame 的副本。在❷中，出于同样的原因，我们为具有基本特征的列表创建一个副本。稍后将在第❹步中使用新特征扩展这个列表，但我们不想改变原来的列表。代码的其余部分与前面相同。

现在测试添加 age 特征是否会带来任何改进。

```
X_train = prepare_X(df_train)
w_0, w = train_linear_regression(X_train, y_train)

X_val = prepare_X(df_val)
y_pred = w_0 + X_val.dot(w)
print('validation:', rmse(y_val, y_pred))
```

代码输出结果如下。

```
validation: 0.517
```

验证误差为 0.517，这比基本解决方案中的值 0.76 有了很大的改进。因此，可以得出结论，添加 age 确实有助于预测。

我们还可以查看预测值的分布。

```
sns.histplot(y_pred, label='prediction')
sns.histplot(y_val, label='target')
plt.legend()
```

从图 2-23 可知，预测的分布与目标分布比以前更接近。实际上，验证集上的 RMSE 得分证实了这一点。

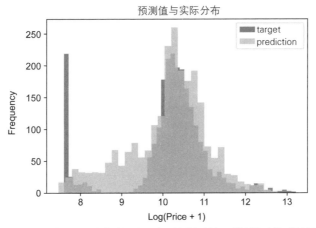

图 2-23 预测值(浅灰色)与实际值(深灰色)的分布。有了这些新特征，模型比以前更接近原始数据的分布

## 2.4.5 处理分类变量

我们看到，添加 age 对模型非常有帮助。接下来继续添加更多特征，可以使用的一列是门的数量。这个变量看起来是数值型的，可能有 3 个值：2、3 和 4 扇门。尽管我们很想把这个变量放到模型中，但它并不是一个真正的数值变量：不能说增加一扇门，汽车的价格就会增加(或下降)一定数量的钱。相反，这个变量是一个分类变量。

分类变量描述了对象的特征，可以取几个可能的值之一。汽车品牌是一个分类变量，例如它可以是丰田、宝马、福特等。通过值很容易识别分类变量，这些值通常是字符串而不是数字。然而，情况并非总是如此。例如，门的数量是绝对的，它只能选择 3 种可能值(2、3 和 4)中的一种。

我们可以在机器学习模型中以多种方式使用分类变量。最简单的方法之一是用一组二元特征对这些变量进行编码，每个不同的值都对应一个单独的特征。

在本示例中，我们将创建 3 个二元特征：num_doors_2、num_doors_3 和 num_doors_4。如果汽车有两扇门，num_doors_2 将被设置为 1，其余的将为 0。如果汽车有三扇门，num_doors_3 将为值 1，对于 num_doors_4 也同样如此。

这种分类变量的编码方法称为独热编码。我们将在第 3 章学习更多关于分类变量的编码方法。现在，选择最简单的方法来进行编码：循环遍历可能的值(2、3 和 4)，并且对每个值检查观察值是否与它匹配。

将以下几行代码添加到 prepare_X 函数中。

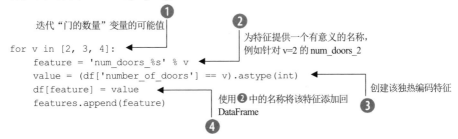

迭代"门的数量"变量的可能值 ❶

为特征提供一个有意义的名称，
例如针对 v=2 的 num_doors_2 ❷

```
for v in [2, 3, 4]:
    feature = 'num_doors_%s' % v
    value = (df['number_of_doors'] == v).astype(int)
    df[feature] = value
    features.append(feature)
```

创建该独热编码特征 ❸

使用 ❷ 中的名称将该特征添加回 DataFrame ❹

这段代码可能很难理解，因此要仔细查看代码。最难的一行是 ❸。

```
(df['number_of_doors'] == v).astype(int)
```

这段代码进行了两个操作运算。第一个是括号内的表达式，此处使用了 equals(==)操作符。这个操作也是一个元素级操作，就像以前在计算 RMSE 时使用的操作一样。在本例中，操作创建了一个新 Pandas 序列。如果原序列的元素为 v，则结果中对应的元素为 True；否则，元素为 False。该操作创建了一系列的 True/False 值。v 包含 3 个值(2、3 和 4)，我们将这个操作应用于 v 的每个值，因此创建了 3 个序列(见图 2-24)。

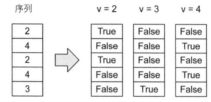

图 2-24　使用==操作符由原来的序列创建新序列：一个用于两扇门，一个用于三扇门，还有一个用于四扇门

第二个是将布尔序列转换为整数(即 True 变成 1，False 变成 0)，这很容易用 astype(int)方法来完成(见图 2-25)。现在可以将结果作为特征并将它们放入线性回归。

| True | False | False | astype(int) | 1 | 0 | 0 |
| False | False | True | | 0 | 0 | 1 |
| True | False | False | | 1 | 0 | 0 |
| False | False | True | | 0 | 0 | 1 |
| False | True | False | | 0 | 1 | 0 |

图 2-25　使用 astype(int)将带布尔值的序列转换为整数

如前所述，门的数量是一个分类变量，它看起来是数值型的，因为值是整数(2、3 和 4)。数据集中剩下的所有分类变量都是字符串。

可以使用相同的方法对其他分类变量进行编码。首先从 make 开始。就我们的目的而言，只需要获取和使用最频繁出现的值。让我们查看最常见的 5 个值。

```
df['make'].value_counts().head(5)
```

代码的输出结果如下。

```
chevrolet      1123
ford            881
volkswagen      809
toyota          746
dodge           626
```

就像对门的数量进行编码的方法一样，我们用这些值对 make 进行编码。

接下来，创建 5 个新变量，分别是 is_make_chevrolet、is_make_ford、is_make_volkswagen、is_make_toyota 和 is_make_dodge。

```
for v in ['chevrolet', 'ford', 'volkswagen', 'toyota', 'dodge']:
    feature = 'is_make_%s' % v
    df[feature] = (df['make'] == v).astype(int)
    features.append(feature)
```

现在整个 prepare_X 应该如代码清单 2.6 所示。

**代码清单 2.6　处理分类变量 number_of_doors 和 make**

```
def prepare_X(df):
    df = df.copy()
    features = base.copy()

    df['age'] = 2017 - df.year
    features.append('age')

    for v in [2, 3, 4]:                          ← 对 number_of_doors 变量进
        feature = 'num_doors_%s' % v                行编码
        df[feature] = (df['number_of_doors'] == v).astype(int)
        features.append(feature)

    for v in ['chevrolet', 'ford', 'volkswagen', 'toyota', 'dodge']:  ← 对 make 变量进行编码
        feature = 'is_make_%s' % v
        df[feature] = (df['make'] == v).astype(int)
        features.append(feature)

    df_num = df[features]
    df_num = df_num.fillna(0)
    X = df_num.values
    return X
```

现在查看这段代码是否提高了模型的 RMSE。

```
X_train = prepare_X(df_train)
w_0, w = train_linear_regression(X_train, y_train)

X_val = prepare_X(df_val)
y_pred = w_0 + X_val.dot(w)
print('validation:', rmse(y_val, y_pred))
```

代码输出如下。

```
validation: 0.507
```

之前的值是 0.517，因此我们进一步提高了 RMSE 得分。

我们可以使用更多的变量：engine_fuel_type、transmission_type、driven_wheels、market_category、vehicle_size 和 vehicle_style。让我们对它们执行同样的操作。经过修改之后，prepare_X 看起来有点复杂(如代码清单 2.7 所示)。

**代码清单 2.7　在 prepare_X 函数中处理更多分类变量**

```
def prepare_X(df):
    df = df.copy()
    features = base.copy()

    df['age'] = 2017 - df.year
    features.append('age')
```

```
    for v in [2, 3, 4]:
        feature = 'num_doors_%s' % v
        df[feature] = (df['number_of_doors'] == v).astype(int)
        features.append(feature)

    for v in ['chevrolet', 'ford', 'volkswagen', 'toyota', 'dodge']:
        feature = 'is_make_%s' % v
        df[feature] = (df['make'] == v).astype(int)
        features.append(feature)

    for v in ['regular_unleaded', 'premium_unleaded_(required)',
            'premium_unleaded_(recommended)',
            'flex-fuel_(unleaded/e85)']:        ◄──── 对燃料类型变量进行编码
        feature = 'is_type_%s' % v
        df[feature] = (df['engine_fuel_type'] == v).astype(int)
        features.append(feature)
                                                        对变速器变量进行
                                                        编码
    for v in ['automatic', 'manual', 'automated_manual']: ◄──┘
        feature = 'is_transmission_%s' % v
        df[feature] = (df['transmission_type'] == v).astype(int)
        features.append(feature)

    for v in ['front_wheel_drive', 'rear_wheel_drive',
            'all_wheel_drive', 'four_wheel_drive']: ◄──  对驱动轮的数量
        feature = 'is_driven_wheels_%s' % v                 进行编码
        df[feature] = (df['driven_wheels'] == v).astype(int)
        features.append(feature)
                                                     对市场类别进行编码
    for v in ['crossover', 'flex_fuel', 'luxury',
            'luxury,performance', 'hatchback']: ◄──┘
        feature = 'is_mc_%s' % v
        df[feature] = (df['market_category'] == v).astype(int)
        features.append(feature)
                                                 对大小进行编码
    for v in ['compact', 'midsize', 'large']:  ◄──┘
        feature = 'is_size_%s' % v
        df[feature] = (df['vehicle_size'] == v).astype(int)
        features.append(feature)
                                                 对风格进行编码
    for v in ['sedan', '4dr_suv', 'coupe', 'convertible',
            '4dr_hatchback']:  ◄──┘
        feature = 'is_style_%s' % v
        df[feature] = (df['vehicle_style'] == v).astype(int)
        features.append(feature)

    df_num = df[features]
    df_num = df_num.fillna(0)
    X = df_num.values
    return X
```

测试如下。

```
X_train = prepare_X(df_train)
w_0, w = train_linear_regression(X_train, y_train)
```

```
X_val = prepare_X(df_val)
y_pred = w_0 + X_val.dot(w)
print('validation:', rmse(y_val, y_pred))
```

将得到结果 34.2，比之前的 0.5 大很多。

**注意**：根据 Python 版本、NumPy 版本、NumPy 依赖项的版本、操作系统和其他因素，你得到的数字可能会有所不同。但是，验证指标从 0.5 跃升到显著更大的值会提示我们需要保持警惕和清醒。

这些新特征不但没有起到帮助作用，反而让分数变得更差。幸运的是，我们有验证来帮助发现这个问题。2.4.6 节中将说明它发生的原因以及如何处理它。

## 2.4.6　正则化

我们发现添加新特征并不总是有帮助，在前面的示例中，它反而让事情变得更糟。这种行为的原因是数值不稳定。让我们回顾标准方程的公式。

$$w=(X^TX)^{-1}X^Ty$$

方程中的一项是 $X^TX$ 矩阵的逆。

$$(X^TX)^{-1}$$

逆是问题的关键所在。有时，当向 $X$ 添加新列时，我们可能无意中添加了其他列的组合。例如，如果有"城市中的 mpg"特征并决定增加"城市中的每升公里数"特征，那么第二个特征与第一个特征相同，但要乘以一个常数。

当发生上述情况时，$X^TX$ 变成未确定的或奇异的，这意味着不可能找到这个矩阵的逆。如果试图求一个奇异矩阵的逆，NumPy 会通过引发 LinAlgError 来告诉我们。

`LinAlgError: Singular matrix`

然而，我们的代码没有引发任何异常。这是因为列通常不是其他列的完美线性组合。真实数据通常是嘈杂的，有测量误差(如 mpg 记录为 1.3 而不是 13)、舍入误差(如存储为 0.0999999 而不是 0.1)和许多其他误差。从技术角度看，这样的矩阵不是奇异的，因此 NumPy 不会报错。

然而，由于这个原因，权重中的一些值变得非常大——比它们应该的值要大得多。

如果查看 $w_0$ 和 $w$ 的值，会发现实际情况确实是这样。例如，偏置项 $w_0$ 的值为 5788519290303866.0 (该值可能因机器、操作系统和 NumPy 的版本而不同)，$w$ 的一些分量也有非常大的负值。

在数值线性代数中，这样的问题被称为数值不稳定问题，通常用正则化技术来解决。正则化的目的是通过使矩阵可逆来保证逆矩阵的存在。正则化是机器学习中的一个重要概念：它意味着"控制"——控制模型的权重，使其行为正确，不会出现示例中那样增长过大的情形。

正则化的一种方法是给矩阵的每个对角元素加上一个小的数值。然后得到线性回归的公式。

$$w=(X^TX+\alpha I)^{-1}X^Ty$$

**注意**：正则线性回归通常被称为岭回归。包括 Scikit-learn 在内的许多库都使用岭来表示正则化线性回归，使用线性回归来表示非正则化模型。

观察发生改变的部分：需要求逆的矩阵。它如下所示。

$$X^{\mathrm{T}}X + \alpha I$$

该公式表明需要一个单位矩阵 $I$，这个矩阵主对角线上的元素值为 1，其他地方的值都是 0。我们将这个单位矩阵乘以一个数字 $\alpha$。这样，$I$ 对角线上的所有 1 的地方都变成 $\alpha$。然后对 $\alpha I$ 和 $X^{\mathrm{T}}X$ 求和，使 $\alpha$ 加到 $X^{\mathrm{T}}X$ 的所有对角元素上。

该公式可以直接转换为 NumPy 代码。

```
XTX = X_train.T.dot(X_train)
XTX = XTX + 0.01 * np.eye(XTX.shape[0])
```

np.eye 函数创建了一个二维 NumPy 数组，它也是一个单位矩阵。当乘以 0.01 时，对角线上的就变成 0.01，因此当将这个矩阵添加到 XTX 时，只在它的主对角线上添加了 0.01(见图 2-26)。

```
np.eye(4)

array([[1., 0., 0., 0.],
       [0., 1., 0., 0.],
       [0., 0., 1., 0.],
       [0., 0., 0., 1.]])
```

(a) NumPy 的 eye 函数创建了一个单位矩阵

```
np.eye(4) * 0.01

array([[0.01, 0.  , 0.  , 0.  ],
       [0.  , 0.01, 0.  , 0.  ],
       [0.  , 0.  , 0.01, 0.  ],
       [0.  , 0.  , 0.  , 0.01]])
```

(b) 当用一个数字乘以单位矩阵时，这个数字就会出现在最终结果的主对角线上

```
XTX = np.array([
    [0, 1, 2, 3],
    [0, 1, 2, 3],
    [0, 1, 2, 3],
    [0, 1, 2, 3],
])

XTX + 0.01 * np.eye(4)

array([[0.01, 1.  , 2.  , 3.  ],
       [0.  , 1.01, 2.  , 3.  ],
       [0.  , 1.  , 2.01, 3.  ],
       [0.  , 1.  , 2.  , 3.01]])
```

(c) 将一个单位矩阵乘以 0.01 再加到另一个矩阵的效果与将该矩阵的主对角线加 0.01 是相同的

图 2-26　使用单位矩阵在方阵的主对角线上加上 0.01

创建一个运用上述思想的新函数并通过正则化实现线性回归，如代码清单 2.8 所示。

**代码清单 2.8　使用正则化的线性回归**

```
def train_linear_regression_reg(X, y, r=0.0):     ◀──────  用参数 r 控制正则化
    ones = np.ones(X.shape[0])                              的量
    X = np.column_stack([ones, X])

    XTX = X.T.dot(X)
    reg = r * np.eye(XTX.shape[0])     将r添加到XTX的主
    XTX = XTX + reg                    对角线
```

```
XTX_inv = np.linalg.inv(XTX)
w = XTX_inv.dot(X.T).dot(y)

return w[0], w[1:]
```

该函数与线性回归非常相似，但有几行不同。首先，有一个额外的参数 r 控制正则化的量——这对应公式中的数字 $\alpha$，它被加到 $X^TX$ 的主对角线上。

正则化通过使 $w$ 的分量变小来影响最终的解。可以看到，添加的正则化越多，权重就变得越小。

观察对于取不同 r 值，权重会发生什么变化。

```
for r in [0, 0.001, 0.01, 0.1, 1, 10]:
    w_0, w = train_linear_regression_reg(X_train, y_train, r=r)
    print('%5s, %.2f, %.2f, %.2f' % (r, w_0, w[13], w[21]))
```

上述代码的输出如下。

```
    0, 5788519290303866.00, -9.26, -5788519290303548.00
0.001, 7.20, -0.10, 1.81
 0.01, 7.18, -0.10, 1.81
  0.1, 7.05, -0.10, 1.78
    1, 6.22, -0.10, 1.56
   10, 4.39, -0.09, 1.08
```

首先从 0 开始，这是一个非正则解，将得到很大的数。然后尝试 0.001 并在每一步增加 10 倍：0.01、0.1、1 和 10。我们看到选择的值随着 r 的增长而变小。

现在检查正则化是否有助于解决我们的问题，以及在那之后得到什么样的 RMSE。取 r=0.001 并运行它。

```
X_train = prepare_X(df_train)
w_0, w = train_linear_regression_reg(X_train, y_train, r=0.001)

X_val = prepare_X(df_val)
y_pred = w_0 + X_val.dot(w)
print('validation:', rmse(y_val, y_pred))
```

上述代码的输出如下。

```
Validation: 0.460
```

结果比之前的分数 0.507 有所改善。

**注意：** 有时，当添加新特征导致性能下降时，只需要删除该特征就足以解决问题。拥有一个验证数据集对于决定是否添加正则化、删除特征或两者都做是非常重要的：我们使用模型在验证数据集上的得分来选择最佳选项。在示例中，我们看到添加正则化是有帮助的：它提高了之前的分数。

我们尝试了使用 r=0.001，但同时应该尝试其他值。接下来尝试几个不同的参数来选择最好的参数 r。

```
X_train = prepare_X(df_train)
X_val = prepare_X(df_val)
```

```
for r in [0.000001, 0.0001, 0.001, 0.01, 0.1, 1, 5, 10]:
    w_0, w = train_linear_regression_reg(X_train, y_train, r=r)
    y_pred = w_0 + X_val.dot(w)
    print('%6s' %r, rmse(y_val, y_pred))
```

可以看到，当 r 取值越小，性能越好。

```
 1e-06  0.460225
0.0001  0.460225
 0.001  0.460226
  0.01  0.460239
   0.1  0.460370
     1  0.461829
     5  0.468407
    10  0.475724
```

还可注意到，当 r 取值小于 0.1 时，除小数点后的第 6 位外性能变化并不大，该值实际上是可以忽略其影响的。

我们以 r=0.01 的模型作为最终模型。现在可以对测试数据集进行检查，以验证模型是否有效。

```
X_train = prepare_X(df_train)
w_0, w = train_linear_regression_reg(X_train, y_train, r=0.01)

X_val = prepare_X(df_val)
y_pred = w_0 + X_val.dot(w)
print('validation:', rmse(y_val, y_pred))

X_test = prepare_X(df_test)
y_pred = w_0 + X_test.dot(w)
print('test:', rmse(y_test, y_pred))
```

上述代码的输出如下。

```
validation: 0.460
test: 0.457
```

因为这两个数字非常接近，所以得出结论，即该模型可以很好地推广到新的未知数据。

练习 2.4
需要正则化的原因是什么(可以多选)？
(a) 它可以控制模型的权重，而不让它们变得太大。
(b) 真实世界的数据是嘈杂的。
(c) 经常会遇到数值不稳定问题。

## 2.4.7 使用模型

因为现在获得了一个模型，所以可以用它来预测汽车的价格。假设用户在我们的网站上发布了以下广告。

```
ad = {
    'city_mpg': 18,
    'driven_wheels': 'all_wheel_drive',
    'engine_cylinders': 6.0,
    'engine_fuel_type': 'regular_unleaded',
    'engine_hp': 268.0,
    'highway_mpg': 25,
    'make': 'toyota',
    'market_category': 'crossover,performance',
    'model': 'venza',
    'number_of_doors': 4.0,
    'popularity': 2031,
    'transmission_type': 'automatic',
    'vehicle_size': 'midsize',
    'vehicle_style': 'wagon',
    'year': 2013
}
```

我们想建议这辆车的价格，为此使用了模型。

```
df_test = pd.DataFrame([ad])
X_test = prepare_X(df_test)
```

首先，用一行创建一个小 DataFrame。这一行包含前面创建的 ad 字典的所有值。接下来，将该 DataFrame 转换为一个矩阵。

现在可以将模型应用到该矩阵中来预测这辆车的价格。

```
y_pred = w_0 + X_test.dot(w)
```

然而，这一预测并非最终价格；它是价格的对数。为得到实际价格，需要撤销对数并应用指数函数。

```
suggestion = np.expm1(y_pred)
suggestion
```

输出结果为 28 294.13(美元)。这辆车的实际价格是 31 120 美元，因此模型预测结果与实际价格并没有太大出入。

# 2.5　后续步骤

## 2.5.1　练习

我们可以尝试以下练习以使模型变得更好。

- 编写一个二进制编码函数。在本章中，我们手动实现了类别编码：查看前 5 个值，将它们写在一个列表中，然后循环遍历该列表以创建二进制特征。这样做很麻烦，因此最好编写一个自动执行此操作的函数。它应该包含多个参数：DataFrame、分类变量的名称和应该考虑的出现频率最高的值的数量。这个函数还可以帮助我们完成前面的练习。

● 尝试更多的特征工程。在实现类别编码时，只包含每个分类变量的前 5 个值。在编码过程中包含更多的值可能会改进模型。尝试这样做并根据 RMSE 重新评估模型的性能。

## 2.5.2 其他项目

现在还可以做其他项目。

● 预测房子的价格。你可以从 https://www.kaggle.com/dgomonov/new-york-city-airbnb-open-data 获取 New York City Airbnb Open Data 数据集，或者从 https://scikit-learn.org/stable/modules/generated/sklearn.dataset.fetch_california_housing.html 获取加州住房数据集。

● 检查其他具有数值目标值的数据集，见 https://archive.ics.uci.edu/ml/datasets.php?task=reg。例如，我们可以使用一个学生表现数据集(http://archive.ics.uci.edu/ml/datasets/student+performance)的数据来训练一个确定学生表现的模型。

# 2.6 本章小结

● 进行简单的初步探索性分析很重要。此外，它可帮助我们找出数据是否存在缺失值。当存在缺失值时无法训练线性回归模型，因此检查数据并在必要时补充缺失值非常重要。

● 作为探索性数据分析的一部分，需要检查目标变量的分布。如果目标分布有长尾，需要应用对数变换。如果不使用对数变换，可能会从线性回归模型中得到不准确和误导性的预测。

● 训练/验证/测试划分是检查模型的最佳方式。它提供了一种可靠地衡量模型性能的方法，并且诸如数值不稳定这样的问题也不会被忽视。

● 线性回归模型建立在一个简单的数学公式上，理解这个公式是模型成功应用的关键。了解这些细节有助于我们在编码之前了解模型的工作原理。

● 使用 Python 和 NumPy 从头开始实现线性回归并不难。这样做有助于我们理解机器学习背后并不存在魔法：它是将简单的数学转换为代码。

● RMSE 提供了一种在验证集上衡量模型预测性能的方法。它让我们确认模型是好的并帮助我们比较多个模型以找到最佳模型。

● 特征工程是创建新特征的过程。添加新特征对于提高模型的性能很重要。在添加新特征时，总是需要使用验证集来确保模型确实有所改进。如果没有持续的监控，模型将可能表现得平庸或非常糟糕。

● 有时我们会面临数值不稳定问题，这时可以通过正则化来解决。拥有一种验证模型的好方法对于及时发现问题至关重要。

● 当模型经过训练和验证后，可以使用它进行预测，例如将其应用于价格未知的汽车以估计购买它们可能要花多少钱。

第 3 章将学习如何使用机器学习进行分类，以及使用逻辑回归来预测客户流失。

# 2.7　习题答案

- 练习 2.1：(b)。
- 练习 2.2：(a)。
- 练习 2.3：(b)。
- 练习 2.4：(a)、(b)和(c)。

# 第3章

# 用于分类的机器学习

**本章内容**
- 进行探索性数据分析以识别重要特征
- 对分类变量进行编码以用于机器学习模型
- 使用逻辑回归进行分类

本章将使用机器学习来预测客户流失。

客户流失是指客户停止使用公司的服务。因此,流失预测是关于识别那些可能很快取消合同的客户。如果公司能做到这一点,它就可以在这些服务上提供折扣,以努力留住客户。

当然,我们可以使用机器学习:使用过去的客户数据并在此基础上创建一个模型,以识别即将离开的现有客户。这是一个二元分类问题。我们想要预测的目标变量是绝对的,并且只有两种可能的结果:客户流失或客户不流失。

在第1章中,我们了解到存在许多监督机器学习模型,特别提到一些可以用于二元分类的模型,包括逻辑回归、决策树和神经网络。本章从最简单的逻辑回归开始。尽管它确实是最简单的,但功能仍然很强大,而且与其他模型相比有许多优势:它快速且易于理解,其结果也易于解释。它是机器学习的主力,也是行业中应用最广泛的模型。

## 3.1 客户流失预测项目

为本章准备的项目是对一家电信公司的客户流失预测,并且将使用逻辑回归和 Scikit-learn。

假设我们在一家提供电话和互联网服务的电信公司工作,但遇到了一个问题:一些客户正在流失。他们不再使用我们提供的服务,而是转向另一家供应商。我们想要阻止这种情况的发生,因此开发了一个系统来识别这些客户并提供挽留他们的激励措施。我们想向他们发送促销信息,给他们打折。我们还想知道为什么模型会认为我们的客户会流失,为此需要能够解释模型的预测。

我们收集了一个数据集,其中记录了客户的一些信息:他们使用什么类型的服务、付了多少钱以及使用我们提供的服务的时长。我们也知道是谁取消了合同并停止使用我们提供的服务。我们将使用该信息作为机器学习模型的目标变量并使用所有其他可用信息预测它。

项目计划如下。

(1) 首先下载数据集并做一些初始准备：重命名列并更改列中的值，使其在整个数据集中保持一致。

(2) 然后将数据划分为训练、验证和测试部分，以便能够验证模型。

(3) 作为初始数据分析的一部分，我们着眼于特征的重要性，以确定哪些特征在数据中是重要的。

(4) 将分类变量转换为数值变量，以便在模型中使用它们。

(5) 最后训练一个逻辑回归模型。

在第 2 章中，我们使用 Python 和 NumPy 实现了所有内容。然而，在这个项目中，我们将开始使用 Scikit-learn——一个用于机器学习的 Python 库。也就是说，我们将把它用于以下目的。

● 将数据集划分为训练集和测试集。

● 对分类变量进行编码。

● 训练逻辑回归模型。

## 3.1.1 电信客户流失数据集

和第 2 章一样，我们将使用 Kaggle 数据集作为数据。这次将使用 https://www.kaggle.com/blastchar/telco-customer-churn 中的数据。

根据描述，该数据集包含以下信息。

● 客户服务：电话、多条线路、互联网、技术支持和额外服务，如在线安全、备份、设备保护和电视流媒体。

● 账户信息：成为客户的时间有多长、合同类型以及付款方式。

● 费用：客户在过去的一个月被收取多少费用、收费至今总共费用是多少。

● 人口统计信息：性别、年龄以及是否有家属或伴侣。

● 流失情况：是/否，即客户是否在过去一个月内停止使用公司服务。

首先下载数据集。为了使内容有条理，首先创建一个文件夹 chapter-03-churn-prediction。然后进入该目录，使用 Kaggle CLI 下载数据。

```
kaggle datasets download -d blastchar/telco-customer-churn
```

下载后，解压缩文档并从中得到 CSV 文件。

```
unzip telco-customer-churn.zip
```

现在准备具体实现该项目。

## 3.1.2 初始数据准备

第一步是在 Jupyter 中创建一个新笔记本。如果它没有运行，则启动它。

```
jupyter notebook
```

将该笔记本命名为 chapter-03-churn-project(或者其他任何名称)。和前面一样，从添加常用的导入开始。

```
import pandas as pd
import numpy as np

import seaborn as sns
from matplotlib import pyplot as plt
%matplotlib inline
```

现在可以读取数据集。

```
df = pd.read_csv('WA_Fn-UseC_-Telco-Customer-Churn.csv')
```

我们使用 read_csv 函数读取数据,然后将结果写入名为 df 的 DataFrame。要查看它包含多少行,可使用 len 函数。

```
len(df)
```

它的输出是 7043,因此这个数据集中有 7043 行。数据集并不大,但应该足以训练出一个像样的模型。

接下来,观察使用 df.head()后的前几行(见图 3-1)。默认情况下,它显示 DataFrame 的前五行。

| | customerID | gender | SeniorCitizen | Partner | Dependents | tenure | PhoneService | MultipleLines | InternetService | OnlineSecurity | ... | DeviceProtection | Tech |
|---|---|---|---|---|---|---|---|---|---|---|---|---|---|
| 0 | 7590-VHVEG | Female | 0 | Yes | No | 1 | No | No phone service | DSL | No | ... | No | |
| 1 | 5575-GNVDE | Male | 0 | No | No | 34 | Yes | No | DSL | Yes | ... | Yes | |
| 2 | 3668-QPYBK | Male | 0 | No | No | 2 | Yes | No | DSL | Yes | ... | No | |
| 3 | 7795-CFOCW | Male | 0 | No | No | 45 | No | No phone service | DSL | Yes | ... | Yes | |
| 4 | 9237-HQITU | Female | 0 | No | No | 2 | Yes | No | Fiber optic | No | ... | No | |

图 3-1　df.head()命令的输出显示电信客户流失数据集的前五行

这个 DataFrame 包含相当多的列,因此它们不适合都显示在屏幕上。相反,我们可以使用 T 函数转置 DataFrame,交换列和行,使列变成行。这样可以看到更多数据(见图 3-2)。

```
df.head().T
```

我们观察到数据集包含一些列。

- customerID:客户的 ID。
- gender:男/女。
- SeniorCitizen:是否为老年人(0/1)。
- Partner:是否和伴侣住在一起(是/否)。
- Dependents:是否有家属(是/否)。
- tenure:从合同开始至今的月数。
- PhoneService:是否有电话服务(是/否)。
- MultipleLines:是否有多条电话线路(是/否/无电话服务)。
- InternetService:互联网服务类型(无/光纤/DSL)。
- OnlineSecurity:是否启用在线安全(是/否/无网络)。
- OnlineBackup:是否启用在线备份服务(是/否/无网络)。

- DeviceProtection：是否启用设备保护服务(是/否/无网络)。
- TechSupport：是否有技术支持(是/否/无网络)。
- StreamingTV：是否启用电视流媒体服务(是/否/无网络)。
- StreamingMovies：是否启用电影流媒体服务(是/否/无网络)。
- Contract：合同类型(月签/年签/两年签)。
- PaperlessBilling：账单是否无纸化(是/否)。
- PaymentMethod：付款方式(电子支票、邮寄支票、银行转账、信用卡)。
- MonthlyCharges：每月收费金额(数字)。
- TotalCharges：收费总额(数字)。
- Churn：是否解除合同(是/否)。

### df.head().T

| | 0 | 1 | 2 |
|---|---|---|---|
| **customerID** | 7590-VHVEG | 5575-GNVDE | 3668-QPYBK |
| **gender** | Female | Male | Male |
| **SeniorCitizen** | 0 | 0 | 0 |
| **Partner** | Yes | No | No |
| **Dependents** | No | No | No |
| **tenure** | 1 | 34 | 2 |
| **PhoneService** | No | Yes | Yes |
| **MultipleLines** | No phone service | No | No |
| **InternetService** | DSL | DSL | DSL |
| **OnlineSecurity** | No | Yes | Yes |
| **OnlineBackup** | Yes | No | Yes |
| **DeviceProtection** | No | Yes | No |
| **TechSupport** | No | No | No |
| **StreamingTV** | No | No | No |
| **StreamingMovies** | No | No | No |
| **Contract** | Month-to-month | One year | Month-to-month |
| **PaperlessBilling** | Yes | No | Yes |
| **PaymentMethod** | Electronic check | Mailed check | Mailed check |
| **MonthlyCharges** | 29.85 | 56.95 | 53.85 |
| **TotalCharges** | 29.85 | 1889.5 | 108.15 |
| **Churn** | No | No | Yes |

图 3-2    df.head().T 命令的输出显示电信客户流失数据集的前三行。原始的行显示为列，
这样就可以在不滑动的情况下查看更多数据

对我们来说，最感兴趣的是 Churn。作为模型的目标变量，这就是想要预测的变量。它包含两个值：如果客户流失，结果为是(Yes)；如果客户没有流失，结果为否(No)。

在读取 CSV 文件时，Pandas 会尝试自动确定每个列的正确类型。然而，有时很难正确地执行，推断类型也不是我们期望的那样。因此必须检查实际类型是否正确。可使用 df.dtypes 来查看它们。

```
df.dtypes
```

我们可以看到，大多数类型的推断都是正确的(见图 3-3)。对象表示一个字符串值，这是我们对大多数列所期望的。然而，我们可能会注意到两件事。首先，SeniorCitizen 被检测为 int64，因此它的类型是整数，而不是对象。不同于在其他列中使用的 Yes 和 No 值，这里是 1 和 0 值，因此 Pandas 将其解释为一个包含整数的列。这对我们来说不是问题，因此不需要对这一列作任何额外的预处理。

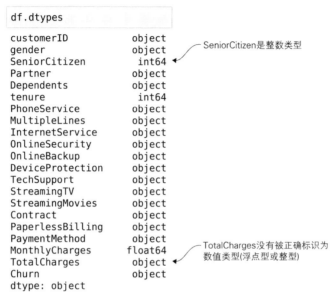

图3-3　自动推断 DataFrame 所有列的类型。对象表示为字符串。TotalCharges 被错误地标识为"对象"，
但它应该是"浮点型"

另一件需要注意的事情是 TotalCharges 的类型。我们希望这一列是数值型：它包含客户被收取的总金额，因此应该是一个数字，而不是字符串。然而，Pandas 将类型推断为"对象"。原因是在某些情况下，这个列包含一个空格(" ")来表示缺失的值。当遇到非数值字符时，Pandas 没有其他选择，只能声明该列为"对象"。

**重点**：如果你希望列是数值型，但 Pandas 判断它不是，则很可能该列包含需要额外预处理的缺失值的特殊编码。

通过使用 Pandas 中的特殊函数 to_numeric 将值转换为数字，可以强制该列变为数值型。默认情况下，该函数在遇到非数值数据(如空格)时引发异常，但可以通过指定 errors='coerce'选项跳过这些情况。这样，Pandas 将用 NaN(非数字)替换所有非数字值。

```
total_charges = pd.to_numeric(df.TotalCharges, errors='coerce')
```

为确认数据确实包含非数值字符，现在可以使用 total_charges 的 isnull()函数来引用 Pandas 无法解析原始字符串的所有行。

```
df[total_charges.isnull()][['customerID', 'TotalCharges']]
```

我们看到在 TotalCharges 列中确实有空格(见图 3-4)。

```
total_charges = pd.to_numeric(df.TotalCharges, errors='coerce')
df[total_charges.isnull()][['customerID', 'TotalCharges']]
```

|      | customerID | TotalCharges |
|------|------------|--------------|
| 488  | 4472-LVYGI |              |
| 753  | 3115-CZMZD |              |
| 936  | 5709-LVOEQ |              |
| 1082 | 4367-NUYAO |              |
| 1340 | 1371-DWPAZ |              |
| 3331 | 7644-OMVMY |              |
| 3826 | 3213-VVOLG |              |
| 4380 | 2520-SGTTA |              |
| 5218 | 2923-ARZLG |              |
| 6670 | 4075-WKNIU |              |
| 6754 | 2775-SEFEE |              |

图 3-4  通过将内容解析为数字, 可以在列中发现非数字数据并查看解析失败的行

现在决定如何处理这些缺失的值。虽然有多种处理方式，但我们要做的是与第 2 章相同的事情——将缺失的值设置为 0。

```
df.TotalCharges = pd.to_numeric(df.TotalCharges, errors='coerce')
df.TotalCharges = df.TotalCharges.fillna(0)
```

此外，可注意到列名不遵循相同的命名约定。有些以小写字母开头，而有些则以大写字母开头，值中间也有空格存在的情况。

因此，用小写字母和下画线替换空格来统一它。这样就消除了数据中所有不一致的地方。使用的代码与第 2 章完全相同。

```
df.columns = df.columns.str.lower().str.replace(' ', '_')

string_columns = list(df.dtypes[df.dtypes == 'object'].index)

for col in string_columns:
    df[col] = df[col].str.lower().str.replace(' ', '_')
```

接下来查看目标变量: churn。目前，它是分类的，有两个值(yes 和 no)，如图 3-5(a)所示。对于二元分类，所有模型通常期望结果为一个数字: 0 表示"否"，1 表示"是"。将它转换成数字。

```
df.churn = (df.churn == 'yes').astype(int)
```

当使用 df.churn＝＝'yes'时，我们创建一个布尔类型的 Pandas 序列。序列中的位置如果在原始序列中为 yes，则为 True，否则为 False。因为它可以接受的唯一其他值是 no，所以会将 yes 转换为 True，no 转换为 False，如图 3-5(b)所示。当使用 astype(int)函数执行强制类型转换时，我们将 True 转换为 1，False 转换为 0，如图 3-5(c)所示。这与在第 2 章实现类别编码时使用的思想完全相同。

```
df.churn.head()

0    no
1    no
2    yes
3    no
4    yes
Name: churn, dtype: object
```

(a) 原始的 Churn 列：它是一个只包含 yes 和 no 值的 Pandas 序列

```
(df.churn == 'yes').head()

0    False
1    False
2    True
3    False
4    True
Name: churn, dtype: bool
```

(b)＝＝操作符的结果：它是一个布尔序列，当原始序列的元素为 yes 时为 True，否则为 False

```
(df.churn == 'yes').astype(int).head()

0    0
1    0
2    1
3    0
4    1
Name: churn, dtype: int64
```

(c) 将布尔序列转换为整型的结果：True 转换为 1，False 转换为 0

图 3-5　表达式(df.Churn＝＝'yes').astype(int)的分解步骤

我们已经做了一些预处理，因此把一些数据留存起来以备测试。在第 2 章中，我们实现了自己编写的代码。这有助于很好地理解它的工作原理，但通常我们不会在每次需要时都从头开始编写这些东西。相反，可以使用库中的现有实现。本章中使用的是 Scikit-learn，它有一个名为 model_selection 的模块，可以处理数据划分。接下来使用它。

首先需要从 model_selection 中导入的函数名为 train_test_split。

```
from sklearn.model_selection import train_test_split
```

导入后就可以使用它。

```
df_train_full, df_test = train_test_split(df, test_size=0.2, random_state=1)
```

函数 train_test_split 接收一个 DataFrame(即 df)并创建两个新 DataFrame: df_train_full 和 df_test。它通过对原始数据集进行变换，然后将其划分，使测试集包含 20%的数据，训练集包含剩余的 80%的数据(见图 3-6)。在内部，它的实现类似于我们在第 2 章中所做的。

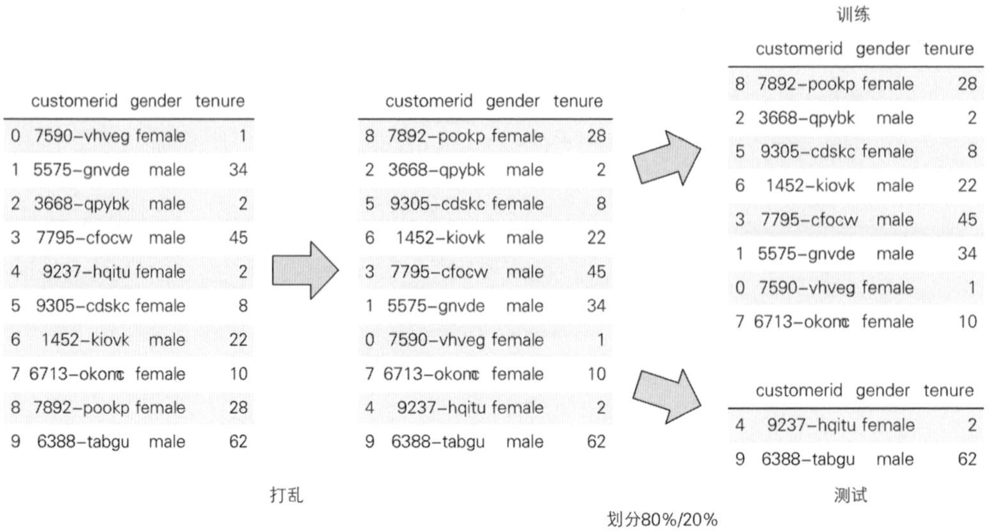

图 3-6 当使用 train_test_split 时，原始数据集被打乱，然后被划分，80%的数据将用作训练集，剩下的 20%用作测试集

这个函数包含一些参数。

- 传递的第一个参数是要划分的 DataFrame：df。
- 第二个参数是 test_size，它指定希望为测试留出的数据集的大小——在示例中为 20%。
- 传递的第三个参数是 random_state。它确保每次运行这段代码时，DataFrame 都以完全相同的方式进行划分。

数据变换是使用随机数生成器完成的；重要的是要固定随机种子，以确保每次重排序数据时，最终的行排列都是相同的。

我们确实看到了重排序的副作用：例如，如果使用 head()方法查看划分后的 DataFrame，那么会注意到索引似乎是随机排序的(见图 3-7)。

```
df_train_full.head()
```

| | customerid | gender | seniorcitizen | partner | dependents | tenure | phoneservice |
|---|---|---|---|---|---|---|---|
| 1814 | 5442-pptjy | male | 0 | yes | yes | 12 | yes |
| 5946 | 6261-rcvns | female | 0 | no | no | 42 | yes |
| 3881 | 2176-osjuv | male | 0 | yes | no | 71 | yes |
| 2389 | 6161-erdgd | male | 0 | yes | yes | 71 | yes |
| 3676 | 2364-ufrom | male | 0 | no | no | 30 | yes |

图 3-7 train_test_split 的副作用：索引(第一列)在新 DataFrame 中被打乱了，因此它们看起来是随机的

第 2 章中将数据分成 3 个部分：训练、验证和测试。然而，train_test_split 函数只将数据分成两部分：训练和测试。尽管如此，我们仍然可以将原始数据集分成 3 个部分；只需要将其中的一部分再次进行划分(见图 3-8)。

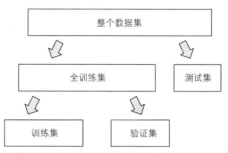

图 3-8 train_test_split 只将一个数据集划分为两个部分，但因为需要 3 个部分，所以实际执行了两次划分。首先，把整个数据集划分成全训练集和测试集，然后继续把全训练集划分成训练集和验证集

将 df_train_full 这个 DataFrame 再次划分为训练集和验证集。

在划分时设置随机种子，以确保每次
运行代码时，结果都是相同的

```
df_train, df_val = train_test_split(df_train_full, test_size=0.33,
    random_state=11)

y_train = df_train.churn.values
y_val = df_val.churn.values
```

获取带有目标变量的列并将其保存在
DataFrame 之外

```
del df_train['churn']
del df_val['churn']
```

从两个 DataFrame 中删除 churn 列，
以确保在训练期间不会意外使用
churn 变量作为特征

准备好 DataFrame 后，可以使用训练数据集进行初始的探索性数据分析。

## 3.1.3  探索性数据分析

训练模型之前查看数据是非常重要的。对数据和其中的问题了解得越多，后续建立的模型也就越好。

因为许多机器学习模型无法轻松处理缺失数据，所以应该始终检查数据集中的缺失值。我们已经发现 TotalCharges 列的一个问题并将缺失的值替换为 0。现在查看是否需要执行任何额外的空值处理。

```
df_train_full.isnull().sum()
```

因为它会输出所有的 0(见图 3-9)，所以数据集中没有缺失值，也不需要做任何额外的事情。

```
df_train_full.isnull().sum()

customerid          0
gender              0
seniorcitizen       0
partner             0
dependents          0
tenure              0
phoneservice        0
multiplelines       0
internetservice     0
onlinesecurity      0
onlinebackup        0
deviceprotection    0
techsupport         0
streamingtv         0
streamingmovies     0
contract            0
paperlessbilling    0
paymentmethod       0
monthlycharges      0
totalcharges        0
churn               0
dtype: int64
```

图 3-9　不需要处理数据集中缺失的值：所有列中的所有值都是存在的

需要做的另一件事是检查目标变量中值的分布。我们使用 value_counts()方法进行查看。

```
df_train_full.churn.value_counts()
```

它的输出结果如下。

```
0    4113
1    1521
```

第一列是目标变量的值，第二列是计数。如我们所见，大多数客户并没有流失。

我们知道绝对数字，但也想检查流失客户在所有客户中的比例。为此，需要将流失的客户数量除以客户总数。5 634 个总客户中有 1 532 个客户流失，因此比例为

$$1521 \ / \ 5634 = 0.27$$

这样就得到客户流失的比例或者客户流失的概率。正如在训练数据集中看到的那样，大约 27% 的客户停止使用我们的服务，其余的仍然是我们的客户。

流失客户的比例(或者说流失的概率)有一个特殊的名称：流失率。还有一种计算流失率的方法：mean()方法。这种方法使用起来比手动计算更方便。

```
global_mean = df_train_full.churn.mean()
```

使用这种方法同样得到 0.27(见图 3-10)。

```
global_mean = df_train_full.churn.mean()
round(global_mean, 3)

0.27
```
图 3-10　计算训练数据集中的总体流失率

结果相同的原因在于计算平均值的方式。该公式如下。

$$\frac{1}{n} \sum_{i=1}^{n} y_i$$

其中 $n$ 为数据集中的项数。

因为 $y_i$ 只能取 0 和 1，所以将所有这些值相加时，将得到 1 的数量，或者说流失客户的人数。然后将其除以客户总数，这与之前计算客户流失率的公式完全相同。

客户流失数据集就是所谓的不平衡数据集的一个示例。在数据集中，没有流失的人数是流失人数的 3 倍，因此认为未流失类在流失类中占主导地位。可以清楚地看到：数据中的流失率为 0.27，这是类不平衡的有力指标。与不平衡相反的是平衡情况，即正类和负类在所有观察值中均等分布。

> **练习 3.1**
> 布尔数组的均值是什么？
> (a) 数组中 False 元素的百分比：False 元素的个数除以数组的长度。
> (b) 数组中 True 元素的百分比：True 元素的个数除以数组的长度。
> (c) 数组的长度。

数据集中的分类变量和数值变量都很重要，但它们也有所不同，需要进行不同的处理。为此，需要分别查看它们。

我们将创建两个列表。

- categorical，包含分类变量的名称。
- numerical，包含数值变量的名称。

创建它们的代码如下所示。

```
categorical = ['gender', 'seniorcitizen', 'partner', 'dependents',
               'phoneservice', 'multiplelines', 'internetservice',
               'onlinesecurity', 'onlinebackup', 'deviceprotection',
               'techsupport', 'streamingtv', 'streamingmovies',
               'contract', 'paperlessbilling', 'paymentmethod']
numerical = ['tenure', 'monthlycharges', 'totalcharges']
```

首先，可以看到每个变量有多少个唯一值。我们已经知道每列应该只有少量几个，但可以进行验证。

```
df_train_full[categorical].nunique()
```

事实上，我们看到大多数列有 2 个或 3 个值，其中有一个(paymentmethod)有 4 个值(见图 3-11)。这个结果很好。我们不需要花费额外的时间来准备和清理数据；一切都已准备就绪。

接下来就是探索性数据分析的另一个重要部分：了解哪些特征可能对模型很重要。

```
df_train_full[categorical].nunique()

gender               2
seniorcitizen        2
partner              2
dependents           2
phoneservice         2
multiplelines        3
internetservice      3
onlinesecurity       3
onlinebackup         3
deviceprotection     3
techsupport          3
streamingtv          3
streamingmovies      3
contract             3
paperlessbilling     2
paymentmethod        4
dtype: int64
```

图 3-11　每个分类变量不同值的数量。我们看到所有变量都只有很少的唯一值

## 3.1.4 特征重要性

了解其他变量如何影响目标变量(即 churn)是理解数据并构建良好模型的关键。这个过程被称为特征重要性分析，它通常作为探索性数据分析的一部分来确定哪些变量对模型有用。它还为我们提供关于数据集的额外见解，并且帮助回答诸如“是什么让客户流失”以及“流失客户的特征是什么”等问题。

我们有两种不同的特征：分类特征和数值特征。每种类型都有不同的衡量特征重要性的方法，因此下面将分别研究它们。

### 1. 流失率

首先从查看分类变量开始。可以做的第一件事是查看每个变量的流失率。我们知道一个分类变量有一组它可以取的值，每个值定义了数据集中的一个组。

可以查看变量的所有不同值。然后，对于每个变量，都有一组客户：所有拥有此值的客户。对于每个这样的分组，可以计算流失率，即分组流失率。当计算得到结果后，可以将它与总体流失率(即针对所有观察数据计算的流失率)进行比较。

如果比率之间的差别很小，那么在预测客户流失率时，该值就不那么重要，因为这一分组的客户与其他客户并没有真正的区别。另一方面，如果差异很大，那么这个分组内部的某种特征会将其与其他分组区分开来。机器学习算法应该能够识别这些信息并在进行预测时使用它们。

首先检查 gender 变量。这个 gender 变量可以取两个值：female 和 male。有两组人群：一组是 gender == 'female'，另一组是 gender == 'male' (见图 3-12)。

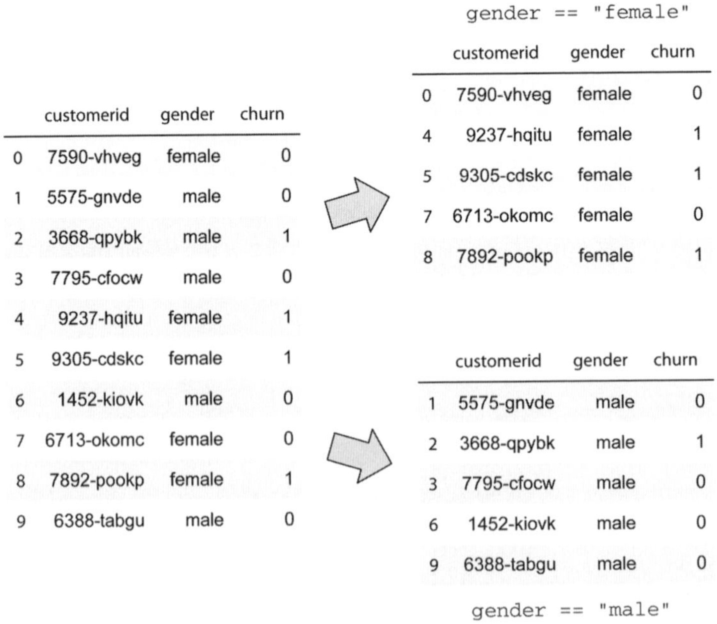

| | customerid | gender | churn |
|---|---|---|---|
| 0 | 7590-vhveg | female | 0 |
| 1 | 5575-gnvde | male | 0 |
| 2 | 3668-qpybk | male | 1 |
| 3 | 7795-cfocw | male | 0 |
| 4 | 9237-hqitu | female | 1 |
| 5 | 9305-cdskc | female | 1 |
| 6 | 1452-kiovk | male | 0 |
| 7 | 6713-okomc | female | 0 |
| 8 | 7892-pookp | female | 1 |
| 9 | 6388-tabgu | male | 0 |

gender == "female"

| | customerid | gender | churn |
|---|---|---|---|
| 0 | 7590-vhveg | female | 0 |
| 4 | 9237-hqitu | female | 1 |
| 5 | 9305-cdskc | female | 1 |
| 7 | 6713-okomc | female | 0 |
| 8 | 7892-pookp | female | 1 |

| | customerid | gender | churn |
|---|---|---|---|
| 1 | 5575-gnvde | male | 0 |
| 2 | 3668-qpybk | male | 1 |
| 3 | 7795-cfocw | male | 0 |
| 6 | 1452-kiovk | male | 0 |
| 9 | 6388-tabgu | male | 0 |

gender == "male"

图 3-12 DataFrame 根据 gender 变量的值划分为两组：一组是 gender = ="female"，另一组是 gender == "male"

为计算所有女性客户的流失率，首先只选择与 gender == 'female'对应的行，然后计算她们的流失率。

```
female_mean = df_train_full[df_train_full.gender == 'female'].churn.mean()
```

之后对所有男性客户做同样的事情。

```
male_mean = df_train_full[df_train_full.gender == 'male'].churn.mean()
```

当执行这段代码并检查结果时，将看到女性客户的流失率为 27.7%，男性客户的流失率为 26.3%，而总体客户流失率为 27%(见图 3-13)。女性和男性的分组率差异很小，这表明知道客户的性别并不能帮助我们确定他们是否会流失。

现在查看另一个变量：partner。它取 yes 和 no 值，因此有两组客户：一组是 partner == 'yes'的客户，另一组是 partner == 'no'的客户。

可以使用与之前相同的代码检查分组流失率，只需要改变过滤条件。

```
partner_yes = df_train_full[df_train_full.partner == 'yes'].churn.mean()
partner_no = df_train_full[df_train_full.partner == 'no'].churn.mean()
```

```
global_mean = df_train_full.churn.mean()
round(global_mean, 3)

0.27


female_mean = df_train_full[df_train_full.gender == 'female'].churn.mean()
print('gender == female:', round(female_mean, 3))

male_mean = df_train_full[df_train_full.gender == 'male'].churn.mean()
print('gender == male:  ', round(male_mean, 3))

gender == female: 0.277
gender == male:   0.263
```

图 3-13　总体流失率与男性和女性流失率的比较。这些数字非常接近，这意味着在预测流失率时，gender 不是一个有用的变量

如我们所见，有伴侣的人和没有伴侣的人的比率大不相同，分别为 20%和 33%。这意味着没有伴侣的客户比有伴侣的客户更有可能流失(见图 3-14)。

```
partner_yes = df_train_full[df_train_full.partner == 'yes'].churn.mean()
print('partner == yes:', round(partner_yes, 3))

partner_no = df_train_full[df_train_full.partner == 'no'].churn.mean()
print('partner == no :', round(partner_no, 3))

partner == yes: 0.205
partner == no : 0.33
```

图 3-14　有伴侣的人的流失率明显低于没有伴侣的人的流失率(20.5%对 33%)，这表明 partner 变量可用于预测流失率

## 2. 风险率

除了观察分组比率和总体比率之间的差异，观察它们之间的比率也很有趣。在统计学上，不同组的概率之间的比率被称为风险率，其中风险是指产生影响的风险。在示例中，影响是流失，因此这是流失的风险。

$$风险=分组率/总体率$$

例如，对于 gender ＝ female，流失的风险是 1.02。

$$风险 =27.7\%/27\% = 1.02$$

风险是一个介于 0 和无穷大之间的数字。它有一个很好的解释，可告诉你分组中的元素与总体相比有多大可能产生影响(流失)。

如果分组率和总体率之间的差异很小，则风险接近 1：该分组与其余的人群具有相同的风险水平。这个分组的客户和其他人一样容易流失。换言之，风险接近 1 的一组根本没有风险，如图 3-15(a) 所示。

如果风险低于 1，则具有较低的风险：该组中的流失率小于总体流失率。例如，值 0.5 意味着这一组的客户流失的可能性是一般客户的 1/2，如图 3-15(b)所示。

另一方面，如果值高于 1，则存在风险：该组的流失率高于总体流失率。因此，风险为 2 意味着该组客户流失的可能性是原来的两倍，如图 3-15(c)所示。

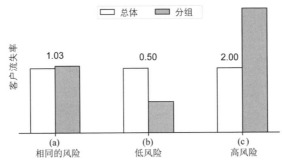

图 3-15　不同分组的流失率与总体流失率的对比

风险一词最初来自对照试验，其中一组患者接受治疗(使用药物)，另一组不接受治疗(仅使用安慰剂)。然后通过计算每一组负面结果的比率并计算两者之间的比例来比较药物的有效性。

$$风险=组 1 负面结果率/组 2 负面结果率$$

如果药物被证明是有效的，则会降低产生负面结果的风险，即风险值小于 1。

现在计算 gender 和 partner 的风险。对于 gender 变量来说，男女的风险都在 1 左右，因为两组的比率都和总体比率没有明显的差异。毫无疑问，对于 partner 变量是不同的；没有伴侣会导致风险率增大(见表 3-1)。

目前为止只使用了两个变量。现在对所有分类变量都这样做。为做到这一点，我们需要一段代码来检查变量的所有值并计算每个值的流失率。

表 3-1　gender 和 partner 变量的流失率和风险

| 变量 | 值 | 客户流失率 | 风险 |
| --- | --- | --- | --- |
| gender | female | 27.7% | 1.02 |
| | male | 26.3% | 0.97 |
| partner | yes | 20.5% | 0.75 |
| | no | 33% | 1.22 |

如果使用 SQL，就很简单。对于性别，只需要如下操作。

```sql
SELECT
    gender, AVG(churn),
    AVG(churn) - global_churn,
    AVG(churn) / global_churn
FROM
    data
GROUP BY
    gender
```

但这对于 Pandas 来说是个烦琐的过程。

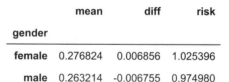

```python
global_mean = df_train_full.churn.mean()

df_group = df_train_full.groupby(by='gender').churn.agg(['mean'])
df_group['diff'] = df_group['mean'] - global_mean
df_group['risk'] = df_group['mean'] / global_mean

df_group
```

**❶** 计算 AVG(churn)

**❷** 计算分组流失率与总体流失率之间的差值

**❸** 计算流失的风险

在❶中，计算了 AVG(churn)部分。为此，使用 agg 函数表示需要将数据聚合为每个组的一个值：平均值。在❷中，创建了另一列 diff，用来保存组均值和总体均值的差值。同样地，在❸中，创建了 risk 列，用来保存分组均值除以总体均值之后的结果。

结果如图 3-16 所示。

| gender | mean | diff | risk |
| --- | --- | --- | --- |
| **female** | 0.276824 | 0.006856 | 1.025396 |
| **male** | 0.263214 | -0.006755 | 0.974980 |

图 3-16  gender 变量的流失率。我们看到，对于其两个值，分组流失率和总体流失率之间的差异不是很大

现在对所有分类变量都这样操作。可以对它们进行迭代并对每一个分类变量应用相同的代码。

```python
from IPython.display import display

for col in categorical:
    df_group = df_train_full.groupby(by=col).churn.agg(['mean'])
    df_group['diff'] = df_group['mean'] - global_mean
    df_group['rate'] = df_group['mean'] / global_mean
    display(df_group)
```

循环遍历所有分类变量

对每个分类变量执行分组操作

显示结果 DataFrame

这段代码有两点不同。首先，我们不是手动指定列名，而是遍历所有分类变量。

第二个区别更微妙：需要在循环内调用 display 函数显示 DataFrame。通常显示 DataFrame 的方式是将其作为 Jupyter Notebook 单元格中的最后一行，然后执行该单元格。如果这样操作，DataFrame 将显示为单元格输出。这正是在本章开头看到 DataFrame 内容的方式(见图 3-1)。但是，我们不能在循环中执行此操作。为了仍然能够看到 DataFrame 的内容，我们显式调用 display 函数。

从结果(见图3-17)可知如下内容。

- 就性别而言，女性和男性之间并没有太大的差异。两种平均值大致相同，两组的风险都接近1。
- 年长者比年轻人更容易流失：年长者流失的风险为1.53，年轻人为0.89。
- 有伴侣的人比没有伴侣的人流失得少。风险分别为0.75和1.22。
- 使用电话服务的人没有流失的风险：风险接近1，而且与总体流失率几乎没有区别。不使用电话服务的人流失的可能性更小：风险低于1，与总体流失率的差是负的。

| gender | mean | diff | risk | | seniorcitizen | mean | diff | risk |
|---|---|---|---|---|---|---|---|---|
| female | 0.276824 | 0.006856 | 1.025396 | | 0 | 0.242270 | -0.027698 | 0.897403 |
| male | 0.263214 | -0.006755 | 0.974980 | | 1 | 0.413377 | 0.143409 | 1.531208 |

| partner | mean | diff | risk | | phoneservice | mean | diff | risk |
|---|---|---|---|---|---|---|---|---|
| no | 0.329809 | 0.059841 | 1.221659 | | no | 0.241316 | -0.028652 | 0.893870 |
| yes | 0.205033 | -0.064935 | 0.759472 | | yes | 0.273049 | 0.003081 | 1.011412 |

图3-17  4个分类变量的流失率差值和风险：gender、seniorcitizen、partner和phoneservice

有些变量有相当显著的差异(见图3-18)。

- 没有技术支持的客户往往比有技术支持的客户更容易流失。
- 按月签合同的客户会比其他人更频繁地取消合同，而签两年合同的客户很少会流失。

| techsupport | mean | diff | risk | | contract | mean | diff | risk |
|---|---|---|---|---|---|---|---|---|
| no | 0.418914 | 0.148946 | 1.551717 | | month-to-month | 0.431701 | 0.161733 | 1.599082 |
| no_internet_service | 0.077805 | -0.192163 | 0.288201 | | one_year | 0.120573 | -0.149395 | 0.446621 |
| yes | 0.159926 | -0.110042 | 0.592390 | | two_year | 0.028274 | -0.241694 | 0.104730 |

图3-18  techsupport和contract对于分组流失率和总体流失率的作用是不同的。没有技术支持和按月签合同的人往往比其他分组的客户流失得更多，而拥有技术支持和签两年合同的人是非常低风险流失的客户

这样仅通过观察差异和风险，我们就可以识别出最具区别性的特征：那些有助于检测客户流失的特征。因此，我们预期这些特征将对未来的模型有用。

### 3. 互信息

我们刚刚探讨的这些差异对分析很有用，对理解数据也很重要，但很难用它们来说明最重要的特征是什么，以及技术支持是否比合同类型更有用。

幸运的是，重要性指标可以帮助我们：我们可以衡量分类变量和目标变量之间的依赖程度。如果两个变量是相关的，则知道一个变量的值就能得到关于另一个变量的信息。另一方面，如果一个变量完全独立于目标变量，那么它就没有用处，可以安全地从数据集中删除。

在示例中，如果知道客户按月签合同，可能就表明该客户更易流失。

**重点：** 按月签订合同的客户比其他类型的客户更容易流失。这正是我们希望在数据中找到的关系。如果数据中不存在这种关系，机器学习模型将无法工作——它们将无法进行预测。依赖程度越高，这样的特征就越有用。

对于分类变量，一个这样的指标是互信息。它告诉我们如果学习了一个变量的值，那么对另一个变量将了解多少信息。这是信息论中的一个概念，在机器学习中，经常用它来衡量两个变量之间的相互依赖性。

互信息值越高，则依赖程度越高。如果一个分类变量与目标之间的互信息值很高，那么这个分类变量对目标的预测就非常有用。另一方面，如果互信息值较低，则分类变量与目标是相互独立的，因此该变量对目标的预测是无用的。

Scikit-learn 已经在 metrics 包的 mutual_info_ score 函数中实现了互信息，因此可以使用它。

在 ❸ 中，使用 apply 方法将 ❶ 中定义的 calculate_mi 函数应用到 df_train_full 的每一列。因为增加了一个只选择分类变量的步骤，所以它只适用于分类变量。在 ❶ 中定义的函数只有一个参数：series。这是调用 apply()方法获得的 DataFrame 中的一列。在 ❷ 中，计算序列和目标变量 churn 之间的互信息得分。输出是单个数字，因此 apply()方法的输出是一个 Pandas 序列。最后，根据互信息得分对序列的元素进行排序并将序列转换为 DataFrame。通过这种方式，结果在 Jupyter 中很好地呈现。

如我们所见，contract、onlinesecurity 和 techsupport 是最重要的特征(见图 3-19)。事实上，我们已经注意到 contract 和 techsupport 是非常有用的特征。gender 是最不重要的特征之一，这不足为奇，因此我们不应该期望它对模型有用。

| | MI | | | MI |
| --- | --- | --- | --- | --- |
| contract | 0.098320 | | partner | 0.009968 |
| onlinesecurity | 0.063085 | | seniorcitizen | 0.009410 |
| techsupport | 0.061032 | | multiplelines | 0.000857 |
| internetservice | 0.055868 | | phoneservice | 0.000229 |
| onlinebackup | 0.046923 | | gender | 0.000117 |

(a) 根据互信息得分判断的最有用的特征　　(b) 根据互信息得分判断的最没用的特征

图 3-19　分类变量与目标变量之间的互信息。值越高越好。根据它可知，contract 是最有用的变量，而 gender 是最没用的变量

### 4. 相关系数

互信息是一种量化两个分类变量之间依赖程度的方法,但当其中一个特征是数值时,它就不起作用,因此不能把它应用到 3 个数值变量上。

然而,可以测量二进制目标变量和数值变量之间的相关性。可以假设二进制变量是数值变量(只包含数字 0 和 1),然后使用统计学中的经典方法来检查这些变量之间的相关性。

其中一种方法是相关系数(有时称为皮尔逊相关系数)。取值范围为-1~1。

- 正相关意味着当一个变量上升时,另一个变量也会上升。在二进制目标的情况下,当变量的值很高时,会看到 1 比 0 更多。但是当变量的值很低时,0 比 1 更多。
- 零相关意味着两个变量之间没有关系:它们是完全独立的。
- 负相关意味着当一个变量上升时,另一个变量会下降。在二进制的情况下,如果值很高,会在目标变量中看到更多的 0 而不是 1。当值较低时,会看到更多的 1。

在 Pandas 中,相关系数的计算非常简单。

```
df_train_full[numerical].corrwith(df_train_full.churn)
```

结果如图 3-20 所示。

- tenure 和客户流失之间的相关系数是 - 0.35:它有一个负号,因此客户保留的时间越长,他们的流失率就越低。对于在公司保留两个月或更短时间的客户,流失率为 60%; 对于合同期在 3~12 个月之间的客户,流失率为 40%;对于保留时间超过一年的客户,流失率为 17%。因此,保留值越高,流失率越小,如图 3-21(a)所示。
- monthlycharges 的相关系数为 0.19,这意味着支付更多的客户往往会更频繁地离开。每月支付少于 20 美元的人中只有 8%流失;支付 21~50 美元的客户流失率更高,为 18%;而支付超过 50 美元的人的流失率为 32%,如图 3-21(b)所示。
- totalcharges 呈负相关,这是有道理的:人们在公司留的时间越长,他们支付的总费用就越多,因此他们离开的可能性就越小。这种情况下,会有一种类似于 tenure 的模式。对于较小的值,流失率较高;对于较大的值,流失率则较低。

| | correlation |
|---|---|
| **tenure** | -0.351885 |
| **monthlycharges** | 0.196805 |
| **totalcharges** | -0.196353 |

图 3-20　数值变量与流失的相关性。tenure 具有很高的负相关:随着保留的增加,流失率下降。
monthlycharges 有正相关关系:消费者支付得越多,他们就越有可能流失

在进行了初步的探索性数据分析、识别重要特征并对问题有了一些了解后,就可以开始下一步:特征工程和模型训练。

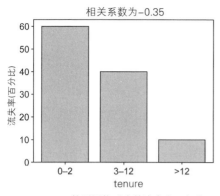
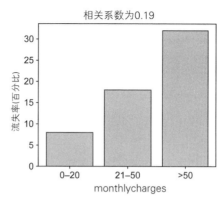

(a) tenure的不同值对应的流失率。相关系数为负，因此趋势是向下的：tenure值越高，流失率越低

(b) monthlycharges的不同值对应的流失率。相关系数为正，因此趋势是向上的：monthlycharges值越高，流失率越高

图 3-21　tenure 和 monthlycharges 对应的流失率

# 3.2　特征工程

我们对数据进行了初步查看并确定了对模型有用的内容。在此之后，我们也清楚了其他变量是如何影响客户流失的。

然而，在开始训练之前，需要执行特征工程步骤：将所有分类变量转换为数值特征。在那之后，我们将准备训练逻辑回归模型。

## 分类变量的独热编码

第 1 章中提到不能只是取一个分类变量并将其放入机器学习模型中。这些模型只能处理矩阵中的数字。因此，需要把分类数据转换成矩阵形式或者对其编码。

其中一种编码技术是独热编码。在第 2 章为汽车品牌和其他分类变量创建特征时，我们已经看到这种编码技术。那时我们只是简要提及并以一种非常简单的方式使用它。在本章中，我们将花更多时间来理解和使用它。

如果一个变量 contract 有几个可能的值(月签、年签和两年签)，那么我们可以将按年签合同的客户表示为(0,1,0)。这种情况下，年签值是处于激活状态的(或称之为热的)，因此取值为 1；而剩下的值不处于激活状态(或称之为凉的)，因此它们都是 0。

为更好地理解这一点，考虑一个有两个分类变量的情况并查看如何利用它们创建一个矩阵。这些变量如下。

- gender：取值为男性和女性。
- contract：取值为月签、年签和两年签。

因为 gender 变量只有两个可能的值，所以在结果矩阵中创建两列。contract 变量有 3 列，因此新矩阵将包含以下 5 列。

- gender=female

- gender=male
- contract=monthly
- contract=yearly
- contract=two-year

考虑两类客户(见图 3-22)。

- 有年签合同的女性客户。
- 有月签合同的男性客户。

对于第一类客户，将 gender 变量编码为在 gender=female 列中输入 1，在 gender=male 列中输入 0。同样地，contract=yearly 列取 1，而剩下的 contract=monthly 和 contract=two-year 列取 0。

对于第二类客户，gender=male 和 contract=monthly 列取 1，其余列取 0(见图 3-22)。

| gender | contract |
| --- | --- |
| male | monthly |
| female | yearly |

⇨

| gender | | contract | | |
| --- | --- | --- | --- | --- |
| female | male | monthly | yearly | two–year |
| 0 | 1 | 1 | 0 | 0 |
| 1 | 0 | 0 | 1 | 0 |

图 3-22　左边是带有分类变量的原始数据集，右边是独热编码表示。对于第一类客户，gender=male 和 contract=monthly 是热列，因此它们取值为 1。对于第二类客户，热列是 gender=female 和 contract=yearly

之前实现它的方法很简单，但非常受限。我们首先查看变量的前 5 个值，然后遍历每个值并在 DataFrame 中手动创建一列。然而，当特征的数量增加时，这个过程就变得乏味。

幸运的是，我们不需要手动实现它，而可以使用 Scikit-learn。在 Scikit-learn 中，可以多种方式执行独热编码，但我们将使用 DictVectorizer。

顾名思义，DictVectorizer 接收一个字典并对它进行向量化(也就是说，它从字典中创建向量)。然后把这些向量组合成一个矩阵的行。这个矩阵被用作机器学习算法的输入(见图 3-23)。

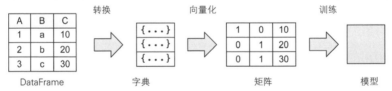

图 3-23　创建模型的过程。首先将 DataFrame 转换为一个字典列表，然后将列表向量化为一个矩阵，最后使用这个矩阵来训练模型

要使用这个方法，需要将 DataFrame 转换为一个字典列表，这在 Pandas 中使用 to_dict 方法和 orient="records"参数可以很容易实现。

```
train_dict = df_train[categorical + numerical].to_dict(orient='records')
```

如果观察这个新列表的第一个元素，会看到如下结果。

```
{'gender': 'male',
 'seniorcitizen': 0,
 'partner': 'yes',
 'dependents': 'yes',
 'phoneservice': 'yes',
 'multiplelines': 'no',
```

```
'internetservice': 'no',
'onlinesecurity': 'no_internet_service',
'onlinebackup': 'no_internet_service',
'deviceprotection': 'no_internet_service',
'techsupport': 'no_internet_service',
'streamingtv': 'no_internet_service',
'streamingmovies': 'no_internet_service',
'contract': 'two_year',
'paperlessbilling': 'no',
'paymentmethod': 'mailed_check',
'tenure': 12,
'monthlycharges': 19.7,
'totalcharges': 258.35}
```

DataFrame 中的每一列都是这个字典中的键，其值来自实际 DataFrame 的行值。

现在可以使用 DictVectorizer。创建它并将它与之前创建的字典列表进行匹配。

```
from sklearn.feature_extraction import DictVectorizer

dv = DictVectorizer(sparse=False)
dv.fit(train_dict)
```

这段代码中创建了一个 DictVectorizer 实例，我们称之为 dv 并通过调用 fit 方法"训练"它。fit 方法查看这些字典的内容并找出每个变量的可能值，以及如何将它们映射到输出矩阵中的列。如果一个特征是分类的，它将应用独热编码方案，但如果一个特征是数值的，它将保持不变。

DictVectorizer 类可以接收一组参数。我们指定其中一个: sparse=False。这个参数意味着创建的矩阵不是稀疏的，而是创建一个简单的 NumPy 数组。如果你不知道稀疏矩阵，也不要担心，因为本章中不需要它们。

对向量化器进行匹配后，可以使用 transform 方法将字典转换为矩阵。

```
X_train = dv.transform(train_dict)
```

这个操作创建一个有 45 列的矩阵。观察第一行，它对应之前看到的客户。

```
X_train[0]
```

将这段代码放入一个 Jupyter Notebook 单元格并执行它，可以得到如下输出。

```
array([  0.,    0.,    1.,    1.,    0.,    0.,    0.,    1.,
         0.,    1.,    1.,    0.,    0.,   86.1,   1.,    0.,
         0.,    0.,    0.,    1.,    0.,    0.,    1.,    0.,
         1.,    0.,    1.,    1.,    0.,    0.,    0.,    0.,
         1.,    0.,    0.,    0.,    1.,    0.,    0.,    1.,
         0.,    0.,    1.,   71., 6045.9])
```

如我们所见，大多数元素都是 1 和 0——它们是独热编码的分类变量。然而，并不是所有数字都是 1 和 0。我们看到其中 3 个是其他数字。这些是数值变量: monthlycharges、tenure 和 totalcharges。

可以通过使用 get_feature_names 方法来学习所有这些列的名称。

```
dv.get_feature_names()
```

上述代码将输出如下结果。

```
['contract=month-to-month',
 'contract=one_year',
 'contract=two_year',
 'dependents=no',
 'dependents=yes',
 # some rows omitted
 'tenure',
 'totalcharges']
```

如我们所见，对于每个分类特征，它为每个不同的值创建多个列。对于 contract，有 contract=month-to-month、contract=one_year 和 contract=two_year；对于 dependents，有 dependents=no 和 dependents=yes。诸如 tenure 和 totalcharges 等特征保留了原来的名称，因为它们是数值的；因此，DictVectorizer 不会更改它们。

现在特征被编码为一个矩阵，因此可以进入下一个步骤：使用模型预测客户流失。

---

**练习 3.2**

DictVectorizer 如何编码下列字典列表?

```
records = [
    {'total_charges': 10, 'paperless_billing': 'yes'},
    {'total_charges': 30, 'paperless_billing': 'no'},
    {'total_charges': 20, 'paperless_billing': 'no'}
]
```

(a) 列: ['total_charges','paperless_billing=yes','paperless_billing=no']
   值: [10, 1, 0], [30, 0, 1], [20, 0, 1]

(b) 列: ['total_charges=10', 'total_charges=20', 'total_charges=30',
       'paperless_billing=yes', 'paperless_billing=no']
   值: [1, 0, 0, 1, 0], [0, 0, 1, 0, 1], [0, 1, 0, 0, 1]

---

# 3.3  机器学习之分类

我们已经学习了如何使用 Scikit-learn 对分类变量进行独热编码，现在可以把它们转换成一组数值特征并把所有东西都放到一个矩阵中。

当获得一个矩阵后，就可以做模型训练部分。本节中将学习如何训练逻辑回归模型并理解其结果。

## 3.3.1  逻辑回归

本章将使用逻辑回归作为分类模型，现在训练它来区分流失和未流失的客户。

逻辑回归与线性回归(第 2 章学习过的模型)有很多共同之处。我们知道，线性回归模型是一个可以预测数字的回归模型。它的形式如下。

$$g(\boldsymbol{x}_i) = w_0 + \boldsymbol{x}_i^T \boldsymbol{w}$$

其中

- $x_i$ 是第 $i$ 次观察对应的特征向量。
- $w_0$ 是偏置项。
- $w$ 是一个带有模型权重的向量。

应用这个模型可得到 $g(x_i)$，即预测认为 $x_i$ 的值应该是多少。我们训练线性回归来预测目标变量 $y_i$——第 $i$ 次观察的实际值。在前面的章节中，这是一辆汽车的价格。

线性回归是一个线性模型。它被称为线性的原因是因为它使用点积将模型的权重与特征向量线性地结合。线性模型易于实现、训练和使用。由于它们比较简单，因此运算速度也较快。

逻辑回归也是一个线性模型，但与线性回归不同的是，它是一个分类模型，而不是回归(尽管它的名称可能暗示了这一点)。它是一个二元分类模型，目标变量 $y_i$ 是二元的；它只能有 0 和 1。$y_i =$ 1 的观察结果通常被称为正样例，其中我们想要预测的结果是存在的。同样，$y_i = 0$ 的样例被称为负样例，即没有我们想要预测的结果。对于我们的项目而言，$y_i = 1$ 表示客户已流失，$y_i = 0$ 表示客户仍然留在我们的服务中。

逻辑回归的输出是概率——观察值 $x_i$ 为正的概率或者说 $y_i = 1$ 的概率。对我们来说，这是客户 $i$ 的流失可能性。

为了能够将输出视为概率，需要确保模型的预测始终保持在 0~1 范围内。为此，我们使用一个名为 sigmoid 的特殊数学函数。逻辑回归模型的完整公式如下。

$$g(x_i) = \mathrm{sigmoid}(w_0 + x_i^T w)$$

如果将它与线性回归公式进行比较，唯一的区别在于 sigmoid 函数：在线性回归的情况下，只有 $w_0 + x_i^T w$。这就是为什么这两个模型都是线性的，它们都基于点积运算。

sigmoid 函数将任意值映射到 0~1 范围内的数字(见图 3-24)。它的定义如下。

$$\mathrm{sigmoid}(x) = \frac{1}{1 + \exp(-x)}$$

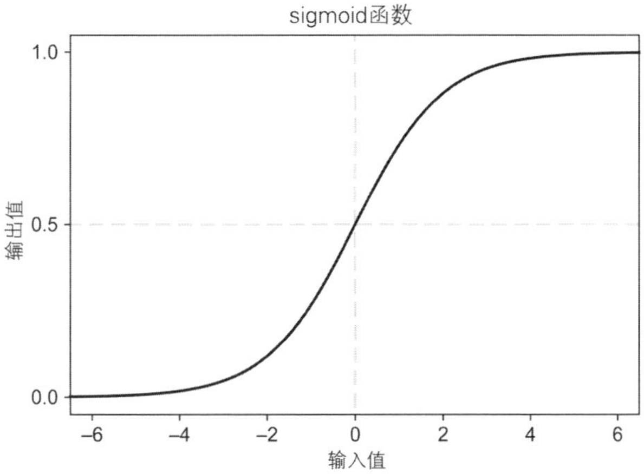

图 3-24　sigmoid 函数输出的值总是在 0~1 范围内。当输入值为 0 时，sigmoid 的结果为 0.5；对于负值，结果小于 0.5，并且对于小于 -6 的输入值，结果开始接近 0。当输入值为正值时，sigmoid 的结果大于 0.5，并且对于从 6 开始的输入值，结果接近 1

从第 2 章可知，如果特征向量 $\boldsymbol{x}_i$ 是 $n$ 维的，那么点积 $\boldsymbol{x}_i^T \boldsymbol{w}$ 可以展开为和，可以将 $g(\boldsymbol{x}_i)$ 写成

$$g(\boldsymbol{x}_i) = \text{sigmoid}(w_0 + x_{i1}w_1 + x_{i2}w_2 + \ldots + x_{in}w_n)$$

或者使用求和形式，如

$$g(\boldsymbol{x}_i) = \text{sigmoid}\left(w_0 + \sum_{j=1}^{n} x_{ij}w_j\right)$$

之前，我们将公式转换为 Python 进行说明。这里进行同样的操作。线性回归模型的公式如下。

$$g(\boldsymbol{x}_i) = w_0 + \sum_{j=1}^{n} x_{ij}w_j$$

第 2 章中讲到，这个公式可以转换为以下 Python 代码。

```
def linear_regression(xi):
    result = bias
for j in range(n):
    result = result + xi[j] * w[j]
return result
```

逻辑回归公式到 Python 代码的转换几乎与线性回归的情况相同，只是在最后应用了 sigmoid 函数。

```
def logistic_regression(xi):
    score = bias
    for j in range(n):
        score = score + xi[j] * w[j]
    prob = sigmoid(score)
    return prob
```

当然，还需要定义 sigmoid 函数。

```
import math

def sigmoid(score):
    return 1 / (1 + math.exp(-score))
```

在应用 sigmoid 函数之前，用 score 表示中间结果。score 可以取任何实际值。概率是对 score 应用 sigmoid 函数的结果；这是最终的输出，它只能取 0~1 范围内的值。

逻辑回归模型与线性回归模型的参数相同。

- $w_0$ 是偏置项。
- $\boldsymbol{w} = (w_1, w_2, \ldots, w_n)$ 是权重向量。

为学习权重，需要训练模型，因此将使用 Scikit-learn。

**练习 3.3**

为什么逻辑回归需要使用 sigmoid 函数？

(a) sigmoid 将输出转换为-6~6 范围内的值，这更容易处理。

(b) sigmoid 确保输出在 0~1 范围内，这可以理解为概率。

### 3.3.2　训练逻辑回归

首先导入模型。

```
from sklearn.linear_model import LogisticRegression
```

然后调用 fit 方法训练它。

```
model = LogisticRegression(solver='liblinear', random_state=1)
model.fit(X_train, y_train)
```

来自 Scikit-learn 的 LogisticRegression 类封装了这个模型背后的训练逻辑。它是可配置的，我们可以更改相当多的参数。事实上，我们已经指定了其中的两个参数：solver 和 random_state。两者是重现所需要的。

- random_state：随机数生成器的种子数字。当训练模型时，它会打乱数据；为确保每次进行随机操作时结果都一样，我们固定了种子。
- solver：底层优化库。在当前版本中(在编写本书时是 v0.20.3)，该参数的默认值是 liblinear，但 是 根 据 文 档 (https://scikit-learn.org/stable/modules/generated/sklearn.linear_model.LogisticRegression.html)所说，它将在 v0.22 版本中更改为另一个值。为确保结果在以后的版本中可重现，我们设置了这个参数。

模型的其他有用参数包括 C，它控制正则化水平。我们将在下一章进行参数调优时讨论它。指定 C 是可选的；默认情况下，它的值为 1.0。

训练只需要耗时几秒钟，完成后，模型就可以进行预测。让我们观察模型的性能如何。可以将它应用到验证数据中，以获得验证数据集中每个客户的流失概率。

为此，需要对所有分类变量应用独热编码方案。首先，将 DataFrame 转换为一个字典列表，然后将它提供给之前已经训练好的 DictVectorizer。

```
val_dict = df_val[categorical + numerical].to_dict(orient='records')
X_val = dv.transform(val_dict)
```

使用之前训练好的变换，而不是先训练再变换

我们用与训练时完全相同的方式进行独热编码

因此将得到一个包含验证数据集特征的矩阵 X_val。现在可以将这个矩阵放入模型中。为得到概率，可选择使用模型的 predict_proba 方法。

```
y_pred = model.predict_proba(X_val)
```

predict_proba 的结果是一个二维 NumPy 数组或一个两列矩阵。数组的第一列包含目标为负(客户没有流失)的概率，第二列包含目标为正(客户已流失)的概率(见图 3-25)。

这些列传递相同的信息。我们知道流失的概率是 p，而不流失的概率总是 1 - p，因此只需要一列信息。

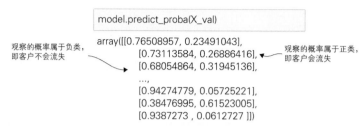

图 3-25　模型的预测：一个两列矩阵。第一列包含目标为 0(客户不会流失)的概率。第二列包含相反的概率(目标是 1，客户会流失)

我们只需要预测的第二列就足够。为了在 NumPy 中只从一个二维数组中选择一列，可以使用切片操作[:, 1]。

```
y_pred = model.predict_proba(X_val)[:, 1]
```

这种语法可能会令人困惑，因此将其分解。括号中有两个位置，第一个位置表示行，第二个位置表示列。

当使用[:, 1]时，NumPy 是这样解释的。

● :表示选择所有行。

● 1 表示只选择索引为 1 的列，因为索引从 0 开始，所以它是第二列。

因此，得到一个一维 NumPy 数组，该数组只包含来自第二列的值。

这种输出(概率)通常被称为软预测。它告诉我们事件发生的概率是一个介于 0 和 1 之间的数字。如何理解和使用这个数字取决于我们。

我们希望通过识别那些即将取消与公司的合同的客户，并且向他们发送促销信息提供折扣和其他好处来留住客户。这样做是希望客户在获得优惠后能继续与公司签订服务协议。另一方面，我们不想向所有客户促销，因为这会使公司经济收益受损：如果这样做，我们的利润会更少。

要做出是否向客户发送促销信息的实际决定，仅使用概率是不够的。我们需要硬预测——二进制值 True(客户会流失，发送邮件)或 False(客户不会流失，不发送邮件)。

为得到二元预测，我们获取概率并以某个阈值划分它们。如果一个客户的概率高于这个阈值，则预测这个客户会流失，否则该客户不会流失。如果选择 0.5 作为这个阈值，这会使二元预测变得很容易。我们只需要使用>=操作符。

```
y_pred >= 0.5
```

NumPy 中的比较操作符是按元素应用的，结果是一个只包含布尔值的新数组：True 和 False。在内部，它对 y_pred 数组的每个元素执行比较操作。如果元素大于或等于 0.5，则输出数组中的对应元素为 True，否则为 False(见图 3-26)。

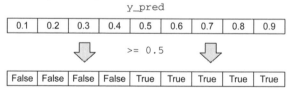

图 3-26　在 NumPy 中按元素应用>=操作符。对于每个元素，它执行比较操作，结果是另一个值为 True 或 False 的数组，这取决于比较的结果

将结果写到 churn 数组中。

```
churn = y_pred >= 0.5
```

当模型作出这些硬预测时，我们想要了解它们的性能到底有多好，因此准备进入下一个步骤：评估这些预测的质量。在第 4 章中，我们将花更多的时间学习二元分类的不同评估技术，但现在做一个简单的检查，以确保模型学到了一些有用的东西。

最简单的检查方法是将每个预测与实际值进行比较。如果预测了客户流失，而实际结果也是客户流失，或者预测了客户没有流失，而实际结果也是客户没有流失，那么模型作出了正确的预测。如果预测不一致，那就是不准确。如果计算出预测与实际结果匹配的次数，就可以用它来衡量模型的质量。

这种质量衡量标准叫做准确度。使用 NumPy 计算准确度非常容易。

```
(y_val == churn).mean()
```

尽管它很容易计算，但当你第一次看到这个表达式时，可能很难理解它的作用。接下来试着把它分解成单个步骤。

首先，应用==操作符来比较两个 NumPy 数组：y_val 和 churn。我们知道，第一个数组 y_val 只包含数字：0 和 1。这是目标变量：如果客户流失，则为 1，否则为 0。第二个数组包含布尔预测：True 和 False 值。这种情况下，True 表示我们预测客户会流失，False 表示客户不会流失(见图 3-27)。

图 3-27  应用==操作符将目标数据与预测进行比较

尽管这两个数组内部有不同的类型(整型和布尔型)，但是仍然可以对它们进行比较。布尔数组被转换为整数，即 True 值被转换为 1，False 值被转换为 0。然后 NumPy 可以执行实际的比较操作(见图 3-28)。

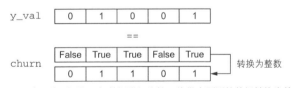

图 3-28  为了将预测与目标数据进行比较，将带有预测的数组转换为整数

与>=操作符一样，==操作符也是按元素应用的。然而，本例中有两个数组要比较，这里将一个数组的每个元素与另一个数组的各自元素进行比较。结果还是一个布尔数组，值为 True 或 False，这取决于比较的结果(见图 3-29)。

图 3-29  NumPy 的==操作符应用于两个 NumPy 数组的元素

在示例中，如果 y_pred 中的真值与 churn 中的预测相匹配，则标签为 True；如果不匹配，则标

签为 False。换言之，如果预测是正确的，则结果为 True；如果不是，则结果为 False。

最后，获取比较结果(布尔数组)并使用 mean()方法计算其平均值。然而，这种方法适用于数字而不是布尔值，因此在计算平均值之前，值被转换为整数：True 值为 1，False 值为 0(见图 3-30)。

图 3-30　当计算一个布尔数组的平均值时，NumPy 首先将其转换为整数，然后计算平均值

最后，如我们所知，如果计算只包含 1 和 0 的数组的平均值，那么结果便是该数组中 1 的比例，即已经用于计算流失率的数值。因为 1(True)在本例中是正确的预测，而 0(False)是错误的预测，所以得到的数字将告诉我们正确预测的百分比。

执行这行代码后，得到的输出是 0.8。这意味着模型预测与实际值的匹配程度为 80%，或者说模型在 80%的情况下作出正确的预测。这就是模型的准确度。

现在我们已知道如何训练一个模型并评估它的准确度，但理解它如何作出预测仍然是有用的。在 3.3.3 节中，我们将尝试了解模型内部并查看如何解释它学到的系数。

### 3.3.3　模型解释

逻辑回归模型从数据中学习了两个参数。

- $w_0$ 是偏置项。
- $w = (w_1, w_2, …, w_n)$是权重向量。

我们可以从 model.intercept_[0]中得到偏置项。当对所有特征训练模型时，偏置项是 -0.12。

其余权重存储在 model.coef_[0]中。如果仔细观察会发现，它只是一个数字数组，这本身有点让人难以理解。

要查看与每个权重关联的特征，需要使用 DictVectorizer 的 get_feature_names 方法。可以把特征名和系数放在一起，然后再查看它们。

```
dict(zip(dv.get_feature_names(), model.coef_[0].round(3)))
```

它的输出结果如下。

```
{'contract=month-to-month': 0.563,
 'contract=one_year': -0.086,
 'contract=two_year': -0.599,
 'dependents=no': -0.03,
 'dependents=yes': -0.092,
 ... # the rest of the weights is omitted
 'tenure': -0.069,
 'totalcharges': 0.0}
```

为理解模型是如何工作的，考虑应用这个模型时会发生什么。为建立直观的理解，接下来训练一个更简单、更小的模型，它只使用 3 个变量：contract、tenure 和 totalcharges。

变量 tenure 和 totalcharges 是数值的，因此不需要进行任何额外的预处理就可以直接使用。另一方面，contract 是一个分类变量，为了能够使用它，需要应用独热编码。

重做与训练相同的步骤，但这次使用更小的特征集。

```
small_subset = ['contract', 'tenure', 'totalcharges']
train_dict_small = df_train[small_subset].to_dict(orient='records')
dv_small = DictVectorizer(sparse=False)
dv_small.fit(train_dict_small)

X_small_train = dv_small.transform(train_dict_small)
```

为了不把它与之前的模型混淆，我们给所有名称都加上 small。这样，可以很明显看到我们使用了一个更小的模型，以避免不小心覆盖已经得到的结果。另外，我们将使用它来比较小模型和完整模型的质量。

现在观察小模型将使用哪些特征。如前所述，使用 DictVectorizer 中的 get_feature_names 方法。

```
dv_small.get_feature_names()
```

它输出以下特征名称。

```
['contract=month-to-month',
 'contract=one_year',
 'contract=two_year',
 'tenure',
 'totalcharges']
```

共有 5 个特征。正如预期的那样，特征包括 tenure 和 totalcharges，因为它们是数值的，所以它们的名称没有更改。

至于 contract 变量，它是分类的，因此 DictVectorizer 应用独热编码方案将它转换为数字。contract 包含 3 个不同的值：月签、年签和两年签。因此，独热编码方案创建了 3 个新特征：contract=month-to-month、contract=one_year 和 contract= two_year。

接下来在这组特征上训练小模型。

```
model_small = LogisticRegression(solver='liblinear', random_state=1)
model_small.fit(X_small_train, y_train)
```

几秒钟后，模型就准备好了，我们可以观察它学到的权重。首先检查偏置项。

```
model_small.intercept_[0]
```

它的输出为 - 0.638。然后可以使用与前面相同的代码检查其他权重。

```
dict(zip(dv_small.get_feature_names(), model_small.coef_[0].round(3)))
```

这行代码显示了每个特征的权重。

```
{'contract=month-to-month': 0.91,
 'contract=one_year': -0.144,
 'contract=two_year': -1.404,
 'tenure': -0.097,
 'totalcharges': 0.000}
```

把所有这些权重放在一个表中并称它们为 $w_1$、$w_2$、$w_3$、$w_4$ 和 $w_5$(见表 3-2)。

表 3-2　逻辑回归模型的权重

| 偏置项 | contract | | | tenure | charges |
|---|---|---|---|---|---|
| | 月签 | 年签 | 两年签 | | |
| $w_0$ | $w_1$ | $w_2$ | $w_3$ | $w_4$ | $w_5$ |
| -0.639 | 0.91 | -0.144 | -1.404 | -0.097 | 0.0 |

现在观察这些权重，试着理解它们的含义并知道如何解释它们。

首先，考虑偏置项和它的含义。在线性回归的情况下，这是基准预测：在不了解观察结果的情况下作出的预测。在汽车价格预测项目中，它是一辆汽车的平均价格。这不是最后的预测；然后，将用其他权重对这个基准进行修正。

在逻辑回归的情况下，这是类似的：它是基准预测或得到的平均分数。同样，我们稍后用其他权重来修正这个分数。然而，对于逻辑回归，解释就有点棘手，因为还需要在得到最终输出之前应用 sigmoid 函数。下面通过一个示例来帮助我们理解这一点。

在本例中，偏置项的值为 -0.639。该值是负数。如果查看 sigmoid 函数，可以看到对于负值，输出小于 0.5(见图 3-31)。对于 -0.639，客户流失的概率为 34%。这意味着客户更有可能继续使用我们提供的服务，而不会流失。

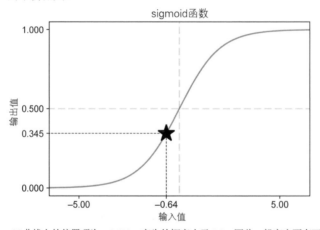

图 3-31　sigmoid 曲线上的偏置项为 -0.639。产生的概率小于 0.5，因此一般客户更有可能不会流失

偏置项前的符号为负的原因是类的不平衡。训练数据中流失的客户比未流失的客户少得多，这意味着流失的平均概率很低，因此这个偏置项的值是有意义的。

接下来的 3 个权重是合同变量的权重。因为使用独热编码，所以有 3 个 contract 特征和 3 个权重，每个特征包含一个权重。

```
'contract=month-to-month': 0.91,
'contract=one_year': -0.144,
'contract=two_year': -1.404.
```

为直观地了解如何理解和解释独热编码的权重，考虑一个按月签订合同的客户。contract 变量的独热编码如下：第一个位置对应的是 month-to-month 值并且是热的，因此设置为 1。其余位置对应 one_year 和 two_year，因此它们是冷的并设置为 0(见图 3-32)。

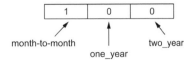

图 3-32 按月签合同的客户的独热编码表示

我们还知道对应 contract=month-to-month、contract=one_year 和 contract=two_year 的权重 $w_1$、$w_2$ 和 $w_3$(见图 3-33)。

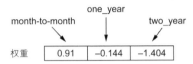

图 3-33 month-to-month、one_year 和 two_year 特征的权重

为作出预测，执行特征向量和权重之间的点积，即将每个位置的值相乘，然后求和。乘法得到的结果是 0.91，这与 contract=month-to-month 特征的权重结果相同(见图 3-34)。

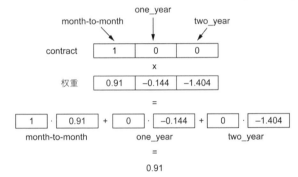

图 3-34 contract 变量的独热编码表示与对应权重之间的点积。结果是 0.91，这是热特征的权重

考虑另一个示例：一个签了两年合同的客户。在本例中，contract=two_year 特征是热的，值为 1，其余特征是冷的。将带有变量的独热编码表示的向量乘以权重向量时，得到结果为 −1.404(见图 3-35)。

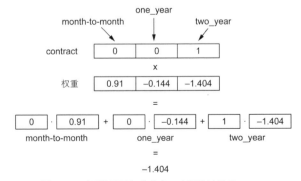

图 3-35 对于签约两年的客户，点积的结果是 −1.404

如我们所见，在预测的过程中，只考虑了热特征的权重，在计算得分时不考虑其他权重。这是

有道理的：冷特征的值为 0，当乘以 0 时，结果还是 0(见图 3-36)。

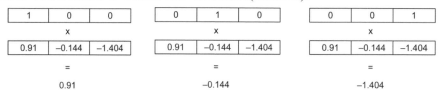

图 3-36　将一个变量的独热编码表示乘以模型中的权重向量时，得到的结果就是热特征对应的权重

独热编码特征的权重符号的解释遵循与偏置项相同的规则。如果权重为正，则相应的特征会指向客户的流失，反之亦然。如果权重为负，则该权重更有可能指向未流失的客户。

让我们再查看 contract 变量的权重。contract=month-to-month 的第一个权重是正数，因此拥有此类合同的客户更有可能流失。另外两个特征(contract=one_year 和 contract=two_year)是负的，因此这样的客户更有可能继续支持公司(见图 3-37)。

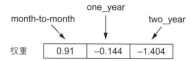

图 3-37　权重的符号很重要。如果它是正的，那么它便是流失的良好指示器；如果是负的，则代表了忠实的客户

权重的大小也很重要。对于 two_year，权重值为 -1.404，其绝对值大于 one_year 的权重 -0.144。因此，两年期合同比一年期合同流失性更小。它证实了之前对特征重要性的分析。这组特征的风险率(流失风险)分别是：月签为 1.55，年签为 0.44，两年签为 0.10(见图 3-38)。

现在查看数值特征，包括 tenure 和 totalcharges。tenure 特征的权重是 -0.097，它有一个负号。这意味着同样的事情：该特征是不流失的指示器。我们已经从特征重要性分析中知道，客户选择使用公司业务的时间越长，他们流失的可能性就越小。tenure 和客户流失之间的相关系数是 -0.35，这也是一个负数。该特征的权重证实了这一点：客户使用公司业务的时间每增加一个月，总得分会降低 0.097。

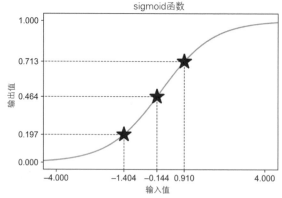

图 3-38　合同特征的权重及代表的概率。对于 contract=two_year，权重是 -1.404，意味着非常低的流失概率。对于 contract=one_year，权重为 -0.144，代表流失概率处于中等。对于 contract=month-to-month，权重为 0.910，意味着流失的概率相当高

另一个数值特征 totalcharges 的权重为 0。因为它的值是 0，无论这个特征的值是多少，模型都不会考虑它，所以这个特征对预测来说不是很重要。

为了更好地理解，再考虑几个示例。以第一个示例为例，假设有一个按月签约的客户，他已经使用一年的公司服务并支付了 1 000 美元(见图 3-39)。

$$-0.639 + 0.91 - 12 \times 0.097 + 0 \times 1000 = -0.893$$

偏置值　　　月签合同　　　12个月的　　　总费用并　　　负数，流失的<br>　　　　　　　　　　　　保留时间　　　不重要　　　可能性较低

图 3-39　模型计算的一个客户的得分(该客户有一个包月的合同且使用了 12 个月的公司服务)

以下是对该客户的预测。

- 从基准得分开始。偏置项的值是 - 0.639。
- 因为这是一个月签合同，所以给这个值加上 0.91，得到 0.271。现在分数变成正的，因此这可能意味着客户有可能流失。我们已经知道，月签合同是一个强烈的流失指示器。
- 接下来考虑 tenure 变量。客户使用公司服务每增加一个月，从目前的分数中减去 0.097。因此，得到 0.271 - 12 × 0.097 = - 0.893。现在分数再次变为负值，因此客户流失的可能性也会降低。
- 现在将客户支付的金额(totalcharges)乘以这个特征的权重，但是因为它是 0，所以实际并没做什么。结果仍然是 - 0.893。
- 最终的分数是负数，因此认为客户不太可能很快流失。
- 为得到实际的流失概率，需要计算分数的 sigmoid 值，它的值大约是 0.29。我们可以将其视为客户流失的概率。

如果有另一个按年签合同的客户，他已经使用了 24 个月的公司服务，一共花费 2000 美元，最后的得分是 - 2.823(见图 3-40)。

$$-0.639 + 0.144 - 24 \times 0.097 + 0 \times 2000 = -2.823$$

偏置值　　　年签合同　　　24个月的　　　总费用并　　　负数，流失的<br>　　　　　　　　　　　　保留时间　　　不重要　　　可能性非常低

图 3-40　模型计算一个包年且已经使用公司服务 24 个月的客户的得分

在使用 sigmoid 后，- 2.823 这个分数变成 0.056，因此该客户的流失概率更低(见图 3-41)。

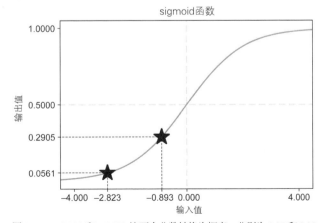

图 3-41　- 2.823 和 - 0.893 这两个分数转换为概率：分别为 0.05 和 0.29

### 3.3.4  使用模型

现在我们对逻辑回归有了更好的了解，也可以解释模型学到了什么，以及它是如何作出预测的。

此外，我们还将该模型应用于验证集，计算每个客户流失的概率并得出结论：该模型的准确度为 80%。在第 4 章中，我们将评估这个数字是否令人满意，但现在请尝试使用训练的模型并将其应用到客户上来给他们打分。这很容易实现。

首先，选取一个想要对其评分的客户并将所有变量值放入字典中。

```
customer = {
    'customerid': '8879-zkjof',
    'gender': 'female',
    'seniorcitizen': 0,
    'partner': 'no',
    'dependents': 'no',
    'tenure': 41,
    'phoneservice': 'yes',
    'multiplelines': 'no',
    'internetservice': 'dsl',
    'onlinesecurity': 'yes',
    'onlinebackup': 'no',
    'deviceprotection': 'yes',
    'techsupport': 'yes',
    'streamingtv': 'yes',
    'streamingmovies': 'yes',
    'contract': 'one_year',
    'paperlessbilling': 'yes',
    'paymentmethod': 'bank_transfer_(automatic)',
    'monthlycharges': 79.85,
    'totalcharges': 3320.75,
}
```

**注意**：当为预测做准备时，应该采用训练模型时所做的相同的预处理步骤。如果不按照完全相同的方式来做，模型可能无法达到预期的效果，而且这种情况下，预测可能会非常不准确。这就是在前面的示例中将 customer 字典中的字段名称和字符串值改为小写以及用下画线替换空格的原因。

现在可以使用模型来查看这个客户是否会流失。下面进行具体操作。

首先，使用 DictVectorizer 将这个字典转换为一个矩阵。

```
X_test = dv.transform([customer])
```

向量化器的输入是一个列表，其中只有一项：我们只想给一个客户打分。输出是一个带有特征的矩阵，这个矩阵只包含一行——此客户的特征。

```
[[   0. ,   1. ,   0.    ,   1. ,   0. ,   0. ,    0.   ,
     1. ,   1. ,   0.    ,   1. ,   0. ,   0. ,   79.85,
     1. ,   0. ,   0.    ,   1. ,   0. ,   0. ,    0.   ,
     0. ,   1. ,   0.    ,   1. ,   1. ,   0. ,    1.   ,
     0. ,   0. ,   0.    ,   0. ,   1. ,   0. ,    0.   ,
     0. ,   1. ,   0.    ,   0. ,   1. ,   0. ,    0.   ,
     1. ,  41. ,   3320.75]]
```

我们看到一堆独热编码特征(1 和 0)以及一些数值特征(monthlycharges、tenure 和 totalcharges)。现在把该矩阵放入训练过的模型中。

```
model.predict_proba(X_test)
```

输出是一个带有预测的矩阵。对于每个客户，它输出两个数字，分别是继续选择公司服务的概率和流失的概率。因为只有一个客户，我们得到一个很小的 NumPy 数组，只包含一行和两列。

```
[[0.93, 0.07]]
```

我们需要从矩阵中得到的是第一行和第二列的数字：该客户流失的概率。要从数组中选择这个数字，可以使用括号操作符。

```
model.predict_proba(X_test)[0, 1]
```

我们使用这个操作符从数组中选择第二列。但是，这次只有一行，因此可以显式地要求 NumPy 从该行返回值。因为在 NumPy 中索引从 0 开始，所以[0,1]表示第一行第二列。

当执行这行代码时，输出是 0.073，因此该客户将流失的概率只有 7%。因为低于 50%，所以我们不会给这个客户发送促销邮件。

我们可以再对另一个客户进行评估。

```
customer = {
    'gender': 'female',
    'seniorcitizen': 1,
    'partner': 'no',
    'dependents': 'no',
    'phoneservice': 'yes',
    'multiplelines': 'yes',
    'internetservice': 'fiber_optic',
    'onlinesecurity': 'no',
    'onlinebackup': 'no',
    'deviceprotection': 'no',
    'techsupport': 'no',
    'streamingtv': 'yes',
    'streamingmovies': 'no',
    'contract': 'month-to-month','paperlessbilling': 'yes',
    'paymentmethod': 'electronic_check',
    'tenure': 1,
    'monthlycharges': 85.7,
    'totalcharges': 85.7
}
```

然后继续进行预测。

```
X_test = dv.transform([customer])
model.predict_proba(X_test)[0, 1]
```

模型输出显示有 83%的流失率，因此应该给这个客户发一封促销邮件以留住他。

到目前为止，我们已经对逻辑回归的工作原理、如何使用 Scikit-learn 进行训练以及如何将其应用于新数据有了一定的了解。不过目前还没有介绍对结果的评估；这正是第 4 章中要讨论的内容。

# 3.4 后续步骤

## 3.4.1 练习

我们可以尝试一些练习来更好地学习本部分内容。

- 在第 2 章中，我们自己实现了包括线性回归和数据集划分在内的很多功能。本章中学习了如何使用 Scikit-learn。请尝试使用 Scikit-learn 重做第 2 章的项目。要使用线性回归，需要 sklearn.linear_model 包中的 LinearRegression。要使用正则化回归，需要从同一个包 sklearn.linear_model 中导入 Ridge。

- 我们研究了特征重要性指标以获得对数据集的一些理解，但并没有真正将这些信息用于其他目的。使用这些信息的一种方法可能是从数据集中删除无用的特征，以使模型更简单、运算速度更快且性能更好。可以尝试从训练数据矩阵中删除两个最没有用的特征(gender 和 phoneservices)，查看验证准确度会发生什么变化。如果删除最有用的特征(contract)会发生什么？

## 3.4.2 其他项目

我们可以使用分类以多种方式来解决现实生活中的问题，现在在学习了本章内容后，你应该已经具备足够的知识应用逻辑回归来解决类似的问题。另外，我们特别建议注意以下内容。

- 分类模型通常用于营销目的，它解决的问题之一是线索评分。线索是可能转化(成为实际客户)或不转化的潜在客户。这种情况下，转化率就是预测的目标。我们可以从 https://www.kaggle.com/ashydv/leads-dataset 获取数据集并为此构建模型。你可能会注意到，潜在客户评分问题类似于客户流失预测，但前者是希望让新客户签订合同，而后者是希望客户不要取消合同。

- 分类的另一个常见应用是违约预测，即估计客户不偿还贷款的风险。这种情况下，需要预测的变量是违约，它同样包含两个结果：客户是否按时还款(优质客户)或不按时还款(违约)。可以在网上找到很多数据集来训练一个模型，例如 https://archive.ics.uci.edu/ml/datasets/default+of+credit+card+clients(或通过 Kaggle 获得相同模型：https://www.kaggle.com/pratjain/credit-card-default)。

# 3.5 本章小结

- 分类特征的风险指出具有该特征的组是否具有建模的条件。对于客户流失，低于 1.0 的值表示客户流失风险低，而高于 1.0 的值表示客户流失风险高。它指出哪些特征对于预测目标变量很重要并有助于更好地理解正在解决的问题。

- 互信息衡量分类变量与目标之间的依赖程度。这是确定重要特征的好方法：互信息越高，特征越重要。

- 相关系数用于衡量两个数值变量之间的相关性，它可用于确定数值特征是否对预测目标变量有用。
- 独热编码提供了一种将分类变量表示为数字的方法。如果没有它，就不可能在模型中轻松使用这些变量。机器学习模型通常希望所有输入变量都是数值型的，因此如果想在建模中使用类别特征，那么有一个编码方案是至关重要的。
- 可以使用 Scikit-learn 的 DictVectorizer 来实现独热编码。它会自动检测分类变量并对它们应用独热编码方案，同时保持数值变量不变。它使用起来非常方便，不需要进行大量编码。
- 与线性回归一样，逻辑回归是一个线性模型。区别在于逻辑回归在最后有一个额外步骤：它应用 sigmoid 函数将得分转换为概率(介于 0~1 范围内的数字)。这允许我们使用它进行分类。输出是属于正类的概率(在示例中是客户流失的概率)。
- 准备好数据后，训练逻辑回归非常简单：使用来自 Scikit-learn 的 LogisticRegression 类并调用 fit 函数。
- 模型输出的是概率，而不是硬预测。为了对输出进行二元化，我们在某个阈值处作出预测。如果概率大于或等于 0.5，则预测结果为 True(客户流失)，否则预测结果为 False(客户未流失)。这使得我们能够使用该模型来解决问题：预测客户是否流失。
- 逻辑回归模型的权重易于理解和解释，尤其是在涉及使用独热编码方案编码分类变量时。它帮助我们更好地理解模型的行为并向其他人解释它在做什么以及它是如何工作的。

第 4 章中将继续讨论这个有关客户流失预测的项目。我们将研究评估二元分类器的方法，然后使用这些信息调优模型的性能。

# 3.6　习题答案

- 练习 3.1：(b)。
- 练习 3.2：(a)。
- 练习 3.3：(b)。

# 分类的评估指标

**本章内容**

- 将准确度作为评估二元分类模型及其局限性的方法
- 使用混淆矩阵(混淆表)确定模型在哪里出错
- 从混淆矩阵中获得如查准率和查全率等其他指标
- 使用 ROC(受试者工作特征)和 AUC(ROC 曲线下的面积)进一步了解二元分类模型的性能
- 交叉验证一个模型以确保其性能最优
- 调整模型的参数以获得最佳的预测性能

本章将继续分析第 3 章中的项目：客户流失预测。在第 3 章中，我们已经下载了数据集，进行了初始预处理和探索性数据分析，并且训练了模型对客户流失进行预测。我们还在验证数据集的基础上评估了该模型并得出结论：该模型具有 80%的准确度。

到目前为止遗留的问题是 80%的准确度是否良好，以及它对模型质量的实际意义是什么。本章将回答这个问题并讨论评估二元分类模型的其他方法：混淆矩阵、查准率和查全率、ROC 曲线和 AUC。

本章提供了很多复杂的信息，这里介绍的评估指标对于进行实际的机器学习至关重要。如果还没有及时了解不同评估指标的所有细节，也不必担心：这需要时间和练习。你可以随时返回本章并重温本章内容。

## 4.1　评估指标

我们已经建立了预测客户流失的二元分类模型，现在需要对其性能进行评估。

为此，使用一个指标——一个查看模型作出的预测并将其与实际值进行比较的函数。然后，根据比较结果评估模型的好坏。这是非常有用的：可以用它来比较不同的模型并选择一个具有最佳指标值的模型。

指标种类繁多。在第 2 章中，我们使用 RMSE 来评估回归模型。但是，此指标只能用于回归模型，并不适用于分类。

实际还有其他更合适的指标用于评估分类模型。本节将介绍最常见的二元分类评估指标，我们将从第 3 章中已经接触过的准确度开始。

## 4.1.1 分类准确度

二元分类模型的准确度就是它作出正确预测的百分比(见图 4-1)。

图 4-1 准确度是模型正确预测的那一部分的比例

这种准确度是评估分类器的最简单方法:通过计算模型正确预测的案例数量,可以了解很多关于模型行为和质量的信息。

计算验证数据集的准确度很容易——只需要计算正确预测的比例。

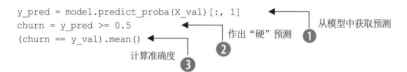

首先在❶中将模型应用到验证集,得到预测。这些预测是概率,因此在❷中设置一个阈值 0.5。最后,在❸中计算与实际相符的预测的比例。

最终输出结果为 0.8016,这意味着模型的准确度为 80%。

首先需要理解为什么选 0.5 作为阈值。这是一个随意的选择,但事实上检查其他阈值也不难:可以循环遍历所有可能的候选阈值并计算每个阈值的准确度,然后选择所有阈值里准确度最好的作为结果。

尽管可以很容易地编程实现对准确度的计算,但也可以使用现成的方法或函数。Scikit-learn 库提供了各种指标,包括准确度和稍后将使用的许多其他指标。这些指标可以在相关的指标包中找到。

本章将继续研究第 3 章中的笔记本。打开它并添加 import 语句,从 Scikit-learn 的指标包中导入准确度。

```
from sklearn.metrics import accuracy_score
```

现在可以循环遍历不同的阈值并检查哪一个阈值得到了最好的准确度。

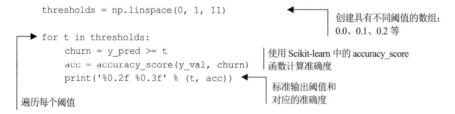

　　在这段代码中，首先创建一个带有阈值的数组。为此，需要使用 NumPy 的 linspace 函数：它接收两个数字(示例中是 0 和 1)和数组对应的元素数(11)。由此，得到一个包含数字 0.0,0.1,0.2,…,1.0 的数组。可以在附录 C 中了解更多有关 linspace 和其他 NumPy 函数的信息。

　　我们使用这些数字作为阈值：循环遍历每个数字并计算准确度。最后，输出阈值和准确度得分，以便比较得出哪个阈值是最好的。

　　当执行代码时，将会输出如下结果。

```
0.00 0.261
0.10 0.595
0.20 0.690
0.30 0.755
0.40 0.782
0.50 0.802
0.60 0.790
0.70 0.774
0.80 0.742
0.90 0.739
1.00 0.739
```

　　正如所见，使用 0.5 这个阈值可以提供最佳准确度。通常，0.5 是一个很好的阈值，但仍应该尝试其他阈值以确保 0.5 作为阈值时是最佳选择。

　　为了使其更直观，可以使用 Matplotlib 创建一个图表，显示准确度如何根据阈值变化。重复前面的过程，但不只是输出准确度得分，而是首先将值放入一个列表。

```
thresholds = np.linspace(0, 1, 21)
accuracies = []
for t in thresholds:
    acc = accuracy_score(y_val, y_pred >= t)
    accuracies.append(acc)
```

创建不同的阈值(这次是 21 而不是 11)　创建一个空列表来保存准确度值　计算给定阈值的准确度　把准确度添加到列表中

　　然后使用 Matplotlib 绘制这些值。

```
plt.plot(thresholds, accuracies)
```

　　在执行该行代码后，将输出一个图表，它显示了阈值和准确度之间的关系(见图 4-2)。正如我们已知的那样，阈值 0.5 对应的准确度是最好的。

　　因此，最佳阈值为 0.5，该模型对应的最佳准确度为 80%。

　　第 2 章中训练了一个更简单的模型：model_small。它只基于 3 个变量：contract、tenure 和 totalcharges。

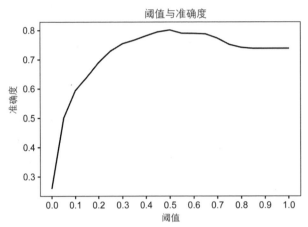

图4-2　模型在不同阈值下的准确度评估。当预测阈值等于0.5时，将获得最高的准确度；如果预测高于0.5，将预测"客户流失"；否则，将预测"客户未流失"

同样检查准确度。为此，首先对验证数据集进行预测，然后计算准确度得分。

```
val_dict_small = df_val[small_subset].to_dict(orient='records')          对验证数据应用独
                                                                         热编码
X_small_val = dv_small.transform(val_dict_small)
y_pred_small = model_small.predict_proba(X_small_val)[:, 1]             使用小模型预测客
                                                                         户流失
churn_small = y_pred_small >= 0.5
accuracy_score(y_val, churn_small)  ◄────────────┐
                                                  计算预测的准确度
```

运行该段代码时，可看到小模型的准确度是76%。因此，大模型比小模型的准确度要高4%。然而，这仍然不能得出80%(或76%)是否是一个好的准确度得分。

## 4.1.2　虚拟基线

虽然80%看起来是一个不错的数字，但要理解它是否真的很好，需要将其与某些东西关联起来，例如一个易于理解的简单基线。这样的基线可以是一个总是预测相同值的虚拟模型。

在示例中，数据集是不平衡的，没有包含很多流失的客户。因此，虚拟模型总是可以预测绝大多数类，即"客户未流失"。换言之，无论特征如何，该模型将始终输出 False。这不是一个非常有用的模型，但可以将其用作基线并与其他两个模型进行比较。

让我们创建这个基线预测。

```
                                        获取验证集中的
                                        客户数量
size_val = len(y_val)  ◄────────────┘
baseline = np.repeat(False, size_val)  ◄────────┐
                                                创建一个只有 False
                                                元素的数组
```

要创建一个包含基线预测的数组，首先需要确定验证集中有多少元素。

接着，创建一个虚拟预测数组，该数组的所有元素都是 False 值。我们使用 NumPy 的 repeat 函数来实现这一点：它接收一个元素并根据要求重复多次。有关 repeat 函数和其他 NumPy 函数的详细信息，请参阅附录 C。

现在可以使用与之前相同的代码来检查这个基线预测的准确度。

```
accuracy_score(baseline, y_val)
```

运行该段代码时，它的输出是 0.738。这意味着基线模型的准确度约为 74%(见图 4-3)。

```
size_val = len(y_val)
baseline = np.repeat(False, size_val)
baseline
```

```
array([False, False, False, ..., False, False, False])
```

```
accuracy_score(baseline, y_val)
```

```
0.7387096774193549
```

图 4-3　基线是一个针对所有客户总是预测相同值的"模型"，此处基线的准确度为 74%

如我们所见，小模型只比原始基线好 2%，比大模型好 6%。如果考虑到训练大模型所经历的所有麻烦，6%似乎并没有比虚拟基线有显著的改进。

客户流失预测是一个复杂的问题，也许这种改进是巨大的。然而，仅从准确度得分来看，这一点并不明显。根据准确度值，此模型只比一个虚拟模型(把所有客户都视为未流失的客户，并且不保留其中的任何一个)稍微好一点。

因此，需要其他指标(其他方法)来度量模型的质量。这些指标基于混淆矩阵(我们将在 4.2 节中介绍这个概念)。

# 4.2　混淆矩阵

尽管准确度很容易理解，但它并不总是最好的指标。事实上，它有时会误导人。这种情况已经发生：模型的准确度是 80%，尽管这看起来是个不错的数字，但它只比总是输出相同预测"没有流失"的虚拟模型的准确度高 6%。

这种情况通常发生在类不平衡时(一个类的实例多于另一个类的实例)。这正是我们的问题所在：74%的客户没有流失，只有 26%的客户流失。

对于这种情况，需要一种不同的方法来度量模型的质量。我们有几种选择，其中大多数都基于混淆矩阵：这个矩阵表简洁地代表了模型预测的每一个可能的结果。

## 4.2.1　混淆矩阵介绍

我们知道，对于一个二元分类模型，只能有两种可能的预测：True 和 False。在示例中，我们可以预测一个客户会流失(True)或不会流失(False)。

当将模型应用到整个客户验证数据集时，我们将其分为两部分(见图 4-4)。

● 模型预测"会流失"的客户。

- 模型预测 "不会流失" 的客户。

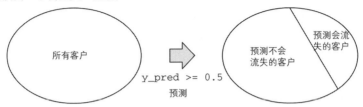

图4-4 模型将验证数据集中的所有客户分成两组：会流失的客户和不会流失的客户

它只会输出两种可能：True 或 False。客户要么真的流失(True)，要么没有流失(False)。
这意味着通过使用真实信息(关于目标变量的信息)可以再次将数据集分成两部分(见图 4-5)。

- 实际流失的客户。
- 实际未流失的客户。

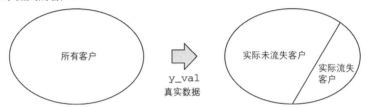

图4-5 使用真实数据，可以将验证数据集分为两组：实际流失的客户和未流失的客户

当作出一个预测时，它要么是正确的，要么是错误的。

- 如果预测 "客户流失"，客户可能确实流失，也可能没有流失。
- 如果预测 "客户没有流失"，有可能客户确实没有流失，但也有可能他们确实流失了。

这就得到 4 种可能的结果(见图 4-6)。

- 预测 False，结果是 False。
- 预测 False，结果是 True。
- 预测 True，结果是 False。
- 预测 True，结果是 True。

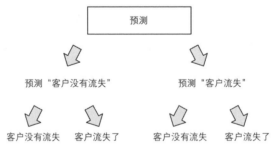

图4-6 有 4 种可能的结果：预测 "客户流失"，客户要么流失，要么未流失；预测 "客户没有流失"，客户仍然是要么流失，要么未流失

其中两种情况(第一种和最后一种)是好的：预测与实际值相匹配。剩下的两个是差的：没有作出正确的预测。

这 4 种情况中的每一种的名称如下(见图 4-7)。

- 真负例(TN)：预测为 False(“客户没有流失”)，实际标签也是 False(“客户没有流失”)。
- 真正例(TP)：预测为 True(“客户流失”)，实际标签也是 True(“客户流失”)。
- 假负例(FN)：预测为 False(“客户没有流失”)，但实际标签是 True(“客户流失”)。
- 假正例(FP)：预测为 True(“客户流失”)，但实际标签是 False(“客户没有流失”)。

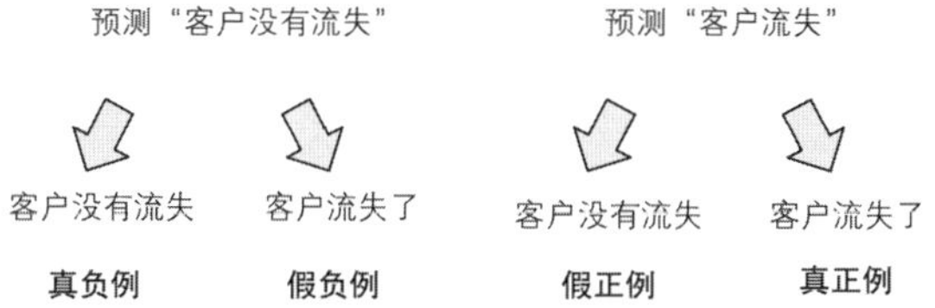


图 4-7　4 种可能结果的名称：真负例、假负例、假正例和真正例

将这些结果排列在一张表中将有助于观察。我们可以将预测的类(False 和 True)放在列中，将实际的类(False 和 True)放在行中(见图 4-8)。

| 实际值 \ 预测值 | False | True |
|---|---|---|
| False | TN | FP |
| True | FN | TP |

图 4-8　将结果组织成一个表——预测值为列，实际值为行。通过这种方式，我们将所有预测场景划分为 4 个不同的组：TN(真负例)、TP(真正例)、FN(假负例)和 FP(假正例)

如果替换成每个结果发生的次数，将得到模型的混淆矩阵(见图 4-9)。

| 实际值 \ 预测值 | False | True |
|---|---|---|
| False | 1202 | 172 |
| True | 197 | 289 |

图 4-9　在混淆矩阵中，每个单元格表示每个结果发生的次数

使用 NumPy 可以很容易地计算混淆矩阵单元格中的值。接下来，将说明如何进行操作。

## 4.2.2　用 NumPy 计算混淆矩阵

为更好地理解混淆矩阵，可以直观地描述它对验证数据集的作用(见图 4-10)。

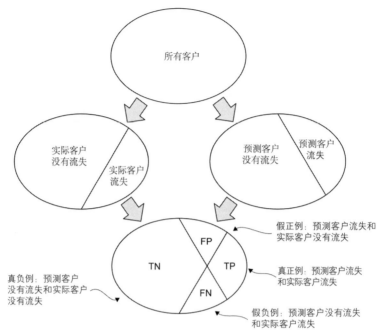

图 4-10 当将模型应用到验证数据集时，得到 4 种不同的结果(TN、FP、TP 和 FN)

为计算混淆矩阵，需要执行以下步骤。

● 首先，预测将数据集分成两部分：预测为 True 的部分("客户流失")和预测为 False 的部分("客户没有流失")。

● 同时，目标变量将该数据集划分为两个不同的部分：实际流失的客户(y_val 中的 1)和没有流失的客户(y_val 中的 0)。

● 当组合这些划分后，将得到 4 组客户，这正是混淆矩阵中的 4 种不同结果。

将这些步骤转换为 NumPy 非常简单。

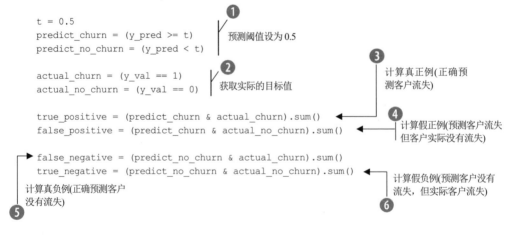

首先当阈值为 0.5 时进行预测，结果得到两个 NumPy 数组。

● 在第一个数组(predict_churn)中，如果模型认为相应的客户将流失，则元素为 True，否则为 False。

● 同样，在第二个数组(predict_no_churn)中，True 表示模型认为客户不会流失。

第二个数组 predict_no_churn 正好与 predict_churn 相反：如果一个元素在 predict_churn 中为 True，则它在 predict_no_churn 中为 False，反之亦然(见图 4-11)。这是第一次将验证数据集分成两部分(基于预测的部分)。

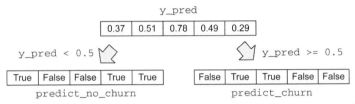

图 4-11　将预测拆分为两个布尔型 NumPy 数组：如果概率高于 0.5，则输入 predict_churn；如果概率低于 0.5，则输入 predict_no_churn

接着，在 ❷ 中记录目标变量的实际值，结果也是两个 NumPy 数组(见图 4-12)。

● 如果客户流失(值为 1)，则 actual_churn 对应的元素为 True，否则为 False。

● 对于 actual_no_churn 来说，情况则正好相反：当客户没有流失时，它是 True。

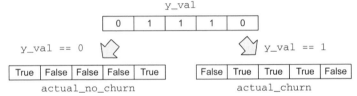

图 4-12　将具有实际值的数组划分为两个布尔型 NumPy 数组；如果客户没有流失(y_val == 0)，则输入 actual_no_churn；如果客户流失(y_val == 1)，则输入 actual_churn

这是数据集的第二次划分(基于目标变量的部分)。

现在，将这两个划分组合起来——确切地说是 4 个 NumPy 数组。

为了在 ❸ 中计算"真正例"输出结果的数量，需要使用 Numpy 中的逻辑"与"操作符(&)和 sum 方法。

```
true_positive = (predict_churn & actual_churn).sum()
```

只有当两个值都为 True 时，逻辑"与"操作符才计算为 True。如果有一个是 False 或者两个都是 False，那么结果就是 False。对于 true_positive，只有当预测客户会流失且客户真的流失时，才为 True(见图 4-13)。

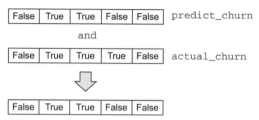

图 4-13　将逻辑"与"操作符(&)应用于两个 NumPy 数组(predict_churn 和 actual_churn)，这将创建另一个数组

　　然后使用 NumPy 中的 sum 方法，它只是计算数组中有多少个 True 值。它首先将布尔数组转换为整数数组，然后对其进行求和(见图 4-14)。在第 3 章应用 mean 方法时已经看到过类似的操作。

| False | True | True | False | False | .sum() | ➡ | 2 |

图 4-14　在一个布尔数组上调用 sum 方法将得到这个数组中 True 的元素数量

　　因此，可以得到真正例结果的数量。在❹、❺和❻中以相似的方式计算其他值。

```
confusion_table = np.array(
 [[true_negative, false_positive],
 [false_negative, true_positive]])
```

上述代码将会输出以下数字。

```
[[1202, 172],
 [ 197, 289]]
```

绝对的数字可能很难理解，因此可以将每个值除以项目的总数，从而将它们转换为分数。

```
confusion_table / confusion_table.sum()
```

上述代码输出以下数字。

```
[[0.646, 0.092],
 [0.105, 0.155]]
```

　　我们将结果汇总在一个表格中(见表 4-1)。从表格内容可知，该模型预测负例值相当准：65%的预测是真负例。然而，有两种类型的错误都相当多，分别是假正例和假负例，它们的比例大致相同(分别为 9%和 11%)。

表 4-1　阈值为 0.5 时的客户流失分类器的混淆矩阵

| 具有所有特征的完整模型 | | | |
|---|---|---|---|
| | | 预测值 | |
| | | False | True |
| 实际值 | False | 1202(65%) | 172(9%) |
| | True | 197(11%) | 289(15%) |

　　这个表有助于更好地理解模型的性能——现在可以将模型性能拆分为不同的部分并理解模型在哪里出错。实际上，观察可知这个模型的性能并不好：当试图识别客户可能流失时，它犯了不少错误。这是仅凭准确度得分无法获悉的。

我们可以使用完全相同的代码对小模型重复相同的过程(见表4-2)。

表4-2 小模型的混淆矩阵

| 包含 3 个特征的小模型 | | | |
|---|---|---|---|
| | | 预测值 | |
| | | False | True |
| 实际值 | False | 1189(63%) | 185(10%) |
| | True | 248(12%) | 238(13%) |

当将小模型与完整模型进行对比,我们发现它在正确识别客户没有流失方面差了2%(对于真负例,小模型与完整模型的正确识别率分别是 63%和65%),在正确识别客户流失方面差了2%(对于真正例,小模型与完整模型的正确识别率分别是 13%和15%)。这两种模型的准确度共有4%的差异(76%对 80%)。

混淆矩阵中的值可以作为许多其他评估指标的基础。例如,可以通过将所有正确的预测(TN 和TP)相加并除以表中所有 4 个单元格的观察总数来计算准确度。

$$准确度 = (TN+TP)/(TN+TP+FN+FP)$$

除了准确度,还可以根据混淆矩阵中的值计算其他指标。最有用的是查准率和查全率,我们将在 4.2.3 节介绍它们。

练习 4.1

什么是假正例?

(a) 预测"客户不会流失",但最后客户流失了。

(b) 预测"客户会流失",但实际客户并没有流失。

(c) 预测"客户会流失",并且实际客户也流失了。

## 4.2.3 查准率和查全率

如前所述,在处理不平衡的数据集时,准确度可能会产生误导。此时,其他指标可用于此类情况:查准率和查全率。

查准率和查全率都是根据混淆矩阵的值计算的,它们有助于在类不平衡的情况下了解模型的质量。

首先,从查准率开始。模型的查准率显示有多少正例预测结果是正确的。它是正确预测的正例的比例。在本示例中,是指预测会流失的所有客户(TP + FP)中实际流失客户数量(TP)所占的比例(见图4-15)。

$$P = TP / (TP + FP)$$

对于我们的模型来说,查准率为 62%。

$$P = 289 / (289 + 172) = 172 / 461 = 0.62$$

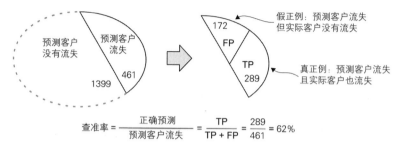

$$查准率 = \frac{正确预测}{预测客户流失} = \frac{TP}{TP + FP} = \frac{289}{461} = 62\%$$

图 4-15　模型的查准率是所有正例预测(TP + FP)中正确预测(TP)的比例

查全率是所有正例中正确分类的正例的比例。在本示例中，为计算查全率，首先要查看所有流失的客户，再查看成功地预测了多少。

计算查全率的公式如下。

$$R = TP / (TP + FN)$$

和查准率公式一样，分子是真正例的数量，但分母是不同的：它是验证数据集中所有正例的数量($y\_val == 1$)，如图 4-16 所示。

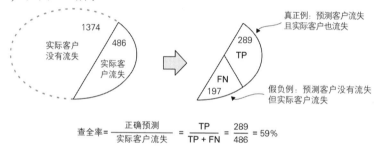

$$查全率 = \frac{正确预测}{实际客户流失} = \frac{TP}{TP + FN} = \frac{289}{486} = 59\%$$

图 4-16　查全率是正确预测流失的客户(TP)在所有流失客户(TP + FN)中的比例

模型的查全率是 59%。

$$R = 286 / (289 + 197) = 289 / 486 = 0.59$$

查准率和查全率之间的差别初看似乎很微妙。在这两种情况下，都查看正确预测的数量，但区别在于分母(见图 4-17)。

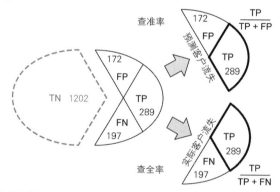

图 4-17　查准率和查全率都查看正确预测(TP)，但分母是不同的。对于查准率，分母指的是被预测为流失的客户数量，而对于查全率，分母指的是实际流失的客户数量

- 查准率：在被预测为流失的客户(TP + FP)中正确预测(TP)的比例是多少？
- 查全率：在所有流失的客户(TP + FN)中正确预测(TP)的比例是多少？

可以看到，查准率和查全率都没有考虑真负例(见图 4-17)。这就是它们是不平衡数据集的优秀评估指标的原因。对于类不平衡的情况，真负例通常比其他任何情况都要多。但同时，它们通常并不是我们很感兴趣的对象。为什么呢？

项目的目标是识别那些可能流失的客户。一旦识别出，就可以给可能流失的客户发送促销信息，希望他们会改变主意。

这样做时会犯两种错误。

- 不小心将信息发送给那些不会流失的客户——这些客户是模型的假正例。
- 有时也无法确定哪些客户会流失。我们不会向这些人发送信息——这些客户是模型的假负例。

查准率和查全率将量化这些错误。

查准率有助于了解有多少人误收到促销信息。查准率越高，假正例就越少。62%的查准率意味着 62%的客户确实会流失(真正例)，而其余 38%不会(假正例)。

查全率有助于了解有多少流失的客户未能找到。查全率越好，假负例就越少。59%的查全率意味着只找到了所有流失客户的 59%(真正例)，而未能识别剩余的 41%的流失客户(假负例)。

正如所看到的，在这两种情况下，并不需要知道真负例的数量：即使能够正确地识别客户没有流失，也将不会对他们做任何事情。

虽然 80%的准确度可能表明这个模型性能不错，但是从它的查准率和查全率来看，实际上也犯了不少错误。不过这并不表明该模型没有意义：通过机器学习，模型不可避免地会出错，至少现在对客户流失预测模型的性能有了更好、更直观的理解。

查准率和查全率是有用的度量模型性能的指标，但它们仅在特定阈值下描述分类器的性能。通常，对于所有可能的阈值选择，需要一个总结分类器性能的指标。我们将在 4.3 节中讨论这些指标。

---

**练习 4.2**

什么是查准率？

(a) 验证数据集中正确识别出的流失客户的百分比。

(b) 实际流失的客户在预测为流失的客户中的百分比。

**练习 4.3**

什么是查全率？

(a) 所有流失客户中正确识别出的流失客户的百分比。

(b) 预测为流失的客户中正确分类的客户所占的百分比。

---

# 4.3　ROC 曲线和 AUC 分数

到目前为止介绍的指标仅适用于二元预测，即输出中只有 True 和 False 值。但是，我们确实有办法评估模型在所有可能的阈值选择中的性能。ROC 曲线是这些方法之一。

ROC 代表"受试者工作特征"，它最初是为评估二战期间雷达探测器的强度而设计的。ROC

用于评估探测器分离两个信号的能力：某个地方是否存在飞机目标。如今，它也被用于类似的目的：显示一个模型能如何很好地区分正例和负例这两个类。在本例中，这两个类是"客户流失"和"客户没有流失"。

我们需要两个 ROC 曲线指标：TPR 和 FPR(即真正例率和假正例率)。

## 4.3.1 真正例率和假正例率

ROC 曲线基于两个量：FPR 和 TPR。

- 假正例率(FPR)：所有负例中假正例的比例。
- 真正例率(TPR)：所有正例中真正例的比例。

与查准率和查全率一样，这些值都基于混淆矩阵。可以用下面的公式来计算。

$$FPR = FP / (FP + TN)$$
$$TPR = TP / (TP + FN)$$

FPR 和 TPR 涉及混淆矩阵的两个独立部分(见图 4-18)。

- 对于 FPR，查看矩阵的第一行：所有负例中假正例的比例。
- 对于 TPR，查看矩阵的第二行：所有正例中真正例的比例。

图 4-18　为计算 FPR，需要查看混淆矩阵的第一行；为计算 TPR，需要查看混淆矩阵的第二行

下面为模型计算这些值(见图 4-19)。

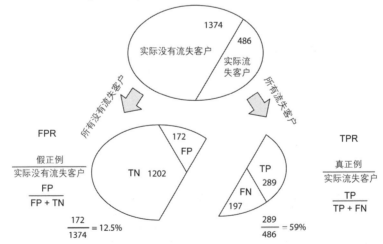

图 4-19　FPR 是所有没有流失客户中假正例的比例：FPR 越小越好。

TPR 是所有流失客户中真正例的比例：TPR 越大越好

$$FPR = 172 / 1374 = 12.5\%$$

FPR 是预测流失的客户在所有没有流失的客户中所占的比例。FPR 值较小表明该模型是优秀的，它几乎没有假正例。

$$TPR = 289 / 486 = 59\%$$

TPR 是预测流失的客户在实际流失的客户中所占的比例。注意 TPR 和查全率是一样的，因此 TPR 越高越好。

然而，我们仍然认为 FPR 和 TPR 指标只适合一个阈值(本例中为 0.5)。为了能够将它们用于 ROC 曲线，需要针对许多不同的阈值计算这些指标。

## 4.3.2 在多个阈值下评估模型

二元分类模型(例如逻辑回归)通常会输出一个概率——一个介于 0 和 1 之间的数。为进行实际的预测，需要设置一些阈值来对输出进行二值化，只得到 True 和 False 值。

可以针对一系列阈值范围来评估模型，而不是在某个特定阈值上评估模型(在本章前面也用到同样的方法)。

为此，首先迭代不同的阈值并计算每个阈值的混淆矩阵值，如代码清单 4.1 所示。

**代码清单 4.1 计算不同阈值的混淆矩阵**

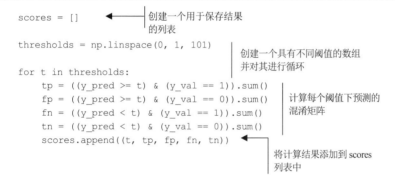

```
scores = []          ◄——  创建一个用于保存结果
                           的列表
thresholds = np.linspace(0, 1, 101)
                           创建一个具有不同阈值的数组
for t in thresholds:       并对其进行循环
    tp = ((y_pred >= t) & (y_val == 1)).sum()
    fp = ((y_pred >= t) & (y_val == 0)).sum()   计算每个阈值下预测的
    fn = ((y_pred < t) & (y_val == 1)).sum()    混淆矩阵
    tn = ((y_pred < t) & (y_val == 0)).sum()
    scores.append((t, tp, fp, fn, tn))  ◄
                           将计算结果添加到 scores
                           列表中
```

这实际上与计算准确度时采用的做法类似，但不是只记录一个值，而是记录混淆矩阵的所有 4 个结果。

处理一个元组列表并不容易，因此将它转换为一个 Pandas DataFrame。

```
                      将列表转换为一个 Pandas
                      DataFrame              为 DataFrame 的列分配
df_scores = pd.DataFrame(scores)  ◄                        名称
df_scores.columns = ['threshold', 'tp', 'fp', 'fn', 'tn']  ◄
```

这样将显示一个包含 5 列的 DataFrame(见图 4-20)。

| df_scores[::10] | | | | | |
|---|---|---|---|---|---|
| | threshold | tp | fp | fn | tn |
| 0 | 0.0 | 486 | 1374 | 0 | 0 |
| 10 | 0.1 | 458 | 726 | 28 | 648 |
| 20 | 0.2 | 421 | 512 | 65 | 862 |
| 30 | 0.3 | 380 | 350 | 106 | 1024 |
| 40 | 0.4 | 337 | 257 | 149 | 1117 |
| 50 | 0.5 | 289 | 172 | 197 | 1202 |
| 60 | 0.6 | 200 | 105 | 286 | 1269 |
| 70 | 0.7 | 99 | 34 | 387 | 1340 |
| 80 | 0.8 | 7 | 1 | 479 | 1373 |
| 90 | 0.9 | 0 | 0 | 486 | 1374 |
| 100 | 1.0 | 0 | 0 | 486 | 1374 |

图 4-20　包含在不同阈值下计算的混淆矩阵元素的 DataFrame。[::10]表达式以 10 条记录为间隔选取 DataFrame 的数据

现在可以开始计算 TPR 和 FPR 分数。因为数据都放在一个 DataFrame 中，所以可以一次性对所有值进行处理。

```
df_scores['tpr'] = df_scores.tp / (df_scores.tp + df_scores.fn)
df_scores['fpr'] = df_scores.fp / (df_scores.fp + df_scores.tn)
```

运行这段代码后，DataFrame 中将包含两个新列：tpr 和 fpr(见图 4-21)。

| df_scores[::10] | | | | | | | |
|---|---|---|---|---|---|---|---|
| | threshold | tp | fp | fn | tn | tpr | fpr |
| 0 | 0.0 | 486 | 1374 | 0 | 0 | 1.000000 | 1.000000 |
| 10 | 0.1 | 458 | 726 | 28 | 648 | 0.942387 | 0.528384 |
| 20 | 0.2 | 421 | 512 | 65 | 862 | 0.866255 | 0.372635 |
| 30 | 0.3 | 380 | 350 | 106 | 1024 | 0.781893 | 0.254731 |
| 40 | 0.4 | 337 | 257 | 149 | 1117 | 0.693416 | 0.187045 |
| 50 | 0.5 | 289 | 172 | 197 | 1202 | 0.594650 | 0.125182 |
| 60 | 0.6 | 200 | 105 | 286 | 1269 | 0.411523 | 0.076419 |
| 70 | 0.7 | 99 | 34 | 387 | 1340 | 0.203704 | 0.024745 |
| 80 | 0.8 | 7 | 1 | 479 | 1373 | 0.014403 | 0.000728 |
| 90 | 0.9 | 0 | 0 | 486 | 1374 | 0.000000 | 0.000000 |
| 100 | 1.0 | 0 | 0 | 486 | 1374 | 0.000000 | 0.000000 |

图 4-21　包含在不同阈值下计算的混淆矩阵值以及 TPR 和 FPR 值的 DataFrame

现在对它们进行绘制(见图 4-22)。

```
plt.plot(df_scores.threshold, df_scores.tpr, label='TPR')
plt.plot(df_scores.threshold, df_scores.fpr, label='FPR')
plt.legend()
```

TPR 和 FPR 的值都是从 100%开始的——在阈值为 0.0 时，预测每个客户都会"流失"。

● FPR 是 100%，因为在预测中只有假正例。其中没有真负例：没有人会被预测为不流失的。

● TPR 是 100%，因为只有真正例，没有假负例。

随着阈值的增长，这两个指标都会以不同的速度下降。

理想情况下，FPR 会很快下降。较小的 FPR 值表明该模型在预测负例(假正例)时很少出错。

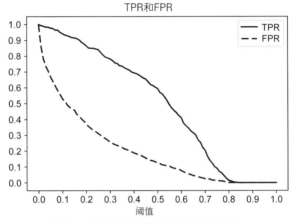

图 4-22　模型在不同阈值下评估的 TPR 和 FPR

另一方面，TPR 会缓慢下降，理想情况下会一直保持在 100%附近：这意味着该模型能够很好地预测真正例。

为更好地理解 TPR 和 FPR 的含义，可将其与两个基线模型进行比较：随机模型和理想模型。接下来将从随机模型开始。

## 4.3.3　随机基线模型

不管输入是什么，随机模型都会输出一个 0~1 范围内的随机分数。它很容易实现——我们可以简单地生成一个具有均匀随机数的数组。

现在可以简单地假设 y_rand 包含"模型"的预测。

接下来为随机模型计算 FPR 和 TPR。为了使计算更简单，重用之前编写的代码并将其放入一个函数中，如代码清单 4.2 所示。

**代码清单 4.2　在不同阈值下计算 TPR 和 FPR**

```
def tpr_fpr_dataframe(y_val, y_pred):           ◄──   定义接收实际值和预测值
    scores = []                                        的函数

    thresholds = np.linspace(0, 1, 101)

    for t in thresholds:
        tp = ((y_pred >= t) & (y_val == 1)).sum()
        fp = ((y_pred >= t) & (y_val == 0)).sum()
        fn = ((y_pred < t) & (y_val == 1)).sum()
        tn = ((y_pred < t) & (y_val == 0)).sum()
        scores.append((t, tp, fp, fn, tn))

    df_scores = pd.DataFrame(scores)
    df_scores.columns = ['threshold', 'tp', 'fp', 'fn', 'tn']

    df_scores['tpr'] = df_scores.tp / (df_scores.tp + df_scores.fn)
    df_scores['fpr'] = df_scores.fp / (df_scores.fp + df_scores.tn)

    return df_scores           ◄──
                                     返回结果 DataFrame
```

（左侧标注）计算不同阈值的混淆矩阵

（左侧标注）使用混淆矩阵中的结果计算 TPR 和 FPR

（右侧标注）将混淆矩阵转换为 DataFrame

现在使用该函数计算随机模型的 TPR 和 FPR。

```
df_rand = tpr_fpr_dataframe(y_val, y_rand)
```

这将创建一个具有不同阈值下的 TPR 和 FPR 值的 DataFrame(见图 4-23)。

```
np.random.seed(1)
y_rand = np.random.uniform(0, 1, size=len(y_val))
df_rand = tpr_fpr_dataframe(y_val, y_rand)
df_rand[::10]
```

|  | threshold | tp | fp | fn | tn | tpr | fpr |
|---|---|---|---|---|---|---|---|
| **0** | 0.0 | 486 | 1374 | 0 | 0 | 1.000000 | 1.000000 |
| **10** | 0.1 | 440 | 1236 | 46 | 138 | 0.905350 | 0.899563 |
| **20** | 0.2 | 392 | 1101 | 94 | 273 | 0.806584 | 0.801310 |
| **30** | 0.3 | 339 | 972 | 147 | 402 | 0.697531 | 0.707424 |
| **40** | 0.4 | 288 | 849 | 198 | 525 | 0.592593 | 0.617904 |
| **50** | 0.5 | 239 | 723 | 247 | 651 | 0.491770 | 0.526201 |
| **60** | 0.6 | 193 | 579 | 293 | 795 | 0.397119 | 0.421397 |
| **70** | 0.7 | 152 | 422 | 334 | 952 | 0.312757 | 0.307132 |
| **80** | 0.8 | 98 | 302 | 388 | 1072 | 0.201646 | 0.219796 |
| **90** | 0.9 | 57 | 147 | 429 | 1227 | 0.117284 | 0.106987 |
| **100** | 1.0 | 0 | 0 | 486 | 1374 | 0.000000 | 0.000000 |

图 4-23　随机模型的 TPR 和 FPR 值

让我们对其进行绘制。

```
plt.plot(df_rand.threshold, df_rand.tpr, label='TPR')
plt.plot(df_rand.threshold, df_rand.fpr, label='FPR')
plt.legend()
```

TPR 和 FPR 曲线几乎都沿直线从 100%下降到 0%(见图 4-24)。

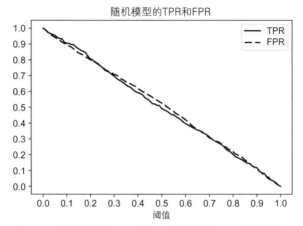

图 4-24 随机分类器的 TPR 和 FPR 均呈直线从 100%下降到 0%

在阈值为 0.0 时，认为每个客户都是流失的。TPR 和 FPR 均为 100%。

- FPR 为 100%，因为只有假正例：所有没流失的客户都被认定为流失。
- TPR 为 100%，因为只有真正例：可以正确地将所有流失的客户归类为流失。

当提高阈值时，TPR 和 FPR 都会降低。

在阈值为 0.4 时，模型以 40%的概率预测 "客户没有流失"，而以 60%的概率预测 "客户流失"。TPR 和 FPR 均为 60%。

- FPR 为 60%，因为错误地将 60%的没有流失客户分类为流失客户。
- TPR 为 60%，因为正确地将 60%的流失客户分类为流失客户。

最后，在阈值为 1.0 时，TPR 和 FPR 都是 0%。在这个阈值下，预测没有客户流失。

- FPR 为 0%，因为没有假正例：可以正确地将所有没有流失的客户分类为没有流失。
- TPR 为 0%，因为没有真正例：所有流失的客户都被认定为未流失客户。

现在转向下一个基线，查看 TPR 和 FPR 如何寻找理想模型。

## 4.3.4 理想模型

理想模型总是会做出正确的决策，我们将进一步考虑理想的排序模型。该模型以流失客户的分数总是高于未流失客户分数的方式输出分数；换言之，对于流失客户的预测概率应该高于没有流失客户的预测概率。

因此，如果将模型应用于验证集中的所有客户，然后根据预测概率对其进行排序，首先将输出所有没有流失的客户，然后是流失的客户(见图 4-25)。

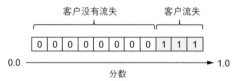

图4-25　理想模型下对客户进行排序，首先输出没有流失的客户，然后是流失的客户

当然，现实中不可能有这样的模型。然而，它仍然是有用的：可以使用它将 TPR 和 FPR 与理想模型的 TPR 和 FPR 进行比较。

下面进行理想模型的预测。为方便起见，生成一个包含已排序的假目标变量的数组：首先它只包含 0，然后只包含 1(见图 4-25)。至于"预测"，可以简单地使用 np.linspace 函数创建一个数组，其中的数字从第一个单元格中的 0 增长到最后一个单元格中的 1。

代码实现如下所示。

```
num_neg = (y_val == 0).sum()          计算数据集中正例和负
num_pos = (y_val == 1).sum()          例的数量
                                                      生成一个数组，该数组首先将 0
                                                      重复 num_neg 次，然后将 1 重复
y_ideal = np.repeat([0, 1], [num_neg, num_pos])       num_pos 次
y_pred_ideal = np.linspace(0, 1, num_neg + num_pos)

df_ideal = tpr_fpr_dataframe(y_ideal, y_pred_ideal)
                                                      计算分类器的 TPR 和
生成"模型"的预测：数字从第一个单                        FPR 曲线
元格的 0 增长到最后一个单元格的 1
```

这样就得到一个带有理想模型的 TPR 和 FPR 值的 DataFrame(见图 4-26)。可以在附录 C 中阅读更多有关 np.linspace 和 np.repeat 函数的信息。

|  | threshold | tp | fp | fn | tn | tpr | fpr |
| --- | --- | --- | --- | --- | --- | --- | --- |
| **0** | 0.0 | 486 | 1374 | 0 | 0 | 1.000000 | 1.000000 |
| **10** | 0.1 | 486 | 1188 | 0 | 186 | 1.000000 | 0.864629 |
| **20** | 0.2 | 486 | 1002 | 0 | 372 | 1.000000 | 0.729258 |
| **30** | 0.3 | 486 | 816 | 0 | 558 | 1.000000 | 0.593886 |
| **40** | 0.4 | 486 | 630 | 0 | 744 | 1.000000 | 0.458515 |
| **50** | 0.5 | 486 | 444 | 0 | 930 | 1.000000 | 0.323144 |
| **60** | 0.6 | 486 | 258 | 0 | 1116 | 1.000000 | 0.187773 |
| **70** | 0.7 | 486 | 72 | 0 | 1302 | 1.000000 | 0.052402 |
| **80** | 0.8 | 372 | 0 | 114 | 1374 | 0.765432 | 0.000000 |
| **90** | 0.9 | 186 | 0 | 300 | 1374 | 0.382716 | 0.000000 |
| **100** | 1.0 | 1 | 0 | 485 | 1374 | 0.002058 | 0.000000 |

图4-26　理想模型的 TPR 和 FPR 值

接下来用如下代码绘图(见图 4-27)。

```
plt.plot(df_ideal.threshold, df_ideal.tpr, label='TPR')
```

```
plt.plot(df_ideal.threshold, df_ideal.fpr, label='FPR')
plt.legend()
```

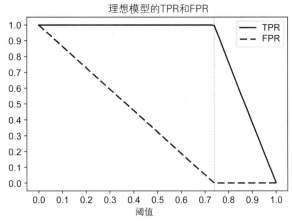

图 4-27　理想模型的 TPR 和 FPR 曲线

从图中可以看出以下信息。

- TPR 和 FPR 都从 100%开始，到 0%结束。
- 对于低于 0.74 的阈值，总是正确地将所有流失的客户归类为流失，这就是 TRP 保持 100% 的原因。另一方面，错误地将一些没有流失的客户归类为流失的客户——这些是假正例。随着阈值提高，越来越少的没有流失的客户被分类为流失，因此 FPR 下降。在阈值为 0.6 时，错误地将 258 个没有流失的客户分类为流失客户，如图 4-28(a)所示。
- 0.74 这个阈值是理想的情况：所有流失的客户归类为流失，所有没有流失的客户归类为没有流失；这就是 TPR 为 100%而 FPR 为 0%的原因，如图 4-28(b)所示。
- 对于 0.74 和 1.0 之间的阈值，总是正确地分类所有没有流失的客户，所以 FPR 保持在 0%。然而，随着阈值提高，开始错误地将越来越多的流失客户分类为没有流失客户，因此 TPR 下降。当阈值为 0.8 时，446 个流失客户中有 114 个被错误地归类为没有流失客户。只有 372 个预测是正确的，因此 TPR 是 76%，如图 4-28(c)所示。

现在准备构建 ROC 曲线。

**练习 4.4**

理想的排序模型是什么样的？

(a) 当应用于验证数据时，它对客户进行评估，对于没有流失的客户，其评分总是低于流失的客户。

(b) 给没有流失的客户的评分要高于流失的客户。

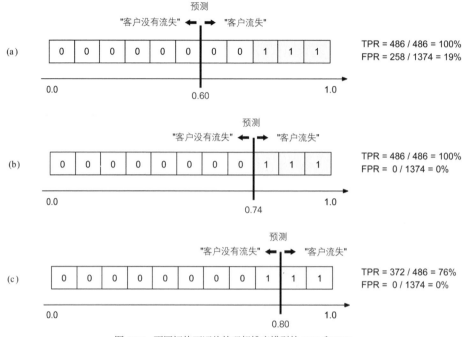

图 4-28  不同阈值下评估的理想排序模型的 TPR 和 FPR

## 4.3.5  ROC 曲线

创建 ROC 曲线时，不需要根据不同的阈值绘制 FPR 和 TPR，而是将它们相互地绘制(ROC 曲线的纵轴是 TPR，横轴是 FPR)。为了进行比较，我们还将理想模型和随机模型添加到绘图中。

```
plt.figure(figsize=(5, 5))          ◀━━━━━┥ 使图表为正方形

plt.plot(df_scores.fpr, df_scores.tpr, label='Model')    绘制模型和基线
plt.plot(df_rand.fpr, df_rand.tpr, label='Random')       的 ROC 曲线
plt.plot(df_ideal.fpr, df_ideal.tpr, label='Ideal')

plt.legend()
```

由此得到 ROC 曲线(见图 4-29)。绘制时，可以看到随机分类器的 ROC 曲线是一条从左下角到右上角的近似直线。然而，对于理想模型，曲线首先上升直到达到 100%的 TPR，然后从那里一直向右延伸，直到达到 100%的 FPR。

我们的模型应该总是在这两条曲线之间。我们希望它尽可能接近理想曲线并尽可能远离随机曲线。

随机模型的 ROC 曲线可以作为一个很好的视觉基线——当将它添加到绘图中时，它可以帮助判断模型离基线有多远——因此最好总是在图中包含这条线。

然而，并不需要每次创建 ROC 曲线时都生成一个随机模型：因为知道它是什么样的，所以可以简单地在绘图中包含一条从(0, 0)到(1, 1)的直线。

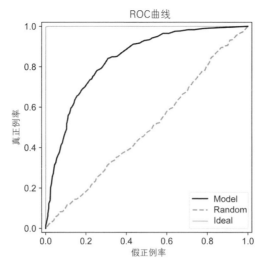

图 4-29　ROC 曲线显示了一个模型的 FPR 和 TPR 之间的关系

至于理想模型，它总是向上到(0,1)，然后向右到(1,1)。左上角的(0,1)被称为"理想点"：这是理想模型到达 100%的 TPR 和 0%的 FPR 的点。我们希望模型尽可能地接近理想点。

有了这些信息，可以将绘制曲线的代码简化为如下所示。

```
plt.figure(figsize=(5, 5))
plt.plot(df_scores.fpr, df_scores.tpr)
plt.plot([0, 1], [0, 1])
```

这将输出图 4-30 中的结果。

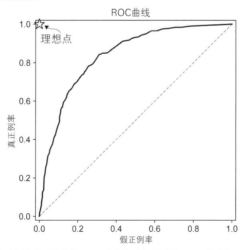

图 4-30　ROC 曲线。基线使得更容易看到模型的 ROC 曲线与随机模型的 ROC 曲线相距多远。左上角(0,1)是"理想点"：
模型越接近它越好

虽然计算许多阈值的所有 FPR 和 TPR 值是一个很好的练习，但并不需要在每次绘制 ROC 曲线时都自己实现。可以简单地使用 Scikit-learn 的 metrics 包中的 roc_curve 函数。

```
from sklearn.metrics import roc_curve

fpr, tpr, thresholds = roc_curve(y_val, y_pred)

plt.figure(figsize=(5, 5))
plt.plot(fpr, tpr)
plt.plot([0, 1], [0, 1])
```

结果得到一个与前面相同的图(见图 4-30)。

现在尝试更深入地了解曲线并理解它实际上表达了什么。为此，直观地在 ROC 曲线上将 TPR 和 FPR 值映射到它们的阈值(见图 4-31)。

在 ROC 图中，从(0, 0)点开始——这是左下角的点。它对应于 0%的 FPR 和 0%的 TPR，此时阈值为 1.0。对于这种情况，只是简单地预测每个人都"没有流失"。这就是 TPR 为 0%的原因：从来没有正确地预测过流失的客户。另一方面，FPR 为 0%，因为这个虚拟模型可以正确地将所有没有流失的客户预测为没有流失，所以没有假正例。

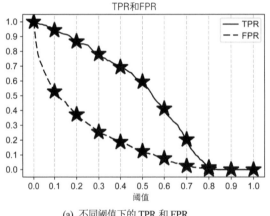

| threshold | fpr | tpr |
|---|---|---|
| 100 | 1.0 | 0.000000 | 0.000000 |
| 90 | 0.9 | 0.000000 | 0.000000 |
| 80 | 0.8 | 0.000728 | 0.014403 |
| 70 | 0.7 | 0.024745 | 0.203704 |
| 60 | 0.6 | 0.076419 | 0.411523 |
| 50 | 0.5 | 0.125182 | 0.594650 |
| 40 | 0.4 | 0.187045 | 0.693416 |
| 30 | 0.3 | 0.254731 | 0.781893 |
| 20 | 0.2 | 0.372635 | 0.866255 |
| 10 | 0.1 | 0.528384 | 0.942387 |
| 0 | 0.0 | 1.000000 | 1.000000 |

(a) 不同阈值下的 TPR 和 FPR          (b) 不同阈值下模型的 FPR 和 TPR 值

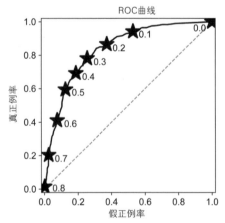

(c) 所选阈值的 FPR 和 TPR 值

图 4-31  将针对不同阈值的 TPR 和 FPR 图转换为 ROC 曲线。在 ROC 图中，从左下角的高阈值开始，其中大多数客户被预测为没有流失，逐渐到右上方的低阈值，其中大多数客户被预测为流失

当沿着曲线上升时，考虑在较小阈值下评估的 FPR 和 TPR 值。在阈值为 0.7 时，FPR 变化很小，从 0% 增加到 2%，但 TPR 从 0% 增加到 20%，如图 4-31(b) 和 (c) 所示。

沿着这条曲线不断降低阈值并以较小的值评估模型，预测会有越来越多的客户流失。在某个时候，我们涵盖了大部分正例 (流失客户)。例如，在阈值为 0.2 时，预测大多数客户为流失，这意味着这些预测中有许多是假正例。然后 FPR 开始比 TPR 增长得更快；在阈值 0.2 处，FPR 已接近 40%。

最后，到达 0.0 这个阈值并预测每个客户都流失，从而到达 ROC 图的右上角。

当从高阈值开始时，所有模型都是相等的：任何处于高阈值的模型都会降级为始终预测 False 的恒定 "模型"。随着阈值的降低，开始预测一些客户会流失。模型越好，被正确分类为流失的客户就越多，从而产生更好的 TPR。同样，好的模型具有较小的 FPR，因为它们具有较少的假正例。

因此，一个优秀模型的 ROC 曲线首先会上升到尽可能高的水平，然后才开始向右转弯。另一方面，较差的模型从一开始就具有较高的 FPR 和较低的 TPR，因此这类曲线倾向于更早地向右转弯 (见图 4-32)。

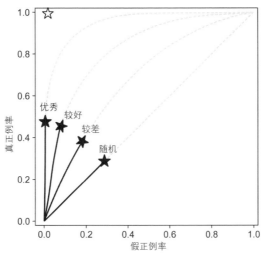

图 4-32　优秀模型的 ROC 曲线在右转前尽其所能上升。另一方面，糟糕模型往往从一开始就有更多的假正例，
因此它们倾向于更早地右转

我们可以将其用来比较多个模型：简单地将多个模型的 ROC 绘制在同一张图上，查看哪个更接近理想点 (0, 1)。例如，查看同一张图上的大模型和小模型的 ROC 曲线。

```
fpr_large, tpr_large, _ = roc_curve(y_val, y_pred)
fpr_small, tpr_small, _ = roc_curve(y_val, y_pred_small)

plt.figure(figsize=(5, 5))

plt.plot(fpr_large, tpr_large, color='black', label='Large')
plt.plot(fpr_small, tpr_small, color='black', label='Small')
plt.plot([0, 1], [0, 1])
plt.legend()
```

这样就可以在同一张图上得到两条 ROC 曲线 (见图 4-33)。可以看到，大模型比小模型更好：它更接近所有阈值的理想点。

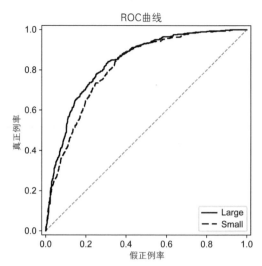

图 4-33　在同一张图上绘制多条 ROC 曲线有助于直观地识别哪个模型表现得更好

ROC 曲线非常有用，但还有另一个基于它的指标：AUC。

## 4.3.6　AUC

当使用 ROC 曲线评估模型时，我们希望它们尽可能接近理想点并远离随机基线。

我们可以通过测量 ROC 曲线下的面积来量化这种"贴近度"，可以使用 AU ROC(或者通常简称为 AUC)作为评估二元分类模型性能的指标。

理想模型是一个 1×1 的正方形，因此 ROC 曲线下的面积是 1，即 100%。随机模型只取其中的一半，因此它的 AUC 是 0.5，即 50%。大模型和小模型的 AUC 将介于随机基线的 50% 和理想曲线的 100% 之间。

**重点：** AUC 值为 0.9 表明模型相当好，取值 0.8 表明还可以，取值 0.7 则表明模型不是很好，取值 0.6 表示模型性能相当差。

为计算模型的 AUC，可以使用来自 Scikit-learn 的 metrics 包的 auc 函数。

```
from sklearn.metrics import auc
auc(df_scores.fpr, df_scores.tpr)
```

对于大模型，结果为 0.84；对于小模型，结果是 0.81(见图 4-34)。客户流失预测是一个复杂的问题，因此 80% 的 AUC 已经相当不错。

```
from sklearn.metrics import auc
auc(df_scores.fpr, df_scores.tpr)
```
0.8359001084215382

```
auc(df_scores_small.fpr, df_scores_small.tpr)
```
0.8125475467380692

图 4-34　模型的 AUC：大模型为 84%，小模型为 81%

如果只需要 AUC，就不需要先计算 ROC 曲线。你可以走捷径，使用 Scikit-learn 中的 roc_auc_score 函数，它会处理所有事情并返回模型的 AUC。

```
from sklearn.metrics import roc_auc_score
roc_auc_score(y_val, y_pred)
```

得到的结果与之前大致相同(见图 4-35)。

**注意**：来自 roc_auc_score 的值可能与通过 DataFrame 得出 TPR 和 FPR 再计算出的 AUC 略有不同：Scikit-learn 内部使用了一种更精确的方法来创建 ROC 曲线。

ROC 曲线和 AUC 分数表示模型分离正例和负例的程度。更重要的是，AUC 有一个很好的概率解释：它告诉我们随机选择正例得分高于随机选择负例的概率是多少。

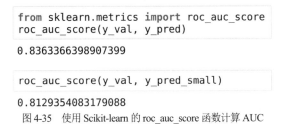

图 4-35　使用 Scikit-learn 的 roc_auc_score 函数计算 AUC

假设随机选择一个已知流失的客户和一个没有流失的客户，然后将模型应用于这些客户并查看每个客户的分数。我们希望模型对流失客户的评分高于未流失客户。AUC 显示发生这种情况的概率：随机选择的流失客户的分数高于随机选择的未流失客户的分数的概率。

我们可以进行验证。如果重复做这个实验 10 000 次，然后计算正例的分数比负例的分数高的情况发生了多少次，那么真实情况下的百分比应该大致对应 AUC。

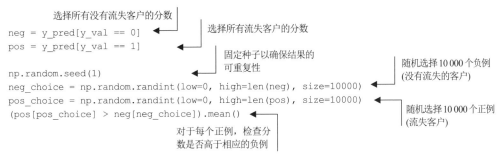

结果输出 0.8356，这确实非常接近分类器的 AUC 值。

这种对 AUC 的解释使得我们对模型的质量有了更多的了解。理想模型对所有客户进行排序，首先得到没有流失的客户，接着才是流失的客户。有了这个顺序，AUC 总是为 1.0：随机选择的流失客户的分数总是高于没有流失客户的分数。另一方面，随机模型只对客户进行随机操作，因此流失客户的分数只有 50%的机会高于没有流失客户的分数。

因此，AUC 不仅提供了一种在所有可能阈值下评估模型的方法，而且还描述了模型对两个类的区分程度：本例中为客户流失和客户没有流失。如果能够很好区分，则可以对客户进行排序，使得大多数流失的客户排在前面。这样的模型会得到很好的 AUC 分数。

注意：应该记住这种解释，它提供了一种简单的方法来向没有机器学习背景的人(例如管理者和其他决策者)解释 AUC 背后的含义。

这使得 AUC 在大多数情况下成为默认的分类指标，并且它通常是为模型寻找最佳参数集时使用的指标。

找到最佳参数的过程被称为"参数调优"，4.4 节中将介绍如何进行此操作。

# 4.4 参数调优

前一章中使用了一个简单的留出法验证方案来测试模型。在此方案中，将部分数据取出并保留仅用于验证目的。这种做法很好，但并不总能表示所有情况。它只显示模型在这些特定数据点上的表现如何。然而，这并不一定意味着该模型在其他数据点上的表现同样出色。因此，如何检查模型是否确实以一致且可预测的方式运行良好呢？

## 4.4.1 K折交叉验证

我们可以使用所有可用的数据来评估模型的质量并得到更可靠的验证结果，可以简单地执行多次验证。

首先，将整个数据集拆分为一定数量的部分(例如 3 个部分)。然后在两个部分上训练模型并在剩下的一个部分上进行验证。重复这个过程 3 次，最后得到 3 个不同的分数。这就是 K 折交叉验证的原理(见图 4-36)。

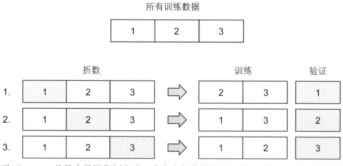

图 4-36　K 折交叉验证(K=3)。将整个数据集划分成 3 个大小相等的部分(3 折)。然后，取 1 折作为验证数据集，余下的 K-1 折作为训练数据。训练模型后，在验证集上对其进行评估，最终得到 K 个指标值

实现之前，我们需要简化训练过程，这样就很容易多次运行该过程。为此，将所有用于训练的代码放入一个 train 函数中，该函数首先将数据转换为独热编码，然后训练模型(如代码清单 4.3 所示)。

代码清单 4.3　训练模型

```
def train(df, y):
    cat = df[categorical + numerical].to_dict(orient='records')

    dv = DictVectorizer(sparse=False)
    dv.fit(cat)                                          应用独热编码

    X = dv.transform(cat)

    model = LogisticRegression(solver='liblinear')      训练模型
    model.fit(X, y)

    return dv, model
```

同样，将预测逻辑放入 predict 函数中。该函数接收客户的 DataFrame、之前"训练"的向量化器(用于进行独热编码)和模型。然后将向量化器应用于 DataFrame，得到矩阵，最后将模型应用于矩阵得到预测(代码清单 4.4 所示)。

代码清单 4.4　将模型应用到新数据

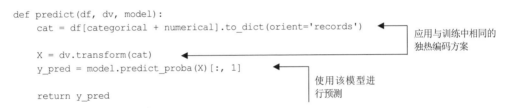

```
def predict(df, dv, model):
    cat = df[categorical + numerical].to_dict(orient='records')    ◄── 应用与训练中相同的
                                                                       独热编码方案
    X = dv.transform(cat)                                          ◄──
    y_pred = model.predict_proba(X)[:, 1]                          ◄──
                                                                       使用该模型进
    return y_pred                                                      行预测
```

现在可以使用这些函数来实现 K 折交叉验证。

我们并不需要自己实现交叉验证：Scikit-learn 中有一个类可以做到这一点，即包含在 model_selection 包中的 KFold(如代码清单 4.5 所示)。

代码清单 4.5　K 折交叉验证

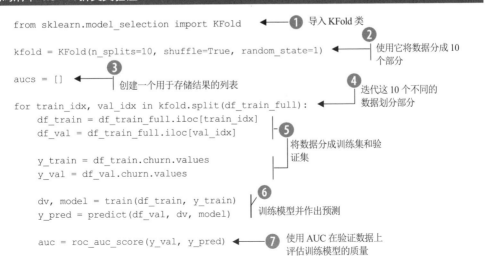

```
from sklearn.model_selection import KFold          ◄──❶ 导入 KFold 类
                                                      ❷
kfold = KFold(n_splits=10, shuffle=True, random_state=1)  ◄── 使用它将数据分成 10
                                                             个部分
aucs = []    ◄──❸
              创建一个用于存储结果的列表
                                                          ❹ 迭代这 10 个不同的
                                                             数据划分部分
for train_idx, val_idx in kfold.split(df_train_full):  ◄──
    df_train = df_train_full.iloc[train_idx]
    df_val = df_train_full.iloc[val_idx]              ❺
                                                      将数据分成训练集和验
                                                      证集
    y_train = df_train.churn.values
    y_val = df_val.churn.values
                                                      ❻
    dv, model = train(df_train, y_train)
    y_pred = predict(df_val, dv, model)               训练模型并作出预测

    auc = roc_auc_score(y_val, y_pred)    ◄──❼ 使用 AUC 在验证数据上
                                             评估训练模型的质量
```

```
aucs.append(auc)
```
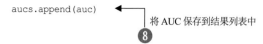
将 AUC 保存到结果列表中

**8**

注意，当在 **2** 中定义 KFold 类中的划分时，设置了 3 个参数。

- n_splits = 10：这是 K，它指定了划分数。
- shuffle = True：这要求在划分数据之前打乱它。
- random_state – 1：因为过程中有随机化(打乱数据)，但希望结果是可重复的，所以固定了随机种子。

这里使用 K 折交叉验证，取 K=10。因此，当运行后，最终得到 10 个不同的数字——在 10 个不同的验证集上评估的 10 个 AUC 分数。

```
0.849, 0.841, 0.859, 0.833, 0.824, 0.841, 0.844, 0.822, 0.845, 0.861
```

它不再是一个单一的数字，我们可以将其视为模型的 AUC 分数的分布。同时，也可以从这个分布中得到例如均值和标准差这样的统计数据。

```
print('auc = %0.3f ± %0.3f' % (np.mean(aucs), np.std(aucs)))
```

结果输出 0.842±0.012。

现在，我们不仅知道平均性能，而且还知道该性能的波动性有多大或者它可能偏离平均值多远。

一个好的模型应该在不同的验证集中非常稳定：这样可以确保模型实际运行时不会发生太多意外。标准差告诉我们：它的值越小，则模型越稳定。

现在可以使用 K 折交叉验证进行参数调优：选择最佳参数。

## 4.4.2 寻找最佳参数

前面学习了如何使用 K 折交叉验证来评估模型的性能。之前训练的模型使用参数 C 的默认值，它主要控制正则化的数量。

我们选择交叉验证程序来选择最佳参数 C。为此，首先需要调整 train 函数以接收额外的参数(如代码清单 4.6 所示)。

**代码清单 4.6　使用参数 C(用于控制正则化)训练模型的函数**

向 train 函数添加一个
额外的参数

```
def train(df, y, C):
    cat = df[categorical + numerical].to_dict(orient='records')
    dv = DictVectorizer(sparse=False)
    dv.fit(cat)

    X = dv.transform(cat)

    model = LogisticRegression(solver='liblinear', C=C)
    model.fit(X, y)

    return dv, model
```

在训练期间使
用此参数

现在寻找最佳参数 C，方法很简单(如代码清单 4.7 所示)。

- 循环遍历 C 的不同值。
- 对于每个 C，运行交叉验证并记录所有验证集的平均 AUC 以及标准差。

**代码清单 4.7　调优模型：使用交叉验证选择最佳参数 C**

```
nfolds = 5
kfold = KFold(n_splits=nfolds, shuffle=True, random_state=1)

for C in [0.001, 0.01, 0.1, 0.5, 1, 10]:
    aucs = []

    for train_idx, val_idx in kfold.split(df_train_full):
        df_train = df_train_full.iloc[train_idx]
        df_val = df_train_full.iloc[val_idx]

        y_train = df_train.churn.values
        y_val = df_val.churn.values

        dv, model = train(df_train, y_train, C=C)
        y_pred = predict(df_val, dv, model)

        auc = roc_auc_score(y_val, y_pred)
        aucs.append(auc)

    print('C=%s, auc = %0.3f ± %0.3f' % (C, np.mean(aucs), np.std(aucs)))
```

运行代码，它将输出如下结果。

```
C=0.001, auc = 0.825 ± 0.013
C=0.01, auc = 0.839 ± 0.009
C=0.1, auc = 0.841 ± 0.008
C=0.5, auc = 0.841 ± 0.007
C=1, auc = 0.841 ± 0.007
C=10, auc = 0.841 ± 0.007
```

结果显示，在 C = 0.1 之后，平均 AUC 相等且不再增长。

但是，C = 0.5 的标准差小于 C = 0.1 的标准差，因此应该使用 0.5。选择 C = 0.5 而不是 C = 1 和 C = 10 的原因很简单：C 参数越小，模型正则化越好。该模型的权值受很多限制，因此值一般较小。模型中的小权重提供了额外的保证，即在真实数据上使用它时，模型将表现良好。因此我们选择 C = 0.5。

现在需要做最后一步：在整个训练和验证数据集上训练模型并将其应用于测试数据集以验证它确实运行良好。

我们使用 train 和 predict 函数。

```
y_train = df_train_full.churn.values
y_test = df_test.churn.values

dv, model = train(df_train_full, y_train, C=0.5)
```

在完整的训练数据集
上训练模型

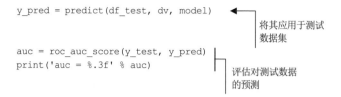

```
y_pred = predict(df_test, dv, model)
```
将其应用于测试
数据集

```
auc = roc_auc_score(y_test, y_pred)
print('auc = %.3f' % auc)
```
评估对测试数据
的预测

当执行代码时，可看到在留出的测试集上的模型性能(AUC)为 0.858。

它只比在验证集上的值高一点，但这并没有关系；它可能只是偶然发生的。重要的是，这个分数与验证分数没有显著差异。

现在可以使用这个模型为真正的客户评分并考虑营销活动以防止客户流失。在第 5 章中，将介绍如何在生产环境中部署该模型。

# 4.5 后续步骤

## 4.5.1 练习

尝试下面的练习，进一步探讨模型评估和模型选择的主题。

- 在本章中，我们为不同的阈值绘制了 TPR 和 FPR，这有助于理解这些指标的含义，以及当选择不同的阈值时，模型的性能会如何变化。做一个类似的查准率和查全率的练习是很有帮助的，因此可以试着重复这个实验，这次用查准率和查全率代替 TPR 和 FPR。

- 在绘制不同阈值的查准率和查全率时，可以看到查准率和查全率之间存在冲突：一个上升，另一个下降，反之亦然。这被称为"查准率-查全率权衡"：我们无法选择一个使查准率和查全率都很好的阈值。尽管查准率和查全率是相互冲突的，但确实有选择阈值的策略。其中之一是绘制查准率-查全率曲线，查看它们的交点，然后用这个阈值对预测进行二值化。请试着实现这个想法。

- 处理查准率-查全率权衡的另一种方法是 F1 分数——将查准率和查全率组合为一个值的分数。然后，为选择最佳阈值，可以使用最大化 F1 分数的阈值。F1 分数的计算公式为 $F1 = 2 \times P \times R / (P + R)$，其中 P 为查准率，R 为查全率。实现这个想法并根据 F1 指标选择最佳阈值。

- 相比于准确率，查准率和查全率是评估分类模型的更好指标，因为它们不依赖假正例(在不平衡的数据集中，假正例的数量可能会很多)。然而，我们后来发现，AUC 实际上在 FPR 中使用了假正例。对于数据非常不平衡的情况(例如 1000 个负例对 1 个正例)，AUC 也可能出现问题。另一个指标在这种情况下效果更好：查准率-查全率曲线下的面积(或 AU PR)。查准率-查全率曲线类似于 ROC，但不需要绘制 FPR 和 TPR，而是在 x 轴上绘制查全率和在 y 轴上绘制查准率。如 ROC 曲线一样，也可以计算 PR 曲线下的面积并将其作为评估不同模型的指标。请尝试为模型绘制 PR 曲线，计算 AU PR 分数并将它们与随机模型和理想模型进行比较。

- 前面介绍了 K 折交叉验证并使用它来了解 AUC 分数在测试数据集上的分布情况。当 K = 10 时，得到 10 个观察值，这在某些情况下可能是不够的。然而，这个想法可以扩展到重复的 K 折交叉验证步骤。这个过程很简单：多次重复 K 折交叉验证过程，每次迭代时选择不同的随机种子来对数据集进行不同的混排。实现重复的交叉验证，执行 10 次 10 折交叉验证并查看分数的分布情况。

### 4.5.2　其他项目

我们还可以继续第 3 章的其他自学项目：潜在客户评分项目和违约预测项目。请尝试以下操作。

- 计算在本章中涵盖的所有指标：混淆矩阵、查准率和查全率以及 AUC；尝试计算 F1 分数以及 AU PR。
- 使用 K 折交叉验证选择模型的最佳参数 C。

# 4.6　本章小结

- 指标是可用于评估机器学习模型性能的单一数字。一旦选择了一个指标，就可以用它来比较多个机器学习模型并选择最好的一个。
- 准确度是最简单的二元分类指标：它表明验证集中正确分类的百分比。它很容易理解和计算，但是当数据集不平衡时，它可能会产生误差。
- 当使用二元分类模型进行预测时，只会有 4 种可能的结果：真正例和真负例(正确答案)以及假正例和假负例(错误答案)。混淆矩阵直观地排列这些结果，因此很容易理解它们。混淆矩阵提供了许多其他二元分类指标的基础。
- 查准率是预测为真的观察结果中正确答案的比例。如果使用客户流失模型来发送促销信息，查准率会显示收到消息的人中真正会流失的客户的百分比。查准率越高，错误归类为流失的未流失客户就越少。
- 查全率是所有正例观察中正确答案的比例。它显示正确识别为流失的流失客户的百分比。查全率越高，未能识别的流失客户就越少。
- ROC 曲线一次分析所有阈值的二元分类模型。ROC 曲线下的面积(AUC)显示模型将正例观察与负例观察分开的程度。由于其可解释性和广泛的适用性，AUC 已成为评估二元分类模型的默认指标。
- K 折交叉验证提供了一种使用所有训练数据进行模型验证的方法：将数据分成 K 折并依次使用每一折作为验证集，剩余的 K - 1 折用于训练。结果会有 K 个值，而不是一个单一的数字。我们可以通过这些数字来了解一个模型的平均性能并评估模型在不同验证集中的波动性。
- K 折交叉验证是调优参数和选择最佳模型的最佳方法：它提供了跨多折的指标的可靠评估。

第 5 章将研究如何将模型部署到生产环境中。

# 4.7 习题答案

- 练习 4.1：(b)。
- 练习 4.2：(b)。
- 练习 4.3：(a)。
- 练习 4.4：(a)。

# 部署机器学习模型

**本章内容**
- 使用 Pickle 保存模型
- 使用 Flask 将模型服务化
- 使用 Pipenv 管理依赖项
- 使用 Docker 使服务自带运行环境
- 使用 AWS Elastic Beanstalk 将服务部署到云上

本章继续使用机器学习技术研究已经开始的项目：客户流失预测。第 3 章中使用 Scikit-learn 构建了一个识别流失客户的模型。然后，在第 4 章中对该模型的质量进行了评估，并且使用交叉验证的方法选择了最佳参数 C。

现在已经有一个模型存在于 Jupyter Notebook 中。我们需要将此模型投入生产，以便其他服务可以使用该模型的输出做出决策。

本章将介绍模型部署，即模型投入实际应用的过程。我们会介绍如何在 Web 服务中封装模型，以便其他服务可以使用它；还将了解如何将 Web 服务部署到生产环境中。

## 5.1 客户流失预测模型

我们使用之前训练的模型开始部署。首先，在这一节中，将回顾如何使用模型进行预测，然后了解如何使用 Pickle 保存它。

### 5.1.1 使用模型

为方便起见，可以继续使用第 3 章和第 4 章中的 Jupyter Notebook。

我们用这个模型来计算下列这个客户的流失概率。

```
customer = {
    'customerid': '8879-zkjof',
    'gender': 'female',
    'seniorcitizen': 0,
```

```
        'partner': 'no',
        'dependents': 'no',
        'tenure': 41,
        'phoneservice': 'yes',
        'multiplelines': 'no',
        'internetservice': 'dsl',
        'onlinesecurity': 'yes',
        'onlinebackup': 'no',
        'deviceprotection': 'yes',
        'techsupport': 'yes',
        'streamingtv': 'yes',
        'streamingmovies': 'yes',
        'contract': 'one_year',
        'paperlessbilling': 'yes',
        'paymentmethod': 'bank_transfer_(automatic)',
        'monthlycharges': 79.85,
        'totalcharges': 3320.75,
}
```

为预测这个客户是否会流失,可以使用第 4 章中编写的 predict 函数。

```
df = pd.DataFrame([customer])
y_pred = predict(df, dv, model)
y_pred[0]
```

该函数需要一个 DataFrame,因此首先创建一个只有一行(即我们的客户)的 DataFrame。接下来,把它放入 predict 函数中。结果是一个只有一个元素(该客户的流失预测概率)的 NumPy 数组。

```
0.059605
```

这意味着该客户有 6%的流失概率。

现在查看之前编写的 predict 函数,该函数用于将模型应用于验证集中的客户。

```
def predict(df, dv, model):
    cat = df[categorical + numerical].to_dict(orient='rows')
    X = dv.transform(cat)
    y_pred = model.predict_proba(X)[:, 1]
    return y_pred
```

对于单独的一个客户使用它似乎效率很低且没有必要,因为通过单个客户创建一个 DataFrame 只是为了稍后在 predict 中将该 DataFrame 转换回字典。

为避免这种不必要的转换,可以创建一个单独的函数来预测单个客户的流失概率。我们称该函数为 predict_single。

```
def predict_single(customer, dv, model):        ◀──  不传递一个 DataFrame,而是
    X = dv.transform([customer])                      传递单个客户
    y_pred = model.predict_proba(X)[:, 1]  ◀──
    return y_pred[0]  ◀──
                                                  将模型应用于
向量化客户:创建                                   该矩阵
矩阵 X
                         因为只有一个客户,所
                         以只需要结果的第一
                         个元素
```

使用它的方式变得更简单——只需要用我们的客户(字典)调用它。

```
predict_single(customer, dv, model)
```

结果是相同的：该客户有6%的流失概率。

我们在第3章的Jupyter Notebook中训练了模型。一旦停止Jupyter Notebook，训练好的模型就会消失。这意味着现在只能在Jupyter Notebook内部使用它，而不能在其他地方使用。接下来查看如何解决这个问题。

## 5.1.2　使用 Pickle 保存和加载模型

为了能够在Jupyter Notebook之外使用模型，需要先保存它。然后，另一个进程可以加载并使用它(见图5-1)。

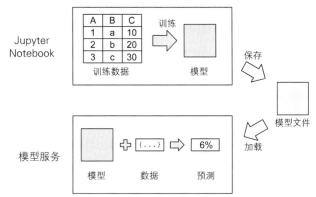

图5-1　在Jupyter Notebook中训练一个模型。要使用它，首先需要保存它，然后将它加载到不同的进程中

Pickle是一个已经内置到Python中的序列化/反序列化模块：通过使用它，可以将任意Python对象(少数例外)保存到一个文件中。一旦有了文件，就可以在不同的进程中调用并加载模型。

**注意**：pickle也可以用作动词，表示"腌制"的意思。在Python中"腌制"一个对象意味着使用Pickle模块保存它。

### 1. 保存模型

为保存模型，首先导入Pickle模块，然后使用dump函数。

```
import pickle

with open('churn-model.bin', 'wb') as f_out:
    pickle.dump(model, f_out)
```

为保存模型，可使用open函数，它接收两个参数。

● 要打开的文件的名称，这里是churn-model.bin。

● 文件打开方式。这里是wb，意味着写入文件(w)，并且文件是二进制的(b)，而不是文本文件——Pickle使用二进制格式写入文件。

open 函数返回 f_out(可以用来写入文件的文件描述符)。

接下来，使用 Pickle 中的 dump 函数。它也需要两个参数。

● 需要保存的对象，这里是 model。

● 文件描述符，指向输出文件，这里是 f_out。

最后，在这段代码中使用 with 构造。当使用 open 打开一个文件时，需要在完成写入后关闭它。如果使用 with，会自动关闭。如果没有使用 with，代码如下所示。

```
f_out = open('churn-model.bin', 'wb')
pickle.dump(model, f_out)
f_out.close()
```

然而，在本章的示例中，仅保存模型是不够的：还有一个与模型一起"训练"的 DictVectorizer。两者需要同时保存。

最简单的方法是在腌制时将它们都放入一个元组中。

```
with open('churn-model.bin', 'wb') as f_out:
    pickle.dump((dv, model), f_out)
```
保存的对象是一个包含两个元素的元组

### 2. 加载模型

为加载模型，可使用 Pickle 中的 load 函数。我们可以在同一个 Jupyter Notebook 中进行测试。

以读模式打开文件
```
with open('churn-model.bin', 'rb') as f_in:
    dv, model = pickle.load(f_in)
```
加载元组并解包它

再次使用 open 函数，但这一次使用不同的打开方式：rb。这意味着读取文件(r)，并且文件是二进制的(b)。

**警告：** 在指定打开方式时要小心，指定不正确的打开方式可能会导致数据丢失：如果用 w 而不是 r 模式打开一个现有文件，将会覆盖内容。

由于保存成一个元组，因此在加载时解包后，将同时获得向量化器和模型。

**警告：** 在网上找到的未解包对象并不安全：它可以在你的机器上执行任意代码。因此最好仅将其用于你信任和你自己保存的对象之上。

现在创建一个简单的 Python 脚本来加载模型并将其应用于客户。

我们将此文件称为 churn_serving.py(在本书的 GitHub 代码库中，该文件名为 churn_serving_simple.py)，它包含如下内容。

● 前面编写的 predict_single 函数。

● 用于加载模型的代码。

● 将模型应用于客户的代码。

可以参考附录 B 了解更多关于创建 Python 脚本的信息。

首先，从导入开始。对于这个脚本，需要导入 Pickle 和 NumPy。

```python
import pickle
import numpy as np
```

接下来，定义 predict_single 函数。

```python
def predict_single(customer, dv, model):
    X = dv.transform([customer])
    y_pred = model.predict_proba(X)[:, 1]
    return y_pred[0]
```

现在加载模型。

```python
with open('churn-model.bin', 'rb') as f_in:
    dv, model = pickle.load(f_in)
```

然后应用它。

```python
customer = {
    'customerid': '8879-zkjof',
    'gender': 'female',
    'seniorcitizen': 0,
    'partner': 'no',
    'dependents': 'no',
    'tenure': 41,
    'phoneservice': 'yes',
    'multiplelines': 'no',
    'internetservice': 'dsl',
    'onlinesecurity': 'yes',
    'onlinebackup': 'no',
    'deviceprotection': 'yes',
    'techsupport': 'yes',
    'streamingtv': 'yes',
    'streamingmovies': 'yes',
    'contract': 'one_year',
    'paperlessbilling': 'yes',
    'paymentmethod': 'bank_transfer_(automatic)',
    'monthlycharges': 79.85,
    'totalcharges': 3320.75,
}

prediction = predict_single(customer, dv, model)
```

最后，输出结果。

```python
print('prediction: %.3f' % prediction)

if prediction >= 0.5:
    print('verdict: Churn')
else:
    print('verdict: Not churn')
```

保存文件后，用 Python 运行这个脚本。

```python
python churn_serving.py
```

可以立即看到结果。

```
prediction: 0.059
verdict: Not churn
```

通过这种方式，可以加载模型并将其应用到脚本中指定的客户。

当然，我们不准备手动将客户信息放入脚本中。在 5.2 节中，将介绍一种更实用的方法：将模型放入一个 Web 服务中。

# 5.2 模型服务化

我们已经知道如何在不同的进程中加载训练好的模型。现在需要将这个模型服务化——让其他人可以使用它。

在实际应用中，这通常意味着将模型部署为 Web 服务，以便其他服务可以与之通信、请求预测并使用预测结果做出自己的决策。

在本节中，你将看到如何在 Python 中使用 Flask(一个用于创建 Web 服务的 Python 框架)实现它。首先查看为什么需要使用 Web 服务。

## 5.2.1 Web 服务

我们已经知道如何使用模型进行预测，但到目前为止，只是将客户的特征强制编码为 Python 字典。试着想象如何将模型在实际场景中进行使用。

假设有一个用于营销活动的服务。对于每个客户，它需要确定流失的概率，如果流失的概率足够高，它会发送带有折扣的促销邮件。当然，该服务需要使用客户流失模型来决定是否应该发送电子邮件。

实现这一目标的一种可能方法是修改活动服务的代码：加载模型并在服务中为客户评分。这种方法很好，但活动服务需要使用 Python 来完全控制其代码。

遗憾的是，情况并非总是如此：它可能是用其他语言编写的或者可能由不同的团队负责该项目，这意味着无法获得所需的控制权。

此问题的典型解决方案是将模型放入 Web 服务——一个仅负责为客户评分的小型服务(微服务)。

因此，需要创建一个流失服务——一个用 Python 编写的服务，它将为流失模型提供服务。给定客户的特征，它将用该客户流失的概率作出响应。对于每个客户，活动服务会向流失服务询问客户流失的概率，如果概率足够高，则会发送一封促销电子邮件(见图 5-2)。

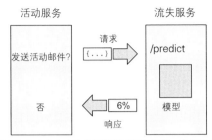

图 5-2　客户流失服务负责为客户流失预测模型提供服务，使得其他服务可以使用它

这带来另一个好处：关注点分离。如果模型是由数据科学家创建的，那么他们可以获得服务的所有权并对其进行维护，而另一个团队负责活动服务。

在 Python 中创建 Web 服务的最流行的框架之一是 Flask，接下来将介绍它。

## 5.2.2　Flask

在 Python 中实现 Web 服务的最简单的方法是使用 Flask。它非常轻量级，启动时只需要很少的代码，并且隐藏了处理 HTTP 请求和响应的大部分复杂性。

在将模型放入 Web 服务之前，需要先了解使用 Flask 的基本知识。为此，创建一个简单的函数并将其作为 Web 服务。在介绍完基础知识之后，将关注模型。

假设有一个简单的 Python 函数 ping。

```
def ping():
    return 'PONG'
```

它所做的操作并不多：当被调用时，只是简单地用 PONG 响应。接下来使用 Flask 将该函数转换为一个 Web 服务。

Anaconda 预安装了 Flask，但是如果使用不同的 Python 版本，则需要重新安装。

```
pip install flask
```

将该段代码放入一个 Python 文件中并将其命名为 flask_test.py。

为了能够使用 Flask，需要先导入它。

```
from flask import Flask
```

现在创建一个 Flask 应用——用于注册需要在 Web 服务中公开的函数的中心对象。我们将此应用称为 test。

```
app = Flask('test')
```

接下来，需要通过分配地址(或 Flask 术语中的路由)来指定如何到达该函数。在本例中，使用/ping 地址。

```
@app.route('/ping', methods=['GET'])          注册/ping 路由并分配
def ping():                                    给 ping 函数
    return 'PONG'
```

该段代码使用了装饰器(这是在本书中没有涉及的高级 Python 特性)。我们不需要详细了解它是如何工作的；只要把@app.route 放在函数定义的顶部，将 Web 服务的/ping 地址分配给 ping 函数即可。

要运行它，我们只需要下列代码。

```
if __name__ == '__main__':
    app.run(debug=True, host='0.0.0.0', port=9696)
```

app 的 run 方法启动服务，需要指定 3 个参数。

- debug=True。当代码发生变化时，会自动重启应用程序。
- host='0.0.0.0'。这使 Web 服务公开化；否则，当它被托管在远程机器上(例如在 AWS 中)时，将无法访问它。
- port=9696。这是用来访问应用程序的端口。

现在启动服务。

```
python flask_test.py
```

运行时，会看到以下内容。

```
* Serving Flask app "test" (lazy loading)
* Environment: production
  WARNING: This is a development server. Do not use it in a production
    deployment.
  Use a production WSGI server instead.
* Debug mode: on
* Running on http://0.0.0.0:9696/ (Press CTRL+C to quit)
* Restarting with stat
* Debugger is active!
* Debugger PIN: 162-129-136
```

这意味着 Flask 应用正在运行并准备好接收请求。可以使用浏览器进行测试：打开浏览器并在地址栏中输入 localhost:9696/ping。如果在远程服务器上运行，则需要将 localhost 替换为服务器地址(对于 AWS EC2，需要使用公共 DNS 主机名。确保在 EC2 实例的安全组中打开端口 9696：转到安全组并添加端口 9696 和源 0.0.0.0/0 的自定义 TCP 规则)。浏览器应使用 PONG 响应(见图 5-3)。

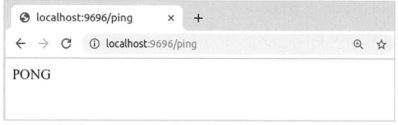

图 5-3　检查应用程序是否工作的最简单的方法是使用 Web 浏览器

Flask 会记录它收到的所有请求，因此会看到一行显示/ping 路由上有一个 GET 请求。

```
127.0.0.1 - - [02/Apr/2020 21:59:09] "GET /ping HTTP/1.1" 200 -
```

正如我们所见，Flask 非常简单：只用不到 10 行代码就创建了一个 Web 服务。

接下来，将看到如何调整脚本来预测客户流失并将其转换为 Web 服务。

## 5.2.3　使用 Flask 将流失模型服务化

我们已经学习了一些 Flask 操作，现在可以回到脚本并将其转换为 Flask 应用程序。

为了给客户打分，模型需要获得特征，这意味着需要一种将数据从一个服务(活动服务)转移到另一个服务(流失服务)的方法。

Web 服务通常使用 JSON(Javascript 对象表示法)作为数据交换格式。这类似于在 Python 中定义字典的方式。

```
{
    "customerid": "8879-zkjof",
    "gender": "female",
    "seniorcitizen": 0,
    "partner": "no",
    "dependents": "no",
    ...
}
```

为发送数据，我们使用 POST 请求，而不是 GET：POST 请求可以在请求中包含数据，而 GET 则不能。

因此，为了让活动服务能够从流失服务中获得预测，需要创建一个/predict 路由来接收 POST 请求。流失服务将解析关于客户的 JSON 数据并以 JSON 进行响应(见图 5-4)。

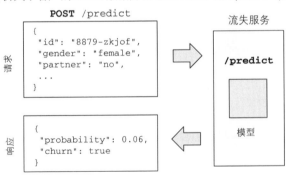

图 5-4　为获得预测，将有关客户的数据以 JSON 形式发布到/predict 路由并在响应中获得客户流失概率

现在修改 churn_serving.py 文件。首先，在文件的顶部添加一些导入。

```
from flask import Flask, request, jsonify
```

虽然以前只需要导入 Flask，但现在还需要导入两个包。

- request：获取 POST 请求的内容。
- jsonsify：用 JSON 响应。

接下来，创建 Flask 应用，将其命名为 churn。

```
app = Flask('churn')
```

现在需要创建一个函数用于以下目的。

- 获取请求中的客户数据。
- 调用 predict_simple 为客户评分。
- 用 JSON 形式的客户流失概率进行响应。

调用 predict 函数并将它分配给/predict 路由。

```
@app.route('/predict', methods=['POST'])    ◀──── 将/predict路由分配给predict
def predict():                                     函数
    customer = request.get_json()    ◀──────

                                                    获取 JSON 形
    prediction = predict_single(customer, dv, model)  ◀──  式的请求内容
    churn = prediction >= 0.5
                                                  为客户评分
    result = {
        'churn_probability': float(prediction),
        'churn': bool(churn),
    }
                                  将响应转换
                                  为 JSON
    return jsonify(result)    ◀────
```

（准备响应标注指向 result 区块）

要将路由分配给函数，需要使用@app.route 装饰器，并且告诉 Flask 只接收 POST 请求。

predict 函数的核心内容与之前脚本中所做的类似：先获取一个客户，将其传递给 predict_single，再对结果进行一些处理。

最后，添加运行 Flask 应用的最后两行代码。

```
if __name__ == '__main__':
    app.run(debug=True, host='0.0.0.0', port=9696)
```

现在准备运行它。

```
python churn_serving.py
```

运行后，会看到一条消息说应用已启动，现在正在等待传入的请求。

```
 * Serving Flask app "churn" (lazy loading)
 * Environment: production
   WARNING: This is a development server. Do not use it in a production
     deployment.
   Use a production WSGI server instead.
 * Debug mode: on
 * Running on http://0.0.0.0:9696/ (Press CTRL+C to quit)
 * Restarting with stat
 * Debugger is active!
```

测试这段代码比以前稍困难：需要使用 POST 请求并在请求的主体中包含想要评分的客户。

最简单的方法是使用 Python 中的 requests 库。它也预安装在 Anaconda 中，但如果想使用不同的版本，那么可以用 pip 安装。

```
pip install requests
```

打开之前使用的那个 Jupyter Notebook 并测试 Web 服务。

首先，导入 requests 库。

```
import requests
```

然后向服务发出 POST 请求。

```
url = 'http://localhost:9696/predict'
response = requests.post(url, json=customer)
result = response.json()
```

服务所在的 URL

在 POST 请求中发送
客户(作为 JSON)

将响应解析为 JSON

results 变量包含来自流失服务的响应。

```
{'churn': False, 'churn_probability': 0.05960590758316391}
```

这与之前在终端中看到的信息相同，但现在从 Web 服务中获得了响应。

**注意**：像 Postman(https://www.postman.com/)等工具可以更轻松地测试 Web 服务。本书不会介绍 Postman，有兴趣的读者请自行尝试。

如果活动服务使用 Python，这就是它与流失服务通信并决定谁应该收到促销电子邮件的方式。

只需要几行代码，我们就创建了一个可在笔记本电脑上运行的 Web 服务。5.3 节将介绍如何管理服务中的依赖项并为部署做好准备。

## 5.3　管理依赖项

对于本地开发来说，Anaconda 是一个完美的工具：拥有需要的几乎所有库。但是，它也有一个缺点：解压缩时需要 4 GB，占用了大量空间。对于生产来说，我们更喜欢只配置实际需要的库。

此外，不同的服务有不同的要求。通常，这些要求会发生冲突，因此无法使用相同的环境同时运行多个服务。

本节将了解如何以不干扰其他服务的隔离方式管理应用程序的依赖项。为此，我们介绍两个工具：用于管理 Python 库的 Pipenv 和用于管理系统依赖项(如操作系统和系统库)的 Docker。

### 5.3.1　Pipenv

为服务化客户流失模型，需要几个库：NumPy、Scikit-learn 和 Flask。因此可以重新安装 Python，通过使用 pip 只安装需要的库，而不是导入整个 Anaconda 及其所有库。

```
pip install numpy scikit-learn flask
```

在此之前，先考虑当使用 pip 来安装库时会发生什么。
- 运行 pip install library 来安装一个名为 Library 的 Python 包(假设它存在)。
- pip 访问 PyPI.org (Python 包索引——一个带有 Python 包的存储库)，获取并安装这个库的最新版本。假设它的版本是 1.0.0。

安装之后，使用这个特定的版本开发和测试服务。一切运行正常，后来我们的同事想帮助我们完成该项目，因此他们也使用 pip install 来设置机器上的所有环境——不过最新版本变为 1.3.1。

如果运气不好，版本 1.0.0 和 1.3.1 可能彼此不兼容。这意味着为版本 1.0.0 编写的代码无法在版本 1.3.1 的环境中工作。

在使用 pip 安装时，可以通过指定库的确切版本来解决这个问题。

```
pip install library==1.0.0
```

遗憾的是，可能会出现另一个问题：如果一些同事已经安装了 1.3.1 版本，并且已经用于其他一些服务怎么办？这种情况下，不能回到版本 1.0.0：这可能会导致代码停止工作。

我们可以通过为每个项目创建一个虚拟环境来解决这些问题，即一个除这个项目所需的库之外没有其他任何东西的单独 Python 版本。

Pipenv 是一种使管理虚拟环境更容易的工具，可以用 pip 来安装它。

```
pip install pipenv
```

安装后，使用 pipenv 而不是 pip 来安装依赖项。

```
pipenv install numpy scikit-learn flask
```

当运行它时可看到，它首先配置虚拟环境，然后安装库。

```
Running virtualenv with interpreter .../bin/python3
✓ Successfully created virtual environment!
Virtualenv location: ...
Creating a Pipfile for this project…
Installing numpy…
Adding numpy to Pipfile's [packages]…
✓ Installation Succeeded
Installing scikit-learn…
Adding scikit-learn to Pipfile's [packages]…
✓ Installation Succeeded
Installing flask…
Adding flask to Pipfile's [packages]…
✓ Installation Succeeded
Pipfile.lock not found, creating…
Locking [dev-packages] dependencies…
Locking [packages] dependencies…
⠋ Locking...
```

完成安装后，会创建两个文件：Pipenv 和 Pipenv.lock。

Pipenv 文件看起来非常简单。

```
[[source]]
name = "pypi"
url = "https://pypi.org/simple"
verify_ssl = true

[dev-packages]

[packages]
```

```
numpy = "*"
scikit-learn = "*"
flask = "*"

[requires]
python_version = "3.7"
```

我们看到该文件包含一个库列表以及使用的 Python 版本。

另一个文件 Pipenv.lock 包含用于项目的特定版本的库。该文件由于太大而无法在这里完整显示出来，但可以查看文件中的一个条目。

```
"flask": {
    "hashes": [
        "sha256:4efa1ae2d7c9865af48986de8aeb8504...",
        "sha256:8a4fdd8936eba2512e9c85df320a37e6..."
    ],
    "index": "pypi",
    "version": "==1.1.2"
}
```

如上所示，它记录了安装期间使用的库的确切版本。为确保库不会改变，还保存了哈希值(即校验和，可用于验证将来下载完全相同版本的库)。通过这种方式，将依赖项"锁定"到特定的版本，可以确保将来不会出现同一个库有两个不兼容版本的情况。

如果有人需要在该项目上工作，只需要运行 install 命令。

```
pipenv install
```

这一步将首先创建一个虚拟环境，然后从 Pipenv.lock 安装所有必需的库。

**重点**：锁定库的版本对于将来的可重现性非常重要，并且可避免代码不兼容性带来的意外。

在安装了所有库后，需要激活虚拟环境，这样应用程序将使用正确版本的库。我们可通过运行 shell 命令来实现。

```
pipenv shell
```

这表明它在一个虚拟环境中运行。

```
Launching subshell in virtual environment...
```

现在可以运行脚本。

```
python churn_serving.py
```

或者，可以只用一个命令来执行这两个步骤，而不是先进入虚拟环境再运行脚本。

```
pipenv run python churn_serving.py
```

Pipenv 中的 run 命令只是在虚拟环境中运行指定的程序。

不管以何种方式运行它，都应该看到与前面完全相同的输出。

```
 * Serving Flask app "churn" (lazy loading)
 * Environment: production
   WARNING: This is a development server. Do not use it in a production
```

```
    deployment.
  Use a production WSGI server instead.
 * Debug mode: on
 * Running on http://0.0.0.0:9696/ (Press CTRL+C to quit)
```

当用请求测试它时，会看到相同的输出。

```
{'churn': False, 'churn_probability': 0.05960590758316391}
```

你很可能也注意到控制台输出的以下警告。

```
 * Environment: production
   WARNING: This is a development server. Do not use it in a production
     deployment.
   Use a production WSGI server instead.
```

内置的 Flask Web 服务器仅用于开发：易于测试应用程序，但在负载下无法可靠工作。正如警告所示，应该改用适当的 WSGI 服务器。

WSGI 代表 Web 服务器网关接口，这是描述 Python 应用程序应如何处理 HTTP 请求的规范。WSGI 的细节对于本书来说并不重要，因此我们不会详细介绍它。

然而，我们将通过安装一台生产 WSGI 服务器来解决警告。在 Python 中有多种可能的选择，我们将使用 Gunicorn。

**注意**：Gunicorn 不能在 Windows 上运行：它依赖特定于 Linux 和 UNIX(包括 macOS)的特性。在 Windows 上也可以使用的一个不错的选择是 Waitress。稍后，我们将使用 Docker 来解决这个问题，它在一个容器中运行 Linux。

现在用 Pipenv 来安装 Gunicorn。

```
pipenv install gunicorn
```

该命令安装库并将其作为依赖项包含在项目中，方法是将其添加到 Pipenv 和 Pipenv.lock 文件中。然后用 Gunicorn 运行应用程序。

```
pipenv run gunicorn --bind 0.0.0.0:9696 churn_serving:app
```

如果运行正常，应该在终端看到以下消息。

```
[2020-04-13 22:58:44 +0200] [15705] [INFO] Starting gunicorn 20.0.4
[2020-04-13 22:58:44 +0200] [15705] [INFO] Listening at: http://0.0.0.0:9696
(15705)
[2020-04-13 22:58:44 +0200] [15705] [INFO] Using worker: sync
[2020-04-13 22:58:44 +0200] [16541] [INFO] Booting worker with pid: 16541
```

与 Flask 内置的 Web 服务器不同，Gunicorn 已准备好用于生产，因此当开始使用它时，不会在负载下出现任何问题。

如果用之前的代码进行测试，会看到相同的输出。

```
{'churn': False, 'churn_probability': 0.05960590758316391}
```

Pipenv 是一款优秀的管理依赖项的工具：它将所需的库隔离到一个单独的环境中，从而避免同一个包不同版本之间的冲突。

5.3.2 节将讨论 Docker，它将进一步隔离应用程序并确保其在任何地方都能顺利运行。

## 5.3.2　Docker

前面学习了如何使用 Pipenv 管理 Python 依赖项，但是一些依赖项存在于 Python 之外。更重要的是，这些依赖项包含操作系统(Operating System, OS)以及系统库。

例如，我们可能使用 Ubuntu 16.04 版本来开发服务，但如果同事使用 Ubuntu 20.04 版本，当试图在他们的笔记本电脑上执行服务时，可能会遇到麻烦。

Docker 通过将操作系统和系统库打包到一个 Docker 容器(一个独立的环境，可以在安装 Docker 的任何机器上运行)中来解决这个"只在自己机器上工作"的问题(见图 5-5)。

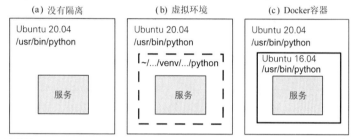

图 5-5　在没有隔离的情况下(a)，服务使用 Python 系统运行；在虚拟环境中(b)，将服务的依赖项隔离在环境中；在 Docker 容器中(c)，隔离了服务的整个环境，包括操作系统和系统库

一旦服务被打包到 Docker 容器中，就可以在主机上运行它，如笔记本电脑(不管什么操作系统)或任何公共云提供商。

接下来查看如何在项目中使用 Docker。假设你已经安装好 Docker，具体安装方法参见附录 A。

首先，需要创建一个 Docker 镜像(服务的描述，包括所有设置和依赖项)。Docker 稍后将使用该镜像创建一个容器。为此，需要一个 Dockerfile——一个包含如何创建镜像的指令的文件(见图 5-6)。

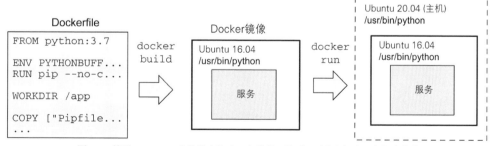

图 5-6　使用 Dockerfile 中的指令构建一个镜像，然后可以在主机上运行这个镜像

创建一个名为 Dockerfile 的文件并添加以下内容(注意该文件不应该包含注释)。

```
FROM python:3.7.5-slim        ◀──── 指定基本镜像
```

```
ENV PYTHONUNBUFFERED=TRUE    ◀────┤ 设置能够查看日志的
                                   特殊 Python 设置

RUN pip --no-cache-dir install pipenv    ◀──── 安装 Pipenv

WORKDIR /app    ◀──── 设置工作目录为/app

COPY ["Pipfile", "Pipfile.lock", "./"]    ◀──── 复制 Pipenv 文件

RUN pipenv install --deploy --system && \    ┤ 从 Pipenv 文件安装
    rm -rf /root/.cache                         依赖项

COPY ["*.py", "churn-model.bin", "./"]    ◀──── 复制代码和模型

EXPOSE 9696    ◀──── 打开 Web 服务使用的端口

ENTRYPOINT ["gunicorn", "--bind", "0.0.0.0:9696", "churn_serving:app"]    ◀──┤ 指定服务应该
                                                                             如何启动
```

这需要解压大量信息，特别是如果你之前从未见过 Dockerfile。接下来逐行解释代码。

首先，指定基本的 Docker 镜像。

```
FROM python:3.7.5-slim
```

我们将这个镜像作为起点并在其上建立自己的镜像。通常，基本镜像已包含操作系统和系统库(例如 Python 本身)，因此只需要安装项目的依赖项。本示例中使用 python:3.7.5-slim，它基于 Debian 10.2，包含 Python 3.7.5 版本和 pip。你可以在 Docker Hub(用于共享 Docker 镜像的服务)中阅读更多关于 Python 基本镜像的信息(https://hub.docker.com/_/python)。

所有 Dockerfile 都应以 FROM 语句开头。

接下来，将 PYTHONUNBUFFERED 环境变量设置为 TRUE。

```
ENV PYTHONUNBUFFERED=TRUE
```

如果没有这个设置，当在 Docker 中运行 Python 脚本时，将无法看到日志。

然后使用 pip 安装 Pipenv。

```
RUN pip --no-cache-dir install pipenv
```

Docker 中的 RUN 指令只是运行一个 shell 命令。默认情况下，pip 将库保存到缓存中，这样以后就可以更快地安装它们。在 Docker 容器中不需要这样，因此使用--no-cache-dir 设置。

然后，指定工作目录。

```
WORKDIR /app
```

这大致相当于 Linux 中的 cd 命令(更改目录)，因此之后运行的所有内容都将在/app 文件夹中执行。

然后，将 Pipenv 文件复制到当前工作目录(即/app)。

```
COPY ["Pipfile", "Pipfile.lock", "./"]
```

我们使用这些文件安装 Pipenv 的依赖项。

```
RUN pipenv install --deploy --system && \
```

```
rm -rf /root/.cache
```

之前，我们只是使用 pipenv install 来完成这个任务。这里包含了两个额外的参数(--deploy 和 --system)。在 Docker 内部，不需要再创建虚拟环境，因为 Docker 容器已经与系统的其他部分隔开。设置这些参数允许跳过创建虚拟环境并使用 Python 系统来安装所有依赖项。

安装库后将清理缓存，确保 Docker 镜像不会占用太多内存。

然后，复制项目文件和"腌制的"模型。

```
COPY ["*.py", "churn-model.bin", "./"]
```

接下来，指定应用程序将使用的端口。在本示例中将指定为9696。

```
EXPOSE 9696
```

最后，告诉 Docker 如何启动应用程序。

```
ENTRYPOINT ["gunicorn", "--bind", "0.0.0.0:9696", "churn_serving:app"]
```

这与之前在本地运行 Gunicorn 时使用的命令相同。

接下来构建镜像。我们将通过 Docker 中的 build 命令来实现。

```
docker build -t churn-prediction .
```

-t 标志将为镜像设置标记名称，最后一个参数(点)指定 Dockerfile 所在的目录。在本例中，这意味着使用当前目录。

当运行它时，Docker 做的第一件事是下载基本镜像。

```
Sending build context to Docker daemon  51.71kB
Step 1/11 : FROM python:3.7.5-slim
3.7.5-slim: Pulling from library/python
000eee12ec04: Downloading  24.84MB/27.09MB
ddc2d83f8229: Download complete
735b0bee82a3: Downloading  19.56MB/28.02MB
8c69dcedfc84: Download complete
495e1cccc7f9: Download complete
```

然后，它会逐行执行 Dockerfile 中的每一行。

```
Step 2/9 : ENV PYTHONUNBUFFERED=TRUE
 ---> Running in d263b412618b
Removing intermediate container d263b412618b
 ---> 7987e3cf611f
Step 3/9 : RUN pip --no-cache-dir install pipenv
 ---> Running in e8e9d329ed07
Collecting pipenv
 ...
```

最后，Docker 会显示成功构建一个镜像并将其标记为 churn-prediction:latest。

```
Successfully built d9c50e4619a1
Successfully tagged churn-prediction:latest
```

我们已准备好使用该镜像来启动一个 Docker 容器，采用的是 run 命令。

```
docker run -it -p 9696:9696 churn-prediction:latest
```

在此处需要指定几个参数。

● -it 标志告诉 Docker 从终端运行命令且需要看到结果。

● 参数-p 指定端口映射。9696:9696 表示将容器上的 9696 端口映射到主机上的 9696 端口。

● 最后需要镜像名称和标记，本例中是 churn-prediction:latest。

现在服务在 Docker 容器中运行，可以使用 9696 端口与之连接(见图 5-7)。这与之前用于应用程序的端口相同。

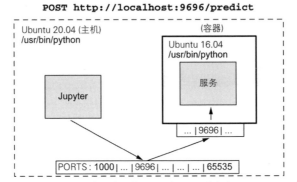

图 5-7　由于主机上的 9696 端口映射到容器的 9696 端口，因此当向 localhost:9696 发送请求时，它由 Docker 中的服务处理

接下来使用相同的代码进行测试。运行时，将看到相同的响应。

```
{'churn': False, 'churn_probability': 0.05960590758316391}
```

Docker 以可重现的方式使得运行服务变得容易。通过使用 Docker，容器内的环境始终保持不变。这意味着可以在任何环境的笔记本电脑上运行服务。

我们已经在笔记本电脑上测试了应用程序，接下来查看如何在公共云上运行它并将其部署到 AWS 上。

# 5.4　部署

我们不在笔记本电脑上运行生产服务，而是需要专门的服务器。

本节将介绍一种可能的选择：Amazon Web Services(AWS)。我们之所以决定选择 AWS，是因为它的受欢迎程度。

其他流行的公共云包括 Google Cloud、Microsoft Azure 和 Digital Ocean。我们不准备在本书中介绍它们，但是你应该能够在网上找到类似的指南并将模型部署到你喜欢的云提供商上。

本节是可选的，因此你可以跳过它。要按照本节中的说明进行操作，你首先需要拥有一个 AWS 账户并配置 AWS 命令行工具(CLI)。请参阅附录 A 了解如何设置。

# AWS Elastic Beanstalk

AWS 提供了很多服务，我们有很多可能的方式部署 Web 服务。例如，你可以租用 EC2 机器 (AWS 中的服务器)并手动设置服务，也可以使用 AWS Lambda 的"无服务器"方法，或者使用一系列其他服务。

本节中将使用 AWS Elastic Beanstalk，这是将模型部署到 AWS 的最简单方法之一。此外，我们的服务非常简单，因此可以保持在免费使用的限制之内。换言之，第一年可以免费使用。

Elastic Beanstalk 会自动处理生产中需要的许多事情，包括如下内容。

- 将服务部署到 EC2 实例。
- 扩展：增加更多实例来处理高峰时段的负载。
- 收缩：当负载消失时删除这些实例。
- 如果服务因任何原因崩溃，则重新启动它。
- 在实例之间均衡负载。

我们还需要一个特殊的实用工具来使用 Elastic Beanstalk，即 Elastic Beanstalk 命令行界面(CLI)。CLI 是用 Python 编写的，因此可以像任何其他 Python 工具一样使用 pip 安装。

但是，因为使用 Pipenv，所以可以将其添加为开发依赖项。这样，我们将只为项目而不是整个系统安装它。

```
pipenv install awsebcli --dev
```

**注意**：开发依赖项是我们用于开发应用程序的工具和库。通常，只在本地需要它们，在部署到生产环境的实际包中并不需要。

安装 Elastic Beanstalk 后，就可以进入项目的虚拟环境。

```
pipenv shell
```

现在应该可以使用 CLI。首先进行检查。

```
eb --version
```

它应该输出如下版本。

```
EB CLI 3.18.0 (Python 3.7.7)
```

接下来，运行初始化命令。

```
eb init -p docker churn-serving
```

注意，我们使用-p docker。通过这种方式，指定这是一个基于 Docker 的项目。

如果一切正常，它将创建几个文件，包括.elasticbeanstalk 文件夹中的 config.yml 文件。

现在，可以使用 local run 命令来测试应用程序。

```
eb local run --port 9696
```

这应该与前一节 Docker 的工作方式相同：它将首先构建一个镜像，再运行容器。

为进行测试，可以使用与之前相同的代码并得到相同的答案。

```
{'churn': False, 'churn_probability': 0.05960590758316391}
```

在验证它在本地运行良好后，我们将其部署到 AWS。可以通过以下命令实现。

```
eb create churn-serving-env
```

这个简单的命令负责设置我们需要的一切(从 EC2 实例到自动扩展规则)。

```
Creating application version archive "app-200418_120347".
Uploading churn-serving/app-200418_120347.zip to S3. This may take a while.
Upload Complete.
Environment details for: churn-serving-env
  Application name: churn-serving
  Region: us-west-2
  Deployed Version: app-200418_120347
  Environment ID: e-3xkqdzdjbq
  Platform: arn:aws:elasticbeanstalk:us-west-2::platform/Docker running on
    64bit Amazon Linux 2/3.0.0
  Tier: WebServer-Standard-1.0
  CNAME: UNKNOWN
  Updated: 2020-04-18 10:03:52.276000+00:00
Printing Status:
2020-04-18 10:03:51   INFO   createEnvironment is starting.
 -- Events -- (safe to Ctrl+C)
```

创建所有内容需要几分钟时间。我们可以监控进程并查看它在终端中做什么。
当它准备好时，我们应该看到以下信息。

```
2020-04-18 10:06:53   INFO   Application available at churn-serving-
env.5w9pp7bkmj.us-west-2.elasticbeanstalk.com.
2020-04-18 10:06:53   INFO   Successfully launched environment: churn-
serving-env
```

日志中的 URL(churn-serving-env.5w9pp7bkmj.us-west-2.elasticbeanstalk.com)很重要：这关系到如
何访问应用程序。现在可以使用该 URL 进行预测(见图 5-8)。

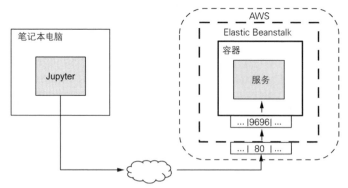

图 5-8    服务部署在 AWS Elastic Beanstalk 的容器中。要访问它，需要使用公共 URL

测试如下。

```
host = 'churn-serving-env.5w9pp7bkmj.us-west-2.elasticbeanstalk.com'
```

```
url = 'http://%s/predict' % host
response = requests.post(url, json=customer)
result = response.json()
Result
```

如前所述，我们应该会看到相同的响应。

```
{'churn': False, 'churn_probability': 0.05960590758316393}
```

这就是全部需要的操作，我们有了一个可运行的服务。

**警告**：这是一个简单的示例，我们创建的服务可供世界上任何人访问。如果你在一个组织内部创建它，则应尽可能限制访问。扩展这个示例以确保安全性并不困难，但这超出了本书的范围。因此在工作前需要咨询公司的安全部门。

我们可以使用 CLI 从终端执行所有操作，但也可以从 AWS 控制台进行管理。为此，需要在那里找到 Elastic Beanstalk 并选择刚刚创建的环境(见图 5-9)。

要关闭它，可使用 AWS 控制台在 Environment actions 菜单中选择 Terminate deployment。

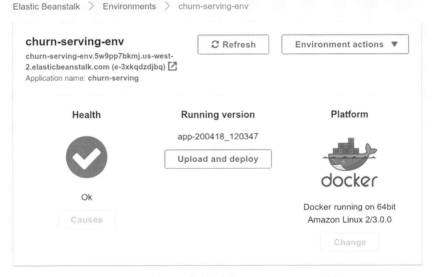

图 5-9　可以在 AWS 控制台中管理 Elastic Beanstalk 环境

**警告**：尽管 Elastic Beanstalk 是免费的，但应该在不需要时立即将其关闭。

或者，使用 CLI 来完成。

```
eb terminate churn-serving-env
```

几分钟后，部署将从 AWS 中删除，URL 将不再可访问。

AWS Elastic Beanstalk 是尝试将机器学习模型服务化的绝佳工具。更高级的方法涉及容器编排系统，如 AWS ECS、Kubernetes，或使用 AWS Lambda 的"无服务器"方法。第 8 章和第 9 章讨论深度学习模型的部署时将回到这个话题。

# 5.5 后续步骤

我们已经了解了 Pipenv 和 Docker 并将模型部署到 AWS Elastic Beanstalk。请尝试其他事情来拓展自己的技能。

## 5.5.1 练习

尝试以下练习来进一步探索模型部署。

- 如果不使用 AWS，请尝试在其他云提供商上重复 5.4 节中的步骤。例如，可以尝试 Google Cloud、Microsoft Azure、Heroku 或 Digital Ocean。
- Flask 不是在 Python 中创建 Web 服务的唯一方法。你可以尝试其他框架，如 FastAPI (https://fastapi.tiangolo.com/)、Bottle(https://github.com/bottlepy/bottle)或 Falcon (https://github.com/falconry/falcon)。

## 5.5.2 其他项目

你可以继续前面章节中的其他项目并将它们作为 Web 服务提供。例如

- 第 2 章中创建的汽车价格预测模型。
- 第 3 章中的自学项目：潜在客户评分项目和违约预测项目。

# 5.6 本章小结

- Pickle 是 Python 内置的序列化/反序列化库。我们可以使用它来保存在 Jupyter Notebook 中训练的模型并将其加载到 Python 脚本中。
- 让模型对其他人可用的最简单方法是将其封装到一个 Flask Web 服务中。
- Pipenv 是一个通过创建虚拟环境来管理 Python 依赖项的工具，因此一个 Python 项目的依赖项不会干扰另一个 Python 项目的依赖项。
- Docker 通过将 Python 依赖项、系统依赖项以及操作系统本身封装到 Docker 容器中，使得服务可与其他服务完全隔离。
- AWS Elastic Beanstalk 是一种部署 Web 服务的简单方法。它负责管理 EC2 实例、伸缩服务以及在出现故障时重启服务。

在第 6 章中，我们将继续学习分类，但使用的是不同类型的模型——决策树。

# 第 *6* 章

# 决策树与集成学习

---

**本章内容**

- 决策树和决策树学习算法
- 随机森林：将多棵树放在一个模型中
- 将梯度提升作为组合决策树的另一种方式

第 3 章中描述了二元分类问题并使用逻辑回归模型来预测客户是否会流失。

本章仍解决一个二元分类问题，但使用一个不同的机器学习模型：基于树的模型。决策树是最简单的基于树的模型，它是一系列组合在一起的 if-then-else 规则。我们可以将多个决策树组合成一个集成模型来实现更好的性能。本章主要介绍两种基于树的集成模型：随机森林和梯度提升。

本章准备完成的项目是违约预测：将预测客户是否会无法偿还贷款。你将学习如何使用 Scikit-Learn 训练决策树和随机森林模型并探索 XGBoost(一个用于实现梯度提升模型的库)。

## 6.1　信用风险评分项目

假设我们在一家银行工作。当收到贷款申请时，我们需要确保如果提供了贷款，客户能否按期偿还。每一个申请都有违约的风险，即无法偿还资金。

我们希望将这种风险降到最低：在同意提供贷款之前，先对客户进行评分并评估违约的可能性。如果金额太高，就拒绝申请。这个过程被称为"信用风险评分"。

机器学习可以用来计算此风险。为此，需要一个贷款数据集，对于每个申请，需要了解它是否被成功偿还。利用这些数据，可以建立一个模型来预测违约的概率，并且用这个模型评估未来借款人不还款的风险。

这就是本章的内容：使用机器学习来计算违约风险。项目规划如下。

- 首先，获取数据并进行一些初始的预处理。
- 接着，用 Scikit-learn 训练一个决策树模型来预测违约概率。
- 之后，解释决策树是如何工作的和模型有哪些参数，并且说明如何调整这些参数以获得最佳性能。

- 然后,将多个决策树组合成一个模型——随机森林。查看它的参数并对它们进行调优,以实现最佳的预测性能。
- 最后,探索另一种组合决策树的方法——梯度提升。我们使用一个能实现梯度提升的高效库——XGBoost。我们将训练一个模型并调整它的参数。

信用风险评分是一个二元分类问题:如果客户违约,目标为正(1),否则为负(0)。为评估解决方案,我们将使用第 4 章中介绍过的 AUC。AUC 描述了模型如何很好地将样例分成正例和负例。

这个项目的代码可以在本书的 GitHub 代码库(chapter-06-trees 文件夹)中找到(https://github.com/alexeygrigorev/mlbookcamp-code)。

## 6.1.1　信用评分数据集

对于该项目,我们使用来自加泰罗尼亚理工大学数据挖掘课程的数据集(https://www.cs.upc.edu/~belanche/Docencia/mineria/mineria.html)。这个数据集描述了客户(工龄、年龄、婚姻状况、收入和其他特征)、贷款(请求的金额、物品的价格)及其状态(偿还与否)。

我们准备使用该数据集的副本,相关数据可在 GitHub 上进行下载(https://github.com/gastonstat/CreditScoring/)。

首先,为项目创建一个文件夹(例如 chapter-06-credit-risk),然后使用 wget 获取数据集。

```
wget https://github.com/gastonstat/CreditScoring/raw/master/CreditScoring.csv
```

或者,可以输入浏览器的链接并将其保存到项目文件夹中。

接下来,启动一个 Jupyter Notebook 服务器。

```
jupyter notebook
```

打开项目文件夹,创建一个新的笔记本(例如 chapter-06-credit-risk)。

和往常一样,从导入 Pandas、NumPy、Seaborn 和 Matplotlib 开始。

```
import pandas as pd
import numpy as np

import seaborn as sns
from matplotlib import pyplot as plt
%matplotlib inline
```

在按下 Ctrl+Enter 键后,库就被导入,然后我们可以用 Pandas 读取数据。

```
df = pd.read_csv('CreditScoring.csv')
```

现在数据已经加载,因此先查看在使用之前是否需要对其进行任何预处理。

## 6.1.2　数据清理

在使用数据集之前,首先需要查找出数据中的问题并处理它们。我们观察由 df.head()函数生成的 DataFrame 的前几行(见图 6-1)。

```
df.head()
```

| | Status | Seniority | Home | Time | Age | Marital | Records | Job | Expenses | Income | Assets | Debt | Amount | Price |
|---|---|---|---|---|---|---|---|---|---|---|---|---|---|---|
| 0 | 1 | 9 | 1 | 60 | 30 | 2 | 1 | 3 | 73 | 129 | 0 | 0 | 800 | 846 |
| 1 | 1 | 17 | 1 | 60 | 58 | 3 | 1 | 1 | 48 | 131 | 0 | 0 | 1000 | 1658 |
| 2 | 2 | 10 | 2 | 36 | 46 | 2 | 2 | 3 | 90 | 200 | 3000 | 0 | 2000 | 2985 |
| 3 | 1 | 0 | 1 | 60 | 24 | 1 | 1 | 1 | 63 | 182 | 2500 | 0 | 900 | 1325 |
| 4 | 1 | 0 | 1 | 36 | 26 | 1 | 1 | 1 | 46 | 107 | 0 | 0 | 310 | 910 |

图 6-1 信用评分数据集的前五行

首先，可以看到所有列名都以大写字母开头。在做其他事情之前，先将所有的列名小写并使其与其他项目保持一致(见图 6-2)。

```
df.columns = df.columns.str.lower()
```

```
df.columns = df.columns.str.lower()
df.head()
```

| | status | seniority | home | time | age | marital | records | job | expenses | income | assets | debt | amount | price |
|---|---|---|---|---|---|---|---|---|---|---|---|---|---|---|
| 0 | 1 | 9 | 1 | 60 | 30 | 2 | 1 | 3 | 73 | 129 | 0 | 0 | 800 | 846 |
| 1 | 1 | 17 | 1 | 60 | 58 | 3 | 1 | 1 | 48 | 131 | 0 | 0 | 1000 | 1658 |
| 2 | 2 | 10 | 2 | 36 | 46 | 2 | 2 | 3 | 90 | 200 | 3000 | 0 | 2000 | 2985 |
| 3 | 1 | 0 | 1 | 60 | 24 | 1 | 1 | 1 | 63 | 182 | 2500 | 0 | 900 | 1325 |
| 4 | 1 | 0 | 1 | 36 | 26 | 1 | 1 | 1 | 46 | 107 | 0 | 0 | 310 | 910 |

图 6-2 列名全小写的 DataFrame

这个 DataFrame 包含以下列。

- status：客户能偿还贷款(1)或不能偿还贷款(2)。
- seniority：工作年限。
- home：房屋所有权类型为租赁(1)、房主(2)和其他。
- time：计划贷款期限(以月为单位)。
- age：客户年龄。
- marital [status]：单身(1)、已婚(2)和其他。
- records：客户是否有任何以前的记录——无(1)或有(2)。注意，从这个数据集描述中并不能明确在此列中有哪些记录。出于本项目的目的，我们可以假设它是关于银行贷款的数据记录)。
- job：工作类型为全职(1)、兼职(2)和其他。
- expenses：客户每月支出多少钱。
- income：客户每月挣多少钱。
- assets：客户所有资产的总和。
- debt：信用债务金额。
- amount：请求的贷款金额。
- price：客户想要购买的物品的价格。

虽然大多数列是数值的，但也有一些列是分类的，例如 status、home、marital[status]、records 以及 job。不过，我们在 DataFrame 中看到的值是数字，而不是字符串。这意味着需要将它们转换成实际名称。在包含数据集的 GitHub 代码库中，有一个将数字解码为类别的脚本(https://github.com/gastonstat/CreditScoring/blob/master/Part1_CredScoring_Processing.R)。最初，这个脚本是用 R 语言编写的，因此需要把它翻译成 Pandas。

我们从状态列开始。取值为 1 表示"没有问题"，取值为 2 表示"违约"，而 0 表示该值缺失——用 unk(unknown 的缩写)替换它。

在 Pandas 中可以使用 map 将数字转换为字符串。为此，首先使用从当前值(数字)到所需值(字符串)的映射来定义字典。

```
status_values = {
    1: 'ok',
    2: 'default',
    0: 'unk'
}
```

现在可以使用这个字典来进行映射。

```
df.status = df.status.map(status_values)
```

它创建了一个新序列，我们会立即将其写回 DataFrame。状态列中的值被覆盖，这样其意义看起来将更清晰(见图 6-3)。

```
status_values        = {
    1:  'ok' ,
    2:  'default'    ,
    0:  'unk '
}

df.status        = df.status.map(status_values          )
df.head()
```

| | status | seniority | home | time | age | marital | records | job | expenses | income | asset s | d ebt | amoun t | price |
|---|---|---|---|---|---|---|---|---|---|---|---|---|---|---|
| 0 | ok | 9 | 1 | 60 | 30 | 2 | 1 | 3 | 73 | 129 | 0 | 0 | 800 | 846 |
| 1 | ok | 17 | 1 | 60 | 58 | 3 | 1 | 1 | 48 | 131 | 0 | 0 | 1000 | 1658 |
| 2 | default | 10 | 2 | 36 | 46 | 2 | 2 | 3 | 90 | 200 | 3000 | 0 | 2000 | 2985 |
| 3 | ok | 0 | 1 | 60 | 24 | 1 | 1 | 1 | 63 | 182 | 2500 | 0 | 900 | 1325 |
| 4 | ok | 0 | 1 | 36 | 26 | 1 | 1 | 1 | 46 | 107 | 0 | 0 | 310 | 910 |

图6-3　使用 map 方法将状态列中的原始值(数字)转换为更有意义的值(字符串)

接下来对所有其他列重复相同的过程。首先，我们将在 home 列中执行如下操作。

```
home_values = {
    1: 'rent',
    2: 'owner',
    3: 'private',
    4: 'ignore',
    5: 'parents',
    6: 'other',
    0: 'unk'
}
```

```
df.home = df.home.map(home_values)
```

接着，为 marital、records 和 job 列执行如下操作。

```
marital_values = {
    1: 'single',
    2: 'married',
    3: 'widow',
    4: 'separated',
    5: 'divorced',
    0: 'unk'
}

df.marital = df.marital.map(marital_values)

records_values = {
    1: 'no',
    2: 'yes',
    0: 'unk'
}

df.records = df.records.map(records_values)

job_values = {
    1: 'fixed',
    2: 'parttime',
    3: 'freelance',
    4: 'others',
    0: 'unk'
}

df.job = df.job.map(job_values)
```

在完成这些转换之后，带有分类变量的列将包含实际值，而不是数字(见图 6-4)。

```
df.head()
```

| | status | seniority | home | time | age | marital | records | job | expenses | income | assets | debt | amount | price |
|---|---|---|---|---|---|---|---|---|---|---|---|---|---|---|
| **0** | ok | 9 | rent | 60 | 30 | married | no | freelance | 73 | 129 | 0 | 0 | 800 | 846 |
| **1** | ok | 17 | rent | 60 | 58 | widow | no | fixed | 48 | 131 | 0 | 0 | 1000 | 1658 |
| **2** | default | 10 | owner | 36 | 46 | married | yes | freelance | 90 | 200 | 3000 | 0 | 2000 | 2985 |
| **3** | ok | 0 | rent | 60 | 24 | single | no | fixed | 63 | 182 | 2500 | 0 | 900 | 1325 |
| **4** | ok | 0 | rent | 36 | 26 | single | no | fixed | 46 | 107 | 0 | 0 | 310 | 910 |

图 6-4　分类变量的值从整数转换为字符串

接下来查看数字列。首先检查每个列的汇总统计信息：min、mean、max 和其他内容。为此，可以使用 DataFrame 的 describe 方法。

```
df.describe().round()
```

**注意**：describe 的输出可能令人困惑。在本例中，有采用科学记数法的值，例如 $1.000000e+08$ 或 $8.703625e+06$。为强制 Pandas 使用不同的符号，可以使用 round：它删除数字的小数部分并将其四舍五入为最接近的整数。

因此，可以了解每个列中的值的分布情况(见图 6-5)。

df.describe().round()

| | seniority | time | age | expenses | income | assets | debt | amount | price |
|---|---|---|---|---|---|---|---|---|---|
| count | 4455.0 | 4455.0 | 4455.0 | 4455.0 | 4455.0 | 4455.0 | 4455.0 | 4455.0 | 4455.0 |
| mean | 8.0 | 46.0 | 37.0 | 56.0 | 763317.0 | 1060341.0 | 404382.0 | 1039.0 | 1463.0 |
| std | 8.0 | 15.0 | 11.0 | 20.0 | 8703625.0 | 10217569.0 | 6344253.0 | 475.0 | 628.0 |
| min | 0.0 | 6.0 | 18.0 | 35.0 | 0.0 | 0.0 | 0.0 | 100.0 | 105.0 |
| 25% | 2.0 | 36.0 | 28.0 | 35.0 | 80.0 | 0.0 | 0.0 | 700.0 | 1118.0 |
| 50% | 5.0 | 48.0 | 36.0 | 51.0 | 120.0 | 3500.0 | 0.0 | 1000.0 | 1400.0 |
| 75% | 12.0 | 60.0 | 45.0 | 72.0 | 166.0 | 6000.0 | 0.0 | 1300.0 | 1692.0 |
| max | 48.0 | 72.0 | 68.0 | 180.0 | 99999999.0 | 99999999.0 | 99999999.0 | 5000.0 | 11140.0 |

图 6-5　DataFrame 中所有数字列的汇总，其中一些以 99999999 作为最大值

我们立即注意到的一件事是在某些情况下最大值是 99999999，这很可疑。事实证明，它是一个人工设置的值——这是该数据集中缺失值的编码方式。

有 3 列存在该问题：income、assets 和 debt。让我们用 NaN 替换这些列。

```python
for c in ['income', 'assets', 'debt']:
    df[c] = df[c].replace(to_replace=99999999, value=np.nan)
```

这里使用 replace 方法，它接收两个值。

- to_replace：原始值(示例中是 99999999)。
- value：目标值(示例中是 NaN)。

在完成此转换之后，汇总中不再出现可疑数字(见图 6-6)。

df.describe().round()

| | seniority | time | age | expenses | income | assets | debt | amount | price |
|---|---|---|---|---|---|---|---|---|---|
| count | 4455.0 | 4455.0 | 4455.0 | 4455.0 | 4421.0 | 4408.0 | 4437.0 | 4455.0 | 4455.0 |
| mean | 8.0 | 46.0 | 37.0 | 56.0 | 131.0 | 5403.0 | 343.0 | 1039.0 | 1463.0 |
| std | 8.0 | 15.0 | 11.0 | 20.0 | 86.0 | 11573.0 | 1246.0 | 475.0 | 628.0 |
| min | 0.0 | 6.0 | 18.0 | 35.0 | 0.0 | 0.0 | 0.0 | 100.0 | 105.0 |
| 25% | 2.0 | 36.0 | 28.0 | 35.0 | 80.0 | 0.0 | 0.0 | 700.0 | 1118.0 |
| 50% | 5.0 | 48.0 | 36.0 | 51.0 | 120.0 | 3000.0 | 0.0 | 1000.0 | 1400.0 |
| 75% | 12.0 | 60.0 | 45.0 | 72.0 | 165.0 | 6000.0 | 0.0 | 1300.0 | 1692.0 |
| max | 48.0 | 72.0 | 68.0 | 180.0 | 959.0 | 300000.0 | 30000.0 | 5000.0 | 11140.0 |

图 6-6　用 NaN 替换巨大值后的汇总统计

在完成数据集准备之前，先查看目标变量 status。

```
df.status.value_counts()
```

value_counts 的输出显示了每个值的计数。

```
ok        3200
default   1254
unk          1
Name: status, dtype: int64
```

注意，有一行的状态为 unknown，即不知道这个客户是否设法偿还了贷款。对于我们的项目来说，这一行没有用，因此从数据集中删除它。

```
df = df[df.status != 'unk']
```

在本例中，我们并没有真正"删除"它，而是创建了一个新 DataFrame，其中没有处于 unknown 状态的记录。

通过查看数据，我们已经确定了数据中的几个重要问题并使之得到解决。

对于本项目，我们将跳过更详细的探索性数据分析，因为在第 2 章(汽车价格预测项目)和第 3 章(客户流失预测项目)中已有详细介绍，但你可以自己尝试重复这些步骤。

## 6.1.3　准备数据集

现在数据集已经清理完毕，几乎可以将其用于模型训练。在此之前，还需要做以下几个步骤。
- 将数据集划分为训练集、验证集和测试集。
- 处理缺失值。
- 使用独热编码对分类变量进行编码。
- 创建特征矩阵 $X$ 和目标变量 $y$。

首先从拆分数据开始，将其分成 3 个部分。
- 训练集(原始数据集的 60%)；
- 验证集(20%)；
- 测试集(20%)。

如前所述，我们将使用来自 Scikit-learn 的 train_test_split。因为不能将其一次分成 3 个数据集，所以需要划分两次(见图 6-7)。首先，拿出 20% 的数据进行测试，然后将剩下的 80% 分解为训练集和验证集。

```
from sklearn.model_selection import train_test_split

df_train_full, df_test = train_test_split(df, test_size=0.2, random_state=11)
df_train, df_val = train_test_split(df_train_full, test_size=0.25, random_state=11)
```

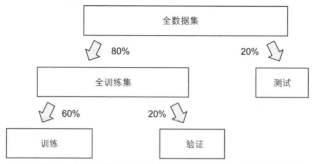

图 6-7    因为 train_test_split 只可以将一个数据集划分为两个部分，但我们需要 3 个部分的数据集，所以执行了两次划分

当第二次进行划分时，将 25% 的数据放在一边，而不是 20% (test_size=0.25)。因为 df_train_full 包含 80% 的记录，80% 的 1/4(即 25%) 对应原始数据集的 20%。

为检查数据集的大小，可以使用 len 函数。

```
len(df_train), len(df_val), len(df_test)
```

运行后，得到以下输出。

```
(2672, 891, 891)
```

因此，为进行训练，将使用大约 2 700 个样例和将近 900 个验证和测试样例。

想要预测的结果是 status。我们将用它来训练一个模型，因此这就是目标变量 $y$。因为我们的目标是确定是否有人未能偿还贷款，所以正类是 default。这意味着，如果客户违约，则 $y$ 为 1，否则为 0。实现起来很简单。

```
y_train = (df_train.status == 'default').values
y_val = (df_val.status == 'default').values
```

现在需要从 DataFrame 中删除 status。如果不这样做，可能会意外地使用这个变量进行训练。为此，使用 del 操作符。

```
del df_train['status']
del df_val['status']
```

接下来将讨论 $X$——特征矩阵。

从最初的分析中知道数据包含缺失的值——我们自己添加了那些 NaN。可以用 0 替换缺失的值。

```
df_train = df_train.fillna(0)
df_val = df_val.fillna(0)
```

为使用分类变量，需要对它们进行编码。在第 3 章中，我们采用了独热编码技术。在独热编码中，每个值如果存在就被编码为 1，如果不存在就被编码为 0。我们使用了 Scikit-learn 中的 DictVectorizer 来进行具体实现。

DictVectorizer 需要一个字典列表，因此首先需要将 DataFrame 转换为这种格式。

```
dict_train = df_train.to_dict(orient='records')
dict_val = df_val.to_dict(orient='records')
```

结果中的每个字典表示来自 DataFrame 的一行。例如，dict_train 中的第一个记录如下所示。

```
{'seniority': 10,
 'home': 'owner',
 'time': 36,
 'age': 36,
 'marital': 'married',
 'records': 'no',
 'job': 'freelance',
 'expenses': 75,
 'income': 0.0,
 'assets': 10000.0,
 'debt': 0.0,
 'amount': 1000,
 'price': 1400}
```

这个字典列表现在可以用作 DictVectorizer 的输入。

```
from sklearn.feature_extraction import DictVectorizer

dv = DictVectorizer(sparse=False)

X_train = dv.fit_transform(dict_train)
X_val = dv.transform(dict_val)
```

因此，我们获得了训练数据集和验证数据集的特征矩阵。关于使用 Scikit-learn 进行独热编码的更多细节，请参阅第 3 章。

现在准备训练一个模型。6.2 节中将介绍最简单的树模型：决策树。

## 6.2　决策树

决策树是一种对一系列 if-then-else 规则进行编码的数据结构。树中的每个节点都包含一个条件。如果条件满足，则转到树的右边；否则转到树的左边。最后，得出最终结果(见图 6-8)。

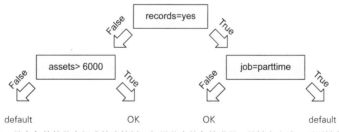

图 6-8　具有条件的节点组成的决策树。如果节点的条件满足，就转向右边；否则转向左边

在 Python 中，将决策树表示为一组 if-else 语句非常容易。例如

```
def assess_risk(client):
    if client['records'] == 'yes':
        if client['job'] == 'parttime':
            return 'default'
        else:
```

```
            return 'ok'
    else:
        if client['assets'] > 6000:
            return 'ok'
        else:
            return 'default'
```

通过机器学习，我们可以从数据中自动提取这些规则。

## 6.2.1　决策树分类器

我们将使用 Scikit-learn 来训练决策树。因为要解决分类问题，所以需要从 tree 包中得到 DecisionTreeClassifier。首先导入它。

```
from sklearn.tree import DecisionTreeClassifier
```

训练模型就像调用 fit 方法一样简单。

```
dt = DecisionTreeClassifier()
dt.fit(X_train, y_train)
```

为检查结果是否良好，需要评估模型在验证集上的预测性能。我们用 AUC 来完成。

信用风险评分是一个二元分类问题，这种情况下，AUC 是最好的评估指标之一。第 4 章提到，AUC 显示了一个模型如何很好地将正例和负例分开。它有一个很好的解释：它描述了一个随机选择的正例(default)比一个随机选择的负例(OK)得分更高的概率。这是项目的一个相关指标：我们希望有风险的客户比无风险的客户得分更高。关于 AUC 的更多细节，请参阅第 4 章。

像之前一样，将使用一个来自 Scikit-learn 的函数，因此导入它。

```
from sklearn.metrics import roc_auc_score
```

首先，评估训练集的性能。因为选择了 AUC 作为评估指标，所以需要的是分数，而不是硬预测。正如在第 3 章中所知道的，需要使用 predict_proba 方法。

```
y_pred = dt.predict_proba(X_train)[:, 1]
roc_auc_score(y_train, y_pred)
```

执行后，将看到分数是 100%——完美的分数。这是否意味着可以毫无差错地预测违约？在得出结论之前，先检查验证集上的得分。

```
y_pred = dt.predict_proba(X_val)[:, 1]
roc_auc_score(y_val, y_pred)
```

运行之后，我们看到验证集上的 AUC 只有 65%。

这是一个过拟合的示例。树很好地学习了训练数据，以至于它简单地记住了每个客户的结果。但是，当将其应用于验证集时，模型失败了。事实证明，它从数据中提取的规则对训练集过于具体，因此对于在训练期间没有看到的客户来说效果不佳。这种情况下，我们说模型不能泛化。

当我们有一个足够强大的复杂模型来记住所有训练数据时，就会发生过拟合。如果我们强迫模型变得更简单，则可以削弱它，以此提高模型泛化能力。

有多种方法可以用来控制树的复杂性。一个选项是限制它的大小：可以指定 max_depth 参数，它控制最大级别数(树的深度)。树的级别越多，它可以学习的规则就越复杂(见图 6-9)。

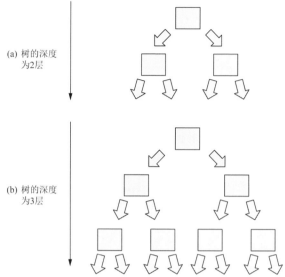

图 6-9　有更多级别的树可以学习更复杂的规则。具有 2 层的树比具有 3 层的树更简单，因此更不容易出现过拟合

max_depth 参数的默认值是 None，这意味着树可以尽可能地生长。我们可以尝试一个较小的值并比较结果。

例如，可以将它改为 2。

```
dt = DecisionTreeClassifier(max_depth=2)
dt.fit(X_train, y_train)
```

为可视化这棵树，可以使用 tree 包中的 export_text 函数。

```
from sklearn.tree import export_text

tree_text = export_text(dt, feature_names=dv.feature_names_)
print(tree_text)
```

我们只需要使用 feature_names 参数指定特征的名称，可以从 DictVectorizer 得到它。当输出时，结果显示如下。

```
|--- records=no <= 0.50
|   |--- seniority <= 6.50
|   |   |--- class: True
|   |--- seniority >  6.50
|   |   |--- class: False
|--- records=no >  0.50
|   |--- job=parttime <= 0.50
|   |   |--- class: False
|   |--- job=parttime >  0.50
|   |   |--- class: True
```

输出中的每一行对应一个带有条件的节点。如果条件为真，则进入内部并重复该过程，直到做出最终决定。最后，如果类为 True，则判定为 default，否则为 OK。

records=no > 0.50 这个条件意味着客户没有记录。我们曾使用独热编码来表示具有两个特征的 records，即 records=yes 和 records=no。对于没有记录的客户，records=no 设置为 1，records=yes 设置为 0。因此，当 records 的值为 no 时，records=no > 0.50 为真(见图 6-10)。

```
records=no <= 0.50            records=no <= 0.50
|--- seniority <= 6.50        |--- job=parttime <= 0.50
| |--- class: True            | |--- class: False
|--- seniority > 6.50         |--- job=parttime > 0.50
| |--- class: False           | |--- class: True
```

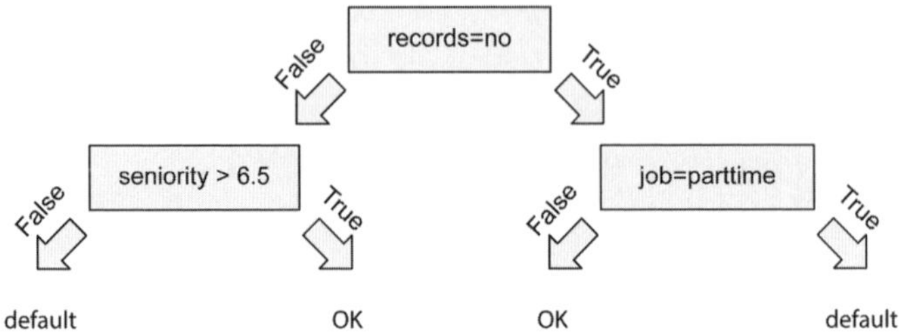

图 6-10  max_depth 设置为 2 时学习的树

现在查看分数。

```
y_pred = dt.predict_proba(X_train)[:, 1]
auc = roc_auc_score(y_train, y_pred)
print('train auc', auc)

y_pred = dt.predict_proba(X_val)[:, 1]
auc = roc_auc_score(y_val, y_pred)
print('validation auc', auc)
```

我们看到训练集上的分数下降了。

```
train auc: 0.705
val auc: 0.669
```

之前，训练集上的性能是 100%，但现在只有 70.5%。这意味着模型不再能够记住训练集中的所有结果。

但是，验证集上的分数更好：即 66.9%，比之前的结果(65%)有所提高。通过降低复杂性，我们提高了模型的泛化能力。现在，它可以更好地为以前从未见过的客户预测结果。

然而，这棵树还有另一个问题——它太简单。为了让它更好，我们需要调整模型：尝试不同的参数并查看哪些参数能带来最佳的 AUC。除 max_depth 外，还可以控制其他参数。要了解这些参数的含义以及它们如何影响模型，让我们回过头来了解决策树是如何从数据中学习规则的。

## 6.2.2  决策树学习算法

为理解决策树是如何从数据中学习规则的，让我们简化这个问题。首先，将使用一个更小的数据集，其中只包含一个特征：assets(见图 6-11)。

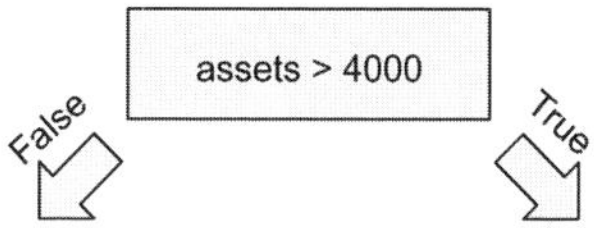

| | assets | status |
|---|---|---|
| **0** | 8000 | default |
| **1** | 2000 | OK |
| **2** | 0 | OK |
| **3** | 6000 | OK |
| **4** | 6000 | default |
| **5** | 9000 | default |

图 6-11　具有一个特征(assets)的较小数据集。目标变量是 status

其次，生成一棵非常小的树，只包含一个节点。

在数据集中拥有的唯一特征是 assets。这就是节点中的条件是 assets > T 的原因，其中 T 是需要确定的阈值。如果条件为真，则预测为 OK，如果为假，预测将是 default (见图 6-12)。

条件 assets > T 被称为一个划分点。它将数据集分成两组：满足条件的数据点和不满足条件的数据点。

如果 T 值是 4000，那么将有资产超过 4000 美元的客户(右边)和资产低于 4000 美元的客户(左边)，如图 6-13 所示。

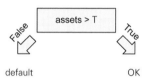

图 6-12　只有一个节点的简单决策树。节点包含一个条件 assets > T，需要找到 T 的最佳值

| | assets | status |
|---|---|---|
| 1 | 2000 | default |
| 2 | 0 | default |
| 5 | 4000 | OK |
| 7 | 3000 | default |

| | assets | status |
|---|---|---|
| 0 | 8000 | default |
| 3 | 5000 | OK |
| 4 | 5000 | OK |
| 6 | 9000 | OK |

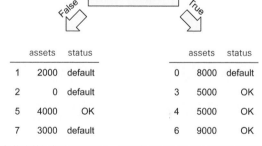

图 6-13　节点中的条件将数据集分成两部分：满足条件的数据点(右边)和不满足条件的数据点(左边)

现在将这些组变成叶节点(决策节点)——通过获取每个组中最频繁的状态并将其作为最终决策。在本例中，default 是左侧组中最常见的结果，而 OK 是右侧组中最常见的结果(见图 6-14)。

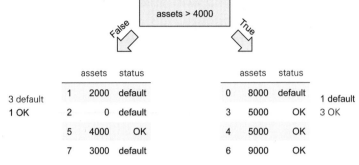

图 6-14　左边最常见的结果是 default，右边最常见的结果是 OK

因此，如果客户的资产超过 4000 美元，那么决策是 OK，否则是 default (见图 6-15)。

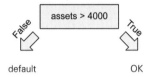

图 6-15　将每组中最频繁的结果分配给叶节点，得到最终的决策树

## 1. 杂质度

这些组应尽可能同质化。理想情况下，每个组应该只包含一个类的观察。这种情况下，称这些组为纯的。

例如，如果有一组 4 个客户，结果为[default, default, default, default]，那么它是纯的：只包含违约的客户。但是另一个组[default, default, default, OK]则是不纯的：有一个客户没有违约。

当训练一个决策树模型时，我们希望找到这样的 T 使两组的杂质度都最小。

因此，求 T 的算法很简单。

- 尝试所有可能的 T 值。
- 对于每个 T，将数据集分成左右两组并测量其杂质度。
- 选择杂质度程度最低的 T。

可以用不同的标准来测定杂质度。最容易理解的是误分类率，它表示在一个组中有多少观察结果不属于大多数类。

**注意**：Scikit-learn 使用更高级的划分标准，如熵和基尼杂质度。本书中不涉及它们，但概念是一样的：它们衡量划分的杂质度程度。

接下来计算划分点 T = 4000 的误分类率(见图 6-16)。

- 对于左边的组，大多数类是 default。总共有 4 个数据点，其中一个不属于 default。误分类率为 25%(1/4)。
- 对于右边的组，OK 是大多数类，还有一个 default。因此，误分类率也是 25%(1/4)。
- 为计算划分的总体杂质度，可以取两组的平均值。这种情况下，平均值是 25%。

**注意**：在现实中，我们不是对两个组取简单的平均，而是取加权平均——按比例对每个组的大小进行加权。为简化计算，本章中使用简单平均。

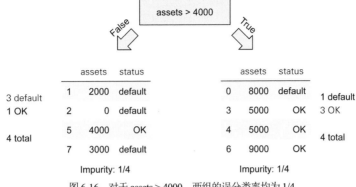

图 6-16　对于 assets > 4000，两组的误分类率均为 1/4

T = 4000 不是唯一可能的 assets 划分点。我们尝试 T 的其他值，例如 2000、3000 和 5000(见图 6-17)。

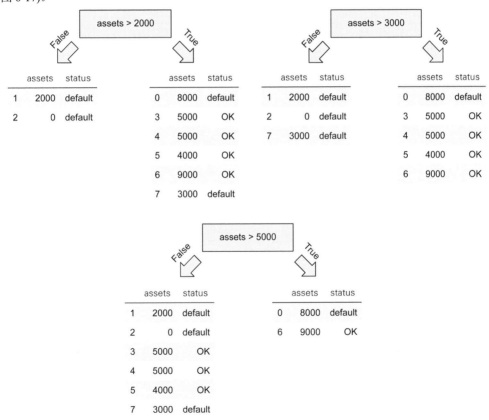

图 6-17　除 assets > 4000 外，还可以尝试 T 的其他值，例如 2000、3000 和 5000

- 对于 T = 2000，左边有 0%的杂质度(0/2，都是 default)，右边有 33.3%的杂质度(2/6，6 个中有 2 个是 default，其余的是 OK)。平均为 16.6%。
- 对于 T = 3000，左边为 0%，右边为 20%(1/5)。平均为 10%。
- 对于 T = 5000，左边有 50%(3/6)，右边为 50%(1/2)。平均为 50%。

当 T = 3000 时，最好的平均杂质度是 10%：左边的树中将没有错误，而右边的树中(在 5 行中)只有 1 行错误。因此，应该选择 3000 作为最终模型的阈值(见图 6-18)。

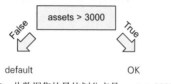

图 6-18　此数据集的最佳划分点是 assets > 3000

### 2. 选择最好的划分特征

现在让问题变得更复杂一点，向数据集添加另一个特征：debt(见图 6-19)。

|   | assets | debt | status |
|---|--------|------|--------|
| 0 | 8000 | 3000 | default |
| 1 | 2000 | 1000 | default |
| 2 | 0 | 1000 | default |
| 3 | 5000 | 1000 | OK |
| 4 | 5000 | 1000 | OK |
| 5 | 4000 | 1000 | OK |
| 6 | 9000 | 500 | OK |
| 7 | 3000 | 2000 | default |

图 6-19　一个具有两个特征(assets 和 debt)的数据集，目标变量是 status

之前只包含一个特征 assets，我们确信它将被用于划分数据。现在有了两个特征，因此除选择划分的最佳阈值外，还需要确定要使用哪个特征。

解决方案很简单：尝试所有特征并为每个特征选择最佳阈值。

我们修改训练算法来实现这一操作。

- 对于每个特征，尝试所有可能的阈值。
- 对于每个阈值 T，测量划分的杂质度。
- 选择具有最低杂质度的特征和阈值。

接着将这个算法应用到数据集上。

- 对于特征 assets 来说，最好的阈值 T 是 3000。这样划分的平均杂质度为 10%。
- 对于特征 debt 来说，最好的阈值 T 是 1000。这样划分的平均杂质度为 17%。

因此，最好的划分是 asset > 3000 (见图 6-20)。

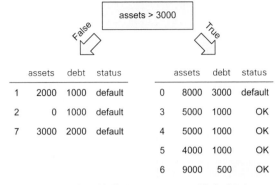

| | assets | debt | status | | assets | debt | status |
|---|--------|------|--------|---|--------|------|--------|
| 1 | 2000 | 1000 | default | 0 | 8000 | 3000 | default |
| 2 | 0 | 1000 | default | 3 | 5000 | 1000 | OK |
| 7 | 3000 | 2000 | default | 4 | 5000 | 1000 | OK |
| | | | | 5 | 4000 | 1000 | OK |
| | | | | 6 | 9000 | 500 | OK |

图 6-20 划分效果最好的是 assets> 3000，平均杂质度为 10%

树的左边组已经是纯的，但树的右边组还不是。可以通过重复这个过程来减少杂质度：对其进一步划分。

当将相同的算法应用于右侧数据集时，可发现最佳划分条件为 debt > 1000。目前树有两层，或者可以说树的深度是 2 (见图 6-21)。

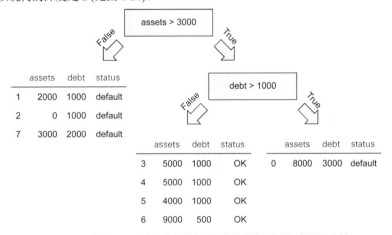

| | assets | debt | status |
|---|--------|------|--------|
| 1 | 2000 | 1000 | default |
| 2 | 0 | 1000 | default |
| 7 | 3000 | 2000 | default |

| | assets | debt | status | | assets | debt | status |
|---|--------|------|--------|---|--------|------|--------|
| 3 | 5000 | 1000 | OK | 0 | 8000 | 3000 | default |
| 4 | 5000 | 1000 | OK | | | | |
| 5 | 4000 | 1000 | OK | | | | |
| 6 | 9000 | 500 | OK | | | | |

图 6-21 对右边的组递归重复使用算法可得到一棵两层的树

在决策树准备好之前，需要完成最后一步：将组转换为决策节点。为此，取每组中最常出现的状态。这样就得到一个决策树(见图 6-22)。

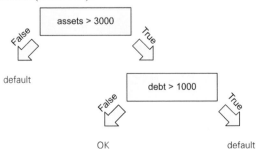

图 6-22 组已经是纯的，因此最频繁的状态是每个组唯一的状态。我们将这个状态作为每个叶节点的最终决策

### 3. 停止标准

在训练决策树时，可以继续划分数据，直到所有组都是纯的。在 Scikit-learn 中，如果不给树设置任何限制，就会发生这种情况。正如所看到的，生成的模型变得过于复杂，从而导致过拟合。

我们通过使用 max_depth 参数解决该问题——该参数可限制树的大小，不让其生长得太大。

为决定是否继续划分数据，可使用停止标准——这个标准描述了是否应该在树中添加另一个划分还是停止。

最常见的停止标准如下。

● 组的纯度已经够高。

● 树达到深度限制(由 max_depth 参数控制)。

● 分组太小，已经无法继续划分(由 min_samples_leaf 参数控制)。

通过使用这些标准更早地停止，可迫使模型变得更简单。由此，降低了过拟合的风险。

我们利用这一信息来调整训练算法。

● 找到最佳划分点。

　◆ 对每个特征，尝试所有可能的阈值。

　◆ 使用杂质度最低的那个。

● 如果达到最大允许深度，则停止。

● 如果树左边的组足够大且又不纯，则在树左边重复划分。

● 如果树右边的组足够大且又不纯，则在树右边重复划分。

尽管这是决策树学习算法的简化版本，但它应该足够用来了解有关学习过程的内部机制。

最重要的是，我们知道有两个参数控制模型的复杂度。通过改变这些参数，可以提高模型的性能。

---

**练习.6.1**

假设有一个包含 10 个特征的数据集，需要添加另一个特征到该数据集。训练的速度会发生什么变化?

(a) 如果多加一个特征，则需要更多时间进行训练。

(b) 特征的数量并不影响训练的速度。

---

## 6.2.3　决策树的参数调优

寻找最佳参数集的过程称为参数调优。通常可以通过更改模型并检查其在验证数据集上的分数来做到这一点。最终，我们使用具有最佳验证分数的模型。

正如之前了解到的，可以对两个参数进行调优。

● max_depth

● min_samples_leaf

这两个是最重要的参数，因此只需要调整它们。我们可以查看官方文档中的其他参数(https://scikit-learn.org/stable/modules/generated/sklearn.tree.DecisionTreeClassifier.html)。

在之前训练模型时，我们将树的深度限制为 2，但没有控制 min_samples_leaf 参数。这种情况下在验证集中获得 66%的 AUC。

接下来找出最佳参数值。

首先调优 max_depth。为此，我们迭代了一些合理的值，查看哪个效果最好。

```
for depth in [1, 2, 3, 4, 5, 6, 10, 15, 20, None]:
    dt = DecisionTreeClassifier(max_depth=depth)
    dt.fit(X_train, y_train)
    y_pred = dt.predict_proba(X_val)[:, 1]
    auc = roc_auc_score(y_val, y_pred)
    print('%4s -> %.3f' % (depth, auc))
```

值 None 表示没有深度限制，因此树将尽可能地增大。

运行这段代码，可看到 max_depth 为 5 时 AUC 最好(76.6%)，其次是 4 和 6(见图 6-23)。

```
    1 -> 0.606
    2 -> 0.669
    3 -> 0.739
    4 -> 0.761  ⎫
    5 -> 0.766  ⎬— max_depth 的最佳值
    6 -> 0.754  ⎭
   10 -> 0.685
   15 -> 0.671
   20 -> 0.657
 None -> 0.657
```

图 6-23　深度的最佳值为 5(76.6%)，其次是 4(76.1%)和 6(75.4%)

接下来调优 min_samples_leaf。为此，遍历 max_depth 的 3 个最佳参数，对于每个参数，遍历 min_samples_leaf 的不同值。

```
for m in [4, 5, 6]:
    print('depth: %s' % m)

    for s in [1, 5, 10, 15, 20, 50, 100, 200]:
        dt = DecisionTreeClassifier(max_depth=m, min_samples_leaf=s)
        dt.fit(X_train, y_train)
        y_pred = dt.predict_proba(X_val)[:, 1]
        auc = roc_auc_score(y_val, y_pred)
        print('%s -> %.3f' % (s, auc))

    print()
```

运行后，得到最佳 AUC 为 78.5%，相应参数为 min_samples_leaf=15 和 max_depth=6(见表 6-1)。

**注意**：正如所看到的，min_samples_leaf 的值会影响 max_depth 的最佳值。因此，你可以尝试使用更大范围的 max_depth 值来进一步调整性能。

表6-1  不同 min_samples_leaf(行)和 max_depth(列)值对应的在验证集上的 AUC

| | depth=4 | depth=5 | depth=6 |
|---|---|---|---|
| 1 | 0.761 | 0.766 | 0.754 |
| 5 | 0.761 | 0.768 | 0.760 |
| 10 | 0.761 | 0.762 | 0.778 |
| 15 | 0.764 | 0.772 | **0.785** |
| 20 | 0.761 | 0.774 | 0.774 |
| 50 | 0.753 | 0.768 | 0.770 |
| 100 | 0.756 | 0.763 | 0.776 |
| 200 | 0.747 | 0.759 | 0.768 |

我们已经找到最好的参数，接下来用它们来训练最终的模型。

```
dt = DecisionTreeClassifier(max_depth=6, min_samples_leaf=15)
dt.fit(X_train, y_train)
```

决策树是简单而有效的模型，但当将许多树组合在一起时，它们会变得更强大。接下来查看如何实现更好的预测性能。

# 6.3  随机森林

现在假设没有机器学习算法来帮助我们进行信用风险评分。相反，我们拥有一组专家。

每个专家都可以独立决定应该批准还是拒绝贷款申请。个别专家可能会犯错误。然而，不太可能出现所有专家一起决定接受申请，但客户却没有按期还贷的情况。

因此，可以单独询问所有专家，然后将他们的结论组合成最终的决策，例如使用多数投票法(见图 6-24)。

这个想法也适用于机器学习。单独的一个模型可能是错误的，但如果把多个模型的输出合并成一个，得到错误答案的机会将更小。这个概念被称为集成学习，模型的组合被称为集成。

要做到这一点，模型需要互不相同。如果对同一个决策树模型进行 10 次训练，它们将预测出相同的结果，这不会起到任何帮助。

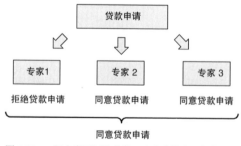

图6-24  一组专家可以比单独一个专家做出更好的决策

得到不同模型的最简单方法是在不同的特征子集上训练。例如，假设有 3 个特征：assets、debts 和 price。我们可以训练 3 种模型。

- 第一种使用 assets 和 debts。
- 第二种使用 debts 和 price。
- 第三种使用 assets 和 price。

使用这种方法将得到不同的树，每个树都会做出自己的决策(见图 6-25)。但如果把它们的预测放在一起，将它们的预测错误进行平均后再组合，将得到更强的预测能力。

这种将多个决策树组合在一起的方法称为随机森林。为训练一个随机森林，可以进行如下操作(见图 6-26)。

- 训练 N 个单独的决策树模型。
- 对于每个模型，选择一个随机的特征子集并只使用它们进行训练。
- 在进行预测时，将 N 个模型的输出合并为一个。

**注意**：这是一个非常简化的算法版本，足以说明算法的主要思想，但在现实中，它将更复杂。

Scikit-learn 包含了一个随机森林的实现，因此可以用它来解决问题。

|   | assets | debt | price | status |
|---|--------|------|-------|--------|
| 0 | 8000 | 3000 | 9000 | default |
| 1 | 0 | 1000 | 1000 | default |
| 2 | 5000 | 1000 | 2500 | OK |
| 3 | 9000 | 500 | 3000 | OK |

|   | assets | debt | status |
|---|--------|------|--------|
| 0 | 8000 | 3000 | default |
| 1 | 0 | 1000 | default |
| 2 | 5000 | 1000 | OK |
| 3 | 9000 | 500 | OK |

|   | debt | price | status |
|---|------|-------|--------|
| 0 | 3000 | 9000 | default |
| 1 | 1000 | 1000 | default |
| 2 | 1000 | 2500 | OK |
| 3 | 500 | 3000 | OK |

|   | assets | price | status |
|---|--------|-------|--------|
| 0 | 8000 | 9000 | default |
| 1 | 0 | 1000 | default |
| 2 | 5000 | 2500 | OK |
| 3 | 9000 | 3000 | OK |

树1　　树2　　树3

集成

图 6-25　想要合并在一个集成中的模型不应该是相同的。可以通过在不同的特征子集上训练每棵树来确保它们是不同的

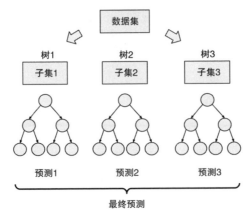

图 6-26　训练随机森林模型：为训练每棵树，随机选择一个特征子集。在进行最终预测时，将所有预测合并为一个

## 6.3.1　训练随机森林

为了在 Scikit-learn 中使用随机森林，需要从 ensemble 包中导入 RandomForestClassifier。

```
from sklearn.ensemble import RandomForestClassifier
```

在训练模型时，需要做的第一件事是指定集成中树的数量。可以使用 n_estimators 参数来实现对树的数量的控制。

```
rf = RandomForestClassifier(n_estimators=10)
rf.fit(X_train, y_train)
```

训练结束后，可以对结果进行评分。

```
y_pred = rf.predict_proba(X_val)[:, 1]
roc_auc_score(y_val, y_pred)
```

这里的输出结果为 77.9%。然而，你看到的数字可能不同。每次重新训练模型，分数都会发生变化：范围从 77% 到 80%。

原因在于随机化：训练一棵树时是随机选择特征子集。为了使结果一致，需要通过给 random_state 参数赋值来为随机数生成器固定种子。

```
rf = RandomForestClassifier(n_estimators=10, random_state=3)
rf.fit(X_train, y_train)
```

现在进行评估。

```
y_pred = rf.predict_proba(X_val)[:, 1]
roc_auc_score(y_val, y_pred)
```

这次得到 78% 的 AUC。无论对模型进行多少次再训练，这个分数都不会改变。

集成中树的个数是一个重要参数，它直接影响模型的性能。通常，包含更多树的模型比更少树的模型要好。另一方面，增加太多的树并不总是会有帮助。

为了知道需要多少棵树，可以迭代不同的 n_estimators 值，查看它对 AUC 的影响。

```
aucs = []          ◄──────  创建一个带有 AUC 结果的列表

for i in range(10, 201, 10):
    rf = RandomForestClassifier(n_estimators=i, random_state=3)   在每次迭代中逐步
    rf.fit(X_train, y_train)                                       训练更多的树

    y_pred = rf.predict_proba(X_val)[:, 1]
    auc = roc_auc_score(y_val, y_pred)     评估分数
    print('%s -> %.3f' % (i, auc))

    aucs.append(auc)    ◄──────
                                将该分数与其他分数一起添
                                加到列表中
```

在这段代码中，尝试不同数量的树：从 10 到 200，每次增加 10(即 10,20,30,…)。每次训练模型时，计算它在验证集上的 AUC 并记录。

完成后绘制结果。

```
plt.plot(range(10, 201, 10), aucs)
```

结果如图 6-27 所示。

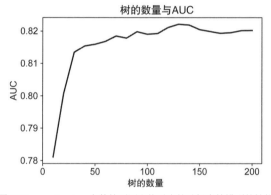

图 6-27 n_estimators 参数的不同取值对应的随机森林模型的性能

当树的数量为 25~30 棵时，模型性能迅速增长，然后增长放缓。在数量为 130 之后，添加更多的树不再有帮助：模型性能大致保持在 82%的水平。

为获得更好的模型性能，树的数量并不是可以更改的唯一参数。接下来，我们将看到还可以调优哪些其他参数来改进模型。

## 6.3.2 随机森林的参数调优

一个随机森林集成由多棵决策树组成，因此需要为随机森林调优的最重要的参数是相同的。

● max_depth
● min_samples_leaf

我们可以更改其他参数，但本章中不作详细介绍。有关更多信息，请参阅官方文档(https://scikit-learn.org/stable/modules/generated/sklearn.ensemble.RandomForestClassifier.html)。

先从 max_depth 开始，我们已知这个参数会显著影响决策树的性能。这也适用于随机森林：较大的树往往比较小的树更容易过拟合。

我们测试 max_depth 的一些值，查看 AUC 是如何随着树的数量增长而变化的。

```
all_aucs = {}                          创建一个带有 AUC 结果的字典

for depth in [5, 10, 20]:              遍历不同深度值
    print('depth: %s' % depth)
    aucs = []                          为当前深度层次创建一个带有 AUC 结
                                       果的列表

    for i in range(10, 201, 10):
        rf = RandomForestClassifier(n_estimators=i, max_depth=depth,
        random_state=1)                迭代不同的 n_estimator 值
        rf.fit(X_train, y_train)
        y_pred = rf.predict_proba(X_val)[:, 1]
        auc = roc_auc_score(y_val, y_pred)
        print('%s -> %.3f' % (i, auc))  评估模型
        aucs.append(auc)

    all_aucs[depth] = aucs             在字典中保存当前深度
    print()                            层次的 AUC
```

现在对于 max_depth 的每个值，都有一系列的 AUC 分数。可以把它们绘制出来。

```
num_trees = list(range(10, 201, 10))
plt.plot(num_trees, all_aucs[5], label='depth=5')
plt.plot(num_trees, all_aucs[10], label='depth=10')
plt.plot(num_trees, all_aucs[20], label='depth=20')
plt.legend()
```

结果如图 6-28 所示。

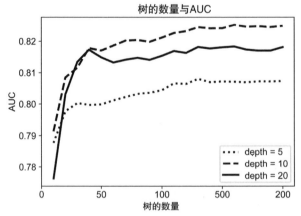

图 6-28　max_depth 参数的不同取值对应的随机森林的性能

当 max_depth=10 时，AUC 超过 82%，而对于其他值，它的性能较差。

现在继续调优 min_samples_leaf 参数。根据前面的步骤结果设置参数 max_depth 的值，然后按

照与前面相同的方法确定参数 min_samples_leaf 的最佳值。

```
all_aucs = {}

for m in [3, 5, 10]:
    print('min_samples_leaf: %s' % m)
    aucs = []

    for i in range(10, 201, 20):
        rf = RandomForestClassifier(n_estimators=i, max_depth=10,
    min_samples_leaf=m, random_state=1)
        rf.fit(X_train, y_train)
        y_pred = rf.predict_proba(X_val)[:, 1]
        auc = roc_auc_score(y_val, y_pred)
        print('%s -> %.3f' % (i, auc))
        aucs.append(auc)

    all_aucs[m] = aucs
    print()
```

让我们绘制图表。

```
num_trees = list(range(10, 201, 20))
plt.plot(num_trees, all_aucs[3], label='min_samples_leaf=3')
plt.plot(num_trees, all_aucs[5], label='min_samples_leaf=5')
plt.plot(num_trees, all_aucs[10], label='min_samples_leaf=10')
plt.legend()
```

然后检查结果(见图 6-29)。

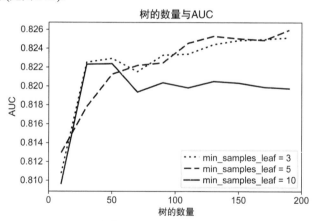

图 6-29　min_samples_leaf 参数的不同取值对应的随机森林的性能(max_depth=10)

可以看到，当 min_samples_leaf 值较小时，AUC 略好一些，最佳值为 5。

因此，对于我们的问题，随机森林的最佳参数如下。

- max_depth=10
- min_samples_leaf=5

我们用 200 棵树获得了最佳的 AUC，因此应该将参数 n_estimators 设置为 200。
接下来训练最终的模型。

```
rf = RandomForestClassifier(n_estimators=200, max_depth=10,
    min_samples_leaf=5, random_state=1)
```

随机森林并不是组合多棵决策树的唯一方法，我们还可以使用一种不同的方法：梯度提升。6.4
节将讨论这种方法。

---

**练习 6.2**

为了使集成有用，随机森林中的树应该彼此不同。实现的方法是什么？

(a) 为每棵树选择不同的参数。

(b) 为每棵树随机选择不同的特征子集。

(c) 随机选择值进行划分。

---

# 6.4　梯度提升

在随机森林中，每棵树都是独立的：它在不同组特征上进行训练。在训练好各个树之后，将所
有树的决策组合在一起，得到最终决策。

然而，这并不是将多个模型组合在一起的唯一方法。我们也可以按顺序训练模型——每次后一
个模型都试图纠正前一个模型的错误。

- 训练第一个模型。
- 查看它导致的错误。
- 训练另一个模型来纠正这些错误。
- 再次查看错误并按顺序重复此过程。

这种组合模型的方式被称为提升。梯度提升是这种方法的一个特殊变体，尤其适用于树形结构
(见图 6-30)。

接下来查看如何用它来解决我们的问题。

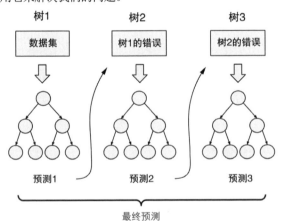

图 6-30　在梯度提升中，按顺序训练模型，每一棵树都会纠正前一棵树的错误

## 6.4.1 XGBoost: 极限梯度提升

我们有许多很好的梯度提升模型实现: 来自 Scikit-learn 的 GradientBoostingClassifier、XGBoost、LightGBM 和 CatBoost。本章中使用 XGBoost(Extreme Gradient Boosting 的简称), 这是目前最流行的实现方式。

Anaconda 并没有提供 XGBoost, 因此需要安装后才能使用。最简单的方法是用 pip 安装。

```
pip install xgboost
```

接下来, 在 Jupyter Notebook 中打开项目并导入 XGBoost。

```
import xgboost as xgb
```

**注意**: 某些情况下, 导入 XGBoost 可能会出现一个类似 YMLLoadWarning 的警告。我们不需要为此担心, 程序运行不会出现问题。

在导入 XGBoost 时使用别名 xgb 是一种惯例, 这就像在 Python 中使用其他流行的机器学习一样。

在训练 XGBoost 模型之前, 需要将数据封装到 DMatrix(这是一种用于高效查找划分点的特殊数据结构)中, 其实现如下。

```
dtrain = xgb.DMatrix(X_train, label=y_train, feature_names=dv.feature_names_)
```

当创建一个 DMatrix 的实例时, 需要传递 3 个参数。
- X_train: 特征矩阵。
- y_train: 目标变量。
- feature_names: X_train 中特征的名称。

现在对验证数据集进行同样的操作。

```
dval = xgb.DMatrix(X_val, label=y_val, feature_names=dv.feature_names_)
```

下一步是设置训练参数。我们只使用 XGBoost 默认参数的一小部分(完整的参数列表可查看官方文档: https://xgboost.readthedocs.io/en/latest/parameter.html)。

```
xgb_params = {
    'eta': 0.3,
    'max_depth': 6,
    'min_child_weight': 1,

    'objective': 'binary:logistic',
    'nthread': 8,
    'seed': 1,
    'silent': 1
}
```

对我们来说, 现在最重要的参数是 objective: 它指定了学习任务。我们正在解决一个二元分类问题——这就是需要选择 binary:logistic 的原因。我们将在本节稍后讨论其余参数。

为训练 XGBoost 模型, 可使用 train 函数。首先从 10 棵树开始。

```
model = xgb.train(xgb_params, dtrain, num_boost_round=10)
```

我们需要提供以下 3 个参数给 train 函数。

- xgb_params：用于训练的参数。
- dtrain：用于训练的数据集(DMatrix 的一个实例)。
- num_boost_round=10：要训练的树的数量。

几秒钟后会得到一个模型。为进行评估，需要对验证数据集进行预测。为此，使用 predict 方法对封装在 DMatrix 中的数据进行验证。

```
y_pred = model.predict(dval)
```

结果 y_pred 是一个包含预测的一维 NumPy 数组：验证数据集中每个客户的风险评分(见图 6-31)。

```
y_pred = model.predict(dval)
y_pred[:10]

array([0.08926772, 0.0468099 , 0.09692743, 0.17261842, 0.05435968,
       0.12576081, 0.08033007, 0.61870354, 0.486538  , 0.04056795],
      dtype=float32)
```

图 6-31 XGBoost 的预测

接下来，使用与前面相同的方法计算 AUC。

```
roc_auc_score(y_val, y_pred)
```

执行之后，得到结果为 81.5%。这是一个相当不错的结果，但仍然比最好的随机森林模型(82.5%)略差。

当可以看到 XGBoost 模型的性能如何随着树的数量增长而变化时，训练该模型就变得更简单。接下来了解如何实现它。

## 6.4.2 模型性能监控

为了解 AUC 如何随着树的数量增长而变化的情况，可以使用一个监视列表——这是 XGBoost 中用于监视模型性能的内置功能。

监视列表是一个带有元组的 Python 列表。每个元组包含一个 DMatrix 及其名称。通常如下操作。

```
watchlist = [(dtrain, 'train'), (dval, 'val')]
```

此外，我们修改了用于训练的参数列表：需要设定用于评估的指标。在本例中，它是 AUC。

```
xgb_params = {
    'eta': 0.3,
    'max_depth': 6,
    'min_child_weight': 1,

    'objective': 'binary:logistic',            将评估指标设置为
    'eval_metric': 'auc',          ◄────────   AUC
    'nthread': 8,
    'seed': 1,
    'silent': 1
}
```

为了在训练期间使用监视列表，需要为 train 函数指定两个额外的参数。

● evals：监视列表。

● verbose_eval：多久输出一次指标。如果将其设置为 10，将在每 10 步后看到结果。

让我们进行训练。

```
model = xgb.train(xgb_params, dtrain,
                  num_boost_round=100,
                  evals=watchlist, verbose_eval=10)
```

在训练时，XGBoost 将分数显示到输出中。

```
[0]  train-auc:0.862996  val-auc:0.768179
[10] train-auc:0.950021  val-auc:0.815577
[20] train-auc:0.973165  val-auc:0.817748
[30] train-auc:0.987718  val-auc:0.817875
[40] train-auc:0.994562  val-auc:0.813873
[50] train-auc:0.996881  val-auc:0.811282
[60] train-auc:0.998887  val-auc:0.808006
[70] train-auc:0.999439  val-auc:0.807316
[80] train-auc:0.999847  val-auc:0.806771
[90] train-auc:0.999915  val-auc:0.806371
[99] train-auc:0.999975  val-auc:0.805457
```

随着树数量的增加，训练集上的分数也会增加(见图 6-32)。

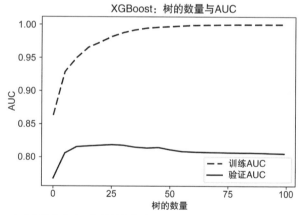

图 6-32　来自训练集和验证集的树的数量对 AUC 的影响。要了解如何绘制这些值，

可查看本书 GitHub 代码库中的笔记本

这种结果是意料之中的：在提升过程中，每一个后续模型都试图纠正前一个步骤中的错误，因此分数总是在不断提高。

但是，对于验证分数来说，情况并非如此。它最初上升，但随后开始下降。这就是过拟合的影响：模型变得越来越复杂，最后只是能够记住整个训练集。这对于训练集之外的客户预测结果没有帮助，验证分数反映了这一点。

我们在第 30 次迭代时获得了最好的 AUC(81.7%)，但这与第 10 次迭代时获得的分数(81.5%)并没有太大区别。

接下来，将看到如何通过调优 XGBoost 的参数来充分利用它。

## 6.4.3　XGBoost 的参数调优

之前，我们使用默认参数的子集来训练模型。

```
xgb_params = {
    'eta': 0.3,
    'max_depth': 6,
    'min_child_weight': 1,

    'objective': 'binary:logistic',
    'eval_metric': 'auc',
    'nthread': 8,
    'seed': 1,
    'silent': 1
}
```

我们最感兴趣的是前 3 个参数。这些参数控制着训练过程。

- eta：学习率。决策树和随机森林没有这个参数。我们将在本节稍后调优时介绍它。
- max_depth：每棵树的最大深度，它与 Scikit-learn 的 DecisionTreeClassifier 中的 max_depth 相同。
- min_child_weight：每组最小观察数，它与 Scikit-learn 的 DecisionTreeClassifier 中的 min_samples_leaf 相同。

其他参数包括如下。

- objective：想要解决的任务类型。对于分类而言应是 binary:logistic。
- eval_metric：用来评估的指标，对于本项目，它指的是 AUC。
- nthread：用于训练模型的线程数。XGBoost 非常擅长并行化训练，因此将它设置为计算机的内核数。
- seed：随机数发生器的种子；需要设置以确保结果是可重复的。
- silent：是否开启静默模式。当将其设置为 1 时，它只输出警告。

这并不是完整的参数列表，而只是基本的参数。你可以在官方文档中了解有关所有参数的更多信息(https://xgboost.readthedocs.io/en/latest/parameter.html)。

我们已经知道 max_depth 和 min_child_weight(min_samples_leaf)，但还没有遇到过 eta——学习率参数。接下来进行详细讨论并查看如何对其优化。

### 1. 学习率

在梯度提升过程中，每棵树都试图修正前一个迭代中的错误。学习率决定了这个修正的权重。如果有一个较大的 eta 值，修正的权重将显著地超过先前的预测。另一方面，如果该值很小，则只使用该修正的一小部分。

实际上，这意味着如下内容。

- 如果 eta 太大，模型很早就开始过拟合而没有充分发挥其潜力。
- 如果 eta 太小，需要训练足够多的树，才能产生好的结果。

对于大型数据集，默认值 0.3 是没有问题的，但对于小数据集，应该尝试更小的值，例如 0.1 甚至 0.05。

接下来查看修改 eta 是否有助于提高性能。

```
xgb_params = {
    'eta': 0.1,              ←——————┐
    'max_depth': 6,                  │  将 eta 从 0.3 更改为 0.1
    'min_child_weight': 1,           │

    'objective': 'binary:logistic',
    'eval_metric': 'auc',
    'nthread': 8,
    'seed': 1,
    'silent': 1
}
```

因为现在可以使用一个监视列表来监视模型的性能，所以可以根据需要进行任意多次的迭代训练。之前使用 100 次迭代，但这对于较小的 eta 来说可能还不够。因此现在使用 500 次迭代进行训练。

```
model = xgb.train(xgb_params, dtrain,
                  num_boost_round=500, verbose_eval=10,
                  evals=watchlist)
```

运行后，将看到最佳验证分数为 82.4%。

```
[60] train-auc:0.976407  val-auc:0.824456
```

之前，当 eta 设置为默认值 0.3 时，可以达到 81.7% 的 AUC。让我们比较这两个模型(见图 6-33)。

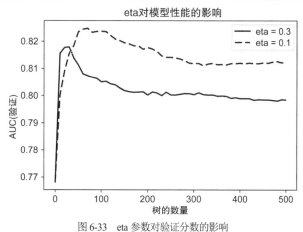

图 6-33　eta 参数对验证分数的影响

当 eta 为 0.3 时，很快就得到最佳 AUC，但随后它开始过拟合。在第 30 次迭代后，验证集上的性能出现下降。

当 eta 为 0.1 时，AUC 增长较慢，但在较高值时达到峰值。对于较小的学习率，需要足够多的树才能达到峰值，但可以取得更好的性能。

我们也可以尝试其他 eta 值来进行比较(见图 6-34)。

- 当 eta 为 0.05 时，最佳 AUC 为 82.2%(120 次迭代后)。
- 当 eta 为 0.01 时，最佳 AUC 为 82.1%(500 次迭代后)。

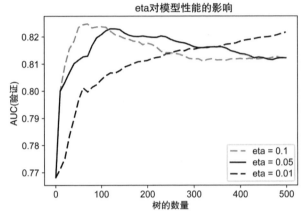

图 6-34　当 eta 较小时，模型需要足够多的树

当 eta 为 0.05 时，性能类似于 0.1，但需要超过 60 次迭代才能达到峰值。

当 eta 为 0.01 时，它增长得太慢，甚至在 500 次迭代后，它也没有达到峰值。如果尝试更多的迭代，它可能会达到与其他值相同的 AUC 水平。即使是这样，这也是不实际的：在预测期间评估所有这些树的计算成本会变得很高。

因此，我们将 eta 的值设为 0.1。接下来调优其他参数。

---

**练习 6.3**

现有一个 eta=0.1 的梯度提升模型。它需要 60 棵树才能获得最佳性能。如果 eta 为 0.5，会发生什么?

(a) 该模型需要的树的数量不会改变。

(b) 该模型将需要更多的树才能达到其峰值性能。

(c) 该模型只需要更少的树就能达到其峰值性能。

---

**2. 调优其他参数**

调优的下一个参数是 max_depth。默认值是 6，因此可以进行如下尝试。

- 一个更低的值，例如 3。
- 一个更高的值，例如 10。

通过结果，我们将知道 max_depth 的最佳值是在 3 和 6 之间还是在 6 和 10 之间。

首先测试 3。

```
xgb_params = {
    'eta': 0.1,                     将 max_depth 从 6 更
    'max_depth': 3,                 改为 3
    'min_child_weight': 1,

    'objective': 'binary:logistic',
```

```
    'eval_metric': 'auc',
    'nthread': 8,
    'seed': 1,
    'silent': 1
}
```

得到的最佳 AUC 是 83.6%。

接下来测试 10。在本例中，最佳值为 81.1%。

这意味着 max_depth 的最佳值应该在 3 和 6 之间。然而，当测试 4 时，最佳 AUC 是 83%，这比深度为 3 时的 AUC 略差(见图 6-35)。

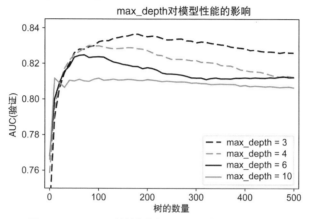

图 6-35　max_depth 的最佳值为 3，可以获得 83.6%的 AUC

调优的再下一个调优参数是 min_child_weight。它和 Scikit-learn 的决策树中的 min_samples_leaf 是一样的：该参数控制了一棵树在叶子中可以有的最小数量的观察。

接下来对一系列的值进行尝试，以查看哪一个最优。除了默认值(1)，还可以尝试 10 和 30(见图 6-36)。

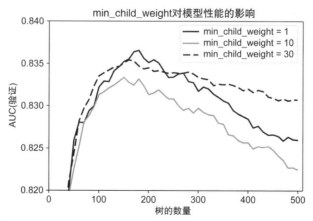

图 6-36　min_child_weight 的最佳值为 1，但它与该参数的其他值相差不大

从图 6-36 中可以看到如下结果。

- 对于 min_child_weight=1, AUC 为 83.6%。
- 对于 min_child_weight=10, AUC 为 83.3%。
- 对于 min_child_weight=30, AUC 为 83.5%。

这些数值之间的差别并不大，因此保留默认值。

最终模型的参数如下。

```
xgb_params = {
    'eta': 0.1,
    'max_depth': 3,
    'min_child_weight': 1,

    'objective': 'binary:logistic',
    'eval_metric': 'auc',
    'nthread': 8,
    'seed': 1,
    'silent': 1
}
```

在完成模型之前需要做的最后一步是选择树的最佳数量。这非常简单：查看验证分数达到峰值时的迭代并使用该数字。

本例需要为最终模型训练 180 棵树(见图 6-37)。

```
[160] train-auc:0.935513    val-auc:0.835536
[170] train-auc:0.937885    val-auc:0.836384
[180] train-auc:0.93971     val-auc:0.836565 <- best
[190] train-auc:0.942029    val-auc:0.835621
[200] train-auc:0.943343    val-auc:0.835124
```

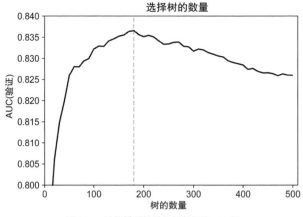

图 6.37　最终模型的最优树数量为 180 棵

随机森林模型的 AUC 最高可达 82.5%，梯度提升模型的最佳 AUC 比随机森林模型还要高 1%(83.6%)。

这是最佳模型，因此将它作为最终模型并用它来给贷款申请打分。

## 6.4.4 测试最终模型

现在基本可以用模型来进行风险评分。但在测试之前，还需要做两件事。

- 合并合训练数据集和验证数据集对最终模型进行再训练。由于不再需要验证数据集，因此可以使用更多数据进行训练，这将使模型更优化。
- 在测试集上测试模型。测试集是一开始就保留的部分数据。现在用它来确保模型不会过拟合，并且在未见过的数据上表现良好。

接下来的步骤如下。

- 把对 df_train 和 df_val 进行的预处理操作同样运用到 df_full_train 和 df_test。因此，得到特征矩阵 X_train 和 X_test 以及目标变量 y_train 和 y_test。
- 使用前面选择的参数在合并的数据集上训练模型。
- 将模型应用于测试数据，得到测试数据的预测结果。
- 确认模型性能良好，没有过拟合。

接下来进行具体操作。首先创建目标变量。

```
y_train = (df_train_full.status == 'default').values
y_test = (df_test.status == 'default').values
```

因为使用整个 DataFrame 来创建特征矩阵，所以需要删除目标变量。

```
del df_train_full['status']
del df_test['status']
```

接下来将 DataFrame 转换为字典列表，然后使用独热编码来获得特征矩阵。

```
dict_train = df_train_full.fillna(0).to_dict(orient='records')
dict_test = df_test.fillna(0).to_dict(orient='records')

dv = DictVectorizer(sparse=False)
X_train = dv.fit_transform(dict_train)
X_test = dv.transform(dict_test)
```

最后利用这个数据和之前确定的最优参数对 XGBoost 模型进行训练。

```
dtrain = xgb.DMatrix(X_train, label=y_train, feature_names=dv.feature_names_)
dtest = xgb.DMatrix(X_test, label=y_test, feature_names=dv.feature_names_)

xgb_params = {
    'eta': 0.1,
    'max_depth': 3,
    'min_child_weight': 1,

    'objective': 'binary:logistic',
    'eval_metric': 'auc',
    'nthread': 8,
    'seed': 1,
    'silent': 1
}

num_trees = 160
```

```
model = xgb.train(xgb_params, dtrain, num_boost_round=num_trees)
```

现在评估在测试集上的性能。

```
y_pred_xgb = model.predict(dtest)
roc_auc_score(y_test, y_pred_xgb)
```

输出为 83.2%，这与验证集上的性能 83.6% 相当。这意味着模型不会出现过拟合，并且能够在未见过的客户数据上表现良好。

> **练习 6.4**
> 随机森林和梯度提升的主要区别是什么？
> (a) 梯度提升中的树是按顺序训练的，后一棵树会对前一棵树进行改进。在随机森林中，所有树都是独立训练的。
> (b) 梯度提升比使用随机森林要快得多。
> (c) 随机森林中的树是按顺序训练的，后一棵树会对前一棵树进行改进。在梯度提升中，所有树都是独立训练的。

# 6.5 后续步骤

虽然我们已经学习了决策树、随机森林和梯度提升的基本知识，但还有很多内容超出了本章的范围。你可以通过做练习来进一步探讨这个话题。

## 6.5.1 练习

- 特征工程是指从现有特征中创建新特征的过程。对于本项目，我们没有创建任何特征，只是使用数据集中提供的特征。添加更多特征应该有助于提高模型的性能。例如，可以添加所要求的金额相对于商品总价的比率。请尝试对更多特征进行特征工程。
- 当训练一个随机森林时，我们通过为每棵树选择一个随机的特征子集来得到不同的模型。为控制子集的大小，可使用 max_features 参数。试着调整这个参数，查看它是否会改变验证集上的 AUC。
- 极限随机化树(或简称额外树)是随机森林的一种变体，在这种变体中，随机化的思想被发挥到极致。它不是寻找最好的划分点，而是随机选择一个划分条件。这种方法有几个优点：额外树训练起来更快，更不容易出现过拟合。另一方面，更多的树才能拥有足够的性能。在 Scikit-learn 中，来自 ensemble 包的 ExtraTreesClassifier 实现了它。对本项目进行该试验。
- 在 XGBoost 中，colsample_bytree 参数控制为每棵树选择的特征数量——这类似于随机森林中的 max_features 参数。利用此参数进行试验，查看它是否提高了性能：尝试从 0.1 到 1.0 的值，步长设置为 0.1。通常最佳值在 0.6 和 0.8 之间，但有时 1.0 会给出最好的结果。
- 除随机选择列(特征)外，还可以选择行的子集(客户)。这被称为子抽样，它有助于防止过拟合。在 XGBoost 中，subsample 参数控制为训练集成中的每棵树选择的样本比例。尝试从 0.4 到 1.0 的值，步长为 0.1。通常最佳值在 0.6 和 0.8 之间。

## 6.5.2　其他项目

所有基于树的模型都可以解决回归问题——预测一个数字。在 Scikit-learn, DecisionTreeRegressor 和 RandomForestRegressor 实现了模型的回归变体。在 XGBoost 中，需要将 objective 更改为 reg:squarederror。使用这些模型来预测汽车的价格并试图解决其他回归问题。

# 6.6　本章小结

- 决策树是表示一系列 if-then-else 决策的模型。它很容易理解并且在实践中也表现得很好。
- 我们可利用杂质度选择最佳划分来训练决策树。控制的主要参数是树的深度和每个叶子中的最小样本数。
- 随机森林是一种将许多决策树组合成一个模型的方法。就像专家团队一样，个别的树可能会犯错误，但将它们放在一起，就不太可能做出错误的决策。
- 一个随机森林应该有一组不同的模型来作出良好的预测。这就是模型中的每棵树都使用不同的特征集进行训练的原因。
- 对于随机森林，需要改变的主要参数与决策树相同：深度和每个叶子中的最小样本数。此外，还需要选择集成中树的数量。
- 在随机森林中，树是独立的，而在梯度提升中，树是顺序的，每一个后续模型都会纠正前一个模型的错误。某些情况下，这会得到更好的预测性能。
- 梯度提升需要调优的参数与随机森林相似：深度、叶子中的最小观察数和树的数量。除此之外，还有 eta 参数——学习率。该参数决定了每棵树对集成的贡献。

基于树的模型很容易理解和解释。梯度提升非常棒，通常可以在结构化数据(表格格式的数据)上获得最好的性能。

在第 7 章中，我们将研究神经网络：一种不同类型的模型，该模型在非结构化数据(如图像)上能获得最好的性能。

# 6.7　习题答案

- 练习 6.1：(a)。
- 练习 6.2：(b)。
- 练习 6.3：(c)。
- 练习 6.4：(a)。

# 第 7 章

# 神经网络与深度学习

**本章内容**
- 用于图像分类的卷积神经网络
- TensorFlow 和 Keras——构建神经网络的框架
- 使用预训练的神经网络
- 卷积神经网络的内部结构
- 使用迁移学习训练模型
- 数据增强——生成更多训练数据的过程

以前，我们只处理表格数据(CSV 文件中的数据)。本章中将处理一种完全不同类型的数据——图像。

为本章准备的项目是服装分类。我们将预测服装图像是 T 恤、衬衫、裙子、连衣裙等。

这是一个图像分类问题。为解决该问题，我们将学习如何使用 TensorFlow 和 Keras 训练一个深度神经网络来识别服装的类型。本章的学习材料将帮助你开始使用神经网络并执行任意类似的图像分类项目。

## 7.1 服装分类

假设我们在一个线上时尚市场工作。用户每天上传数千张图片来出售他们的衣服。我们希望通过自动推荐合适的服装类别来帮助用户更快地创建商品列表。

要做到这一点，需要一个分类图像的模型。之前，已经介绍了多种分类模型：逻辑回归、决策树、随机森林和梯度提升。这些模型可以很好地处理表格数据，但要将它们用于处理图像却相当困难。

为解决该问题，需要一种不同类型的模型：卷积神经网络(一种用于处理图像的特殊模型)。这些神经网络由许多层组成，这就是它们被冠以"深度"的原因。深度学习是机器学习的一部分，主要用于处理深度神经网络。

训练这些模型的框架也与之前看到的不同，因此在本章中将使用 TensorFlow 和 Keras，而不是

Scikit-learn。

项目计划如下。

- 首先，下载数据集并使用一个预先训练的模型对图像进行分类。
- 其次，讨论神经网络并学习它们的内部工作机制。
- 然后，调整预先训练的神经网络来解决任务。
- 最后，通过从已有的图像生成更多的图像来扩展数据集。

为评估模型的质量，我们使用准确度：正确分类项的百分比。

仅用一章内容不可能涵盖深度学习背后的所有理论。本书关注的是最基本的部分，这足以完成本章的项目和其他类似的图像分类项目。当遇到一些对于完成本项目并不重要的概念时，可以参考 CS231n——斯坦福大学的一门关于神经网络的课程。课程笔记可以在 cs231n.github.io 网站上找到。

本项目的代码可以在本书的 GitHub 代码库(https://github.com/alexeygrigorev/mlbookcamp-code) 中找到，存放在文件夹 chapter-07-neural-nets 中。这个文件夹里有多个笔记本。对于本章的大部分内容，需要使用 07-neural-nets-train.ipynb。对于 7.5 节，使用 07-neural-nets-test.ipynb 即可。

## 7.1.1　GPU 与 CPU

训练神经网络是一个对计算要求很高的过程，它需要强大的硬件来提高运算速度。为加快训练速度，通常使用 GPU——图形处理单元或图形卡。

本章的示例不一定需要 GPU。你可以在你的笔记本电脑上运行程序，但如果没有 GPU，这将耗费 8 倍的时间。

如果你有一个 GPU 卡，则需要从 TensorFlow 安装特殊的驱动程序来使用它(详见 TensorFlow 的官方文档: https://www.tensorflow.org/install/gpu)。你也可以选择租用已配置好的 GPU 服务器。例如，可以使用 AWS SageMaker 租用一个已经设置好的 Jupyter Notebook 实例。关于如何使用 SageMaker 的详细信息请参见附录 E。其他云提供商也有带有 GPU 的服务器，但在本书中不涉及它们。无论使用什么环境，只要可以安装 Python 和 TensorFlow，代码就可以运行。

在决定在哪里运行代码之后，可以进入下一步：下载数据集。

## 7.1.2　下载服装数据集

首先，为该项目创建一个文件夹并命名为 07-neural-nets。

该项目需要一个服装数据集。我们将使用服装数据集的一个子集(更多信息请查看 https://github.com/alexeygrigorev/clothingdataset)，其中包含 10 个不同类别的大约 3 800 张图像。这些数据可以在 GitHub 代码库中找到。我们可以从以下地址进行下载。

```
git clone https://github.com/alexeygrigorev/clothing-dataset-small.git
```

如果在 AWS SageMaker 中执行此操作，则可以在笔记本的单元格中执行此命令。我们只需要在命令前添加感叹号(!)，如图 7-1 所示。

```
!git clone https://github.com/alexeygrigorev/clothing-dataset-small.git

Cloning into 'clothing-dataset-small'...
remote: Enumerating objects: 3839, done.
remote: Counting objects: 100% (400/400), done.
remote: Compressing objects: 100% (400/400), done.
remote: Total 3839 (delta 9), reused 384 (delta 0), pack-reused 3439
Receiving objects: 100% (3839/3839), 100.58 MiB | 1.21 MiB/s, done.
Resolving deltas: 100% (10/10), done.
Checking out files: 100% (3783/3783), done.
```

图 7-1　在 Jupyter 中执行 shell 脚本命令：只需要在命令前加上感叹号

数据集已被划分进文件夹(见图 7-2)。

● train：用于训练模型的图像(3 068 张图像)。

● validation：用于验证的图片(341 张图像)。

● test：用于测试的图像(372 张图像)。

图 7-2　数据集已被划分为训练集、验证集和测试集

每个文件夹包含 10 个子文件夹：每一种服装都有一个子文件夹(见图 7-3)。

图 7-3　将数据集中的图像装入子文件夹中

如我们所见，这个数据集包含 10 类服装，有连衣裙、帽子、短裤和鞋子等。每个子文件夹只包含一个类的图像(见图 7-4)。

在这些图像中，服装有不同的颜色，背景也是不同的。一些物品放在地板上，一些铺在床上或桌子上，还有一些挂在一个素净的背景前。

对于这些不同的图像，不可能使用之前介绍过的方法。我们需要一种特殊类型的模型：神经网络。这个模型还需要不同的工具，下面将进行详细介绍。

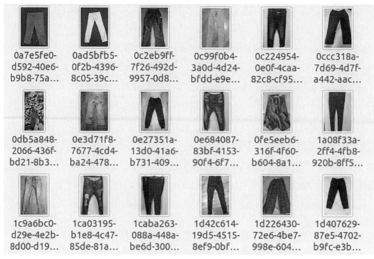

图 7-4　pants 文件夹的内容

## 7.1.3　TensorFlow 和 Keras

如果使用的是 AWS SageMaker，则不需要安装任何东西：它已经拥有所有必需的库。

但如果在你的笔记本电脑上使用 Anaconda 或者在其他地方运行代码，则需要安装 TensorFlow（一个用于构建神经网络的库）。

我们使用 pip 来进行安装。

```
pip install tensorflow
```

TensorFlow 是一个低级框架，它并不总是易于使用。本章中将使用 Keras——一个构建在 TensorFlow 之上的高级库。Keras 使训练神经网络变得非常简单。它是和 TensorFlow 一起预装的，因此不需要额外安装任何东西。

**注意**：*以前，Keras 不是 TensorFlow 的一部分，你可以在互联网上找到很多示例，其中它仍然是一个独立的库。然而，现在 Keras 的界面并没有发生很大的变化。因此，你可能会发现大多数示例在新 Keras 中仍然可以运行。*

在撰写本书时，TensorFlow 的最新版本是 2.3.0，AWS SageMaker 使用的是 TensorFlow 的 2.1.0 版本。版本的差异不是问题；本章中的代码适用于这两个版本，并且应该能适用于所有 TensorFlow 2 版本。

创建一个新的笔记本并命名为 chapter-07-neural-nets。和之前一样，首先导入 NumPy 和 MatplotLib。

```
import numpy as np
import matplotlib.pyplot as plt
%matplotlib inline
```

接着，导入 TensorFlow 和 Keras。

```
import tensorflow as tf
```

```
from tensorflow import keras
```

准备工作完成后就可以查看得到的图像。

## 7.1.4　加载图像

Keras 提供了一个特定的函数 load_img 来加载图像。导入方法如下。

```
from tensorflow.keras.preprocessing.image import load_img
```

**注意**：当 Keras 是一个单独的包时，导入方法如下。

```
from keras.preprocessing.image import load_img
```

如果你在互联网上找到一些旧的 Keras 代码并希望将其与最新版本的 TensorFlow 一起使用，导入时只需要在开头添加 tensorflow。一般来说，这足以让代码运行。

接下来调用这个函数去查看其中的一张图像。

```
path = './clothing-dataset-small/train/t-shirt'
name = '5f0a3fa0-6a3d-4b68-b213-72766a643de7.jpg'
fullname = path + '/' + name
load_img(fullname)
```

当执行完这段代码后，应该得到一张 T 恤的图像(见图 7-5)。

图 7-5　训练集中一张 T 恤的图像

因为模型对图像大小有要求，所以为了在神经网络中使用这张图像，需要调整它的大小。例如，在本章中使用的网络需要 150×150 或 299×299 大小的图像。

我们设置参数 target_size 来调整图像的大小。

```
load_img(fullname, target_size=(299, 299))
```

结果，图像变成方形，感觉有点被压扁了(见图 7-6)。

图 7-6　使用参数 target_size 调整图像大小

现在用神经网络对这张图像进行分类。

# 7.2　卷积神经网络

神经网络是一种用于解决分类和回归问题的机器学习模型。我们的问题是一个分类问题——确定图像的类别。

但是，这个问题很特殊：处理的是图像数据。这就是为什么需要一种特殊类型的神经网络——卷积神经网络(它可以从图像中提取视觉模式并利用它们进行预测)。

预训练的神经网络可从互联网上获得，因此让我们了解如何在本项目中使用它们。

## 7.2.1　使用预训练模型

从头开始训练卷积神经网络是一个耗时的过程，需要大量数据和强大的硬件。对于像 ImageNet 这样包含 1400 万张图像的大型数据集，可能需要数周的不间断训练(可查看 image-net.org 了解更多信息)。

幸运的是，我们不需要自己去训练模型：可以使用预训练模型。通常，这些模型是在 ImageNet 上训练的，可以用于通用的图像分类。

它非常简单，我们甚至不需要自己下载任何东西——Keras 会自动处理它。我们可以使用许多不同类型的模型(也称为架构)。你可以在 Keras 官方文档(https://keras.io/api/applications/)中找到可用预训练模型的一个汇总。

本章中将使用 Xception，这是一个性能良好的相对较小的模型。首先，需要导入模型本身和一些有用的函数。

```
from tensorflow.keras.applications.xception import Xception
from tensorflow.keras.applications.xception import preprocess_input
from tensorflow.keras.applications.xception import decode_predictions
```

我们导入了三部分内容。

- Xception：实际模型。
- preprocess_input：用于准备模型要使用的图像的函数。
- decode_prediction：用于解码模型的预测的函数。

接着加载该模型。

```
model = Xception(
    weights='imagenet',
    input_shape=(299, 299, 3)
)
```

这里设置两个参数。

- weights：想要使用来自 ImageNet 的预训练模型。
- imput_shape：输入图像的大小，包括高度、宽度和通道数。我们将图像大小调整为 299 × 299，每个图像有 3 个通道，即红、绿和蓝。

当第一次加载时，它会从网上下载实际模型。下载完成后就可以使用它。

接下来用之前看到的图像进行测试。首先，使用 load_img 函数进行加载。

```
img = load_img(fullname, target_size=(299, 299))
```

img 变量是一个 Image 对象，需要将其转换为 NumPy 数组。

```
x = np.array(img)
```

该数组应具有与图像相同的形状。查看方法如下。

```
x.shape
```

我们将看到(299,299,3)，它包含 3 个维度(见图 7-7)。

- 图像的宽度：299。
- 图像的高度：299。
- 通道数：红、绿、蓝。

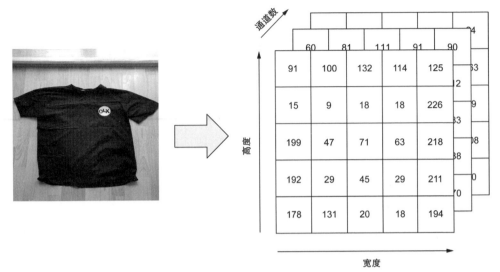

图 7-7　转换后，图像变成一个"宽度×高度×通道数"的 NumPy 数组

这与在加载神经网络时指定的输入形状相匹配。然而，该模型并不只期望得到一张图像。它要得到一批图像——几张图像放在一个数组中。这个数组具有 4 个维度。

- 图像数
- 宽度
- 高度
- 通道数

例如，对于 10 张图像，形状是(10,299,299,3)。因为只有一张图像，所以需要用这张图像创建一批图像。

```
X = np.array([x])
```

**注意**：如果有几个图像，例如 x、y 和 z，那么可以这样写代码。

```
X = np.array([x, y, z])
```

接着检查它的形状。

```
X.shape
```

正如所看到的，结果为(1,299,299,3)——它是一个大小为 299 × 299 的三通道图像。

在将模型应用到图像之前，需要用 preprocess_input 函数进行准备。

```
X = preprocess_input(X)
```

该函数将原始数组中 0 和 255 之间的整数转换为 -1 和 1 之间的数字。

现在，我们准备使用这个模型。

## 7.2.2　获得预测

在应用该模型时，需要使用 predict 方法。

```
pred = model.predict(X)
```

接着查看该数组。

```
pred.shape
```

这个数组相当大，它包含 1000 个元素(见图 7-8)。

```
pred = model.predict(X)

pred.shape

(1, 1000)

pred[0, :10]

array([0.0003238 , 0.00015736, 0.00021406, 0.00015296, 0.00024657,
       0.00030446, 0.00032349, 0.00014726, 0.00020487, 0.00014866],
      dtype=float32)
```

图 7-8　预训练的 Xception 模型的输出

这个 Xception 模型预测图像是否属于 1000 个类中的一个，因此预测数组中的每个元素都是属于这些类中的一个的概率。

我们不知道这些类是什么，因此仅通过数字很难从预测中得出结论。幸运的是，我们可以使用函数 decode_ predictions，它可将预测解码为有意义的类名。

```
decode_predictions(pred)
```

它显示了这张图像最可能的 5 个类。

```
[[('n02667093', 'abaya', 0.028757658),
  ('n04418357', 'theater_curtain', 0.020734021),
  ('n01930112', 'nematode', 0.015735716),
  ('n03691459', 'loudspeaker', 0.013871926),
  ('n03196217', 'digital_clock', 0.012909736)]]
```

这和我们预期的结果不太一样。也许像这样的 T 恤图像在 ImageNet 中并不常见，这就是结果对我们的问题没有帮助的原因。

尽管这些结果目前并不是特别有用，但我们可以使用该神经网络作为解决问题的基本模型。

为理解如何做到这一点，首先应该了解卷积神经网络是如何工作的。接下来查看当调用 predict 方法时，模型内部会发生什么。

# 7.3　模型的内部结构

所有神经网络都是分层组织的。首先获取一张图像，然后将其通过所有层，最后得到预测结果(见图 7-9)。

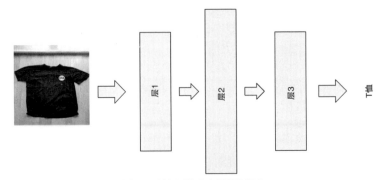

图 7-9    神经网络由多层结构组成

通常，一个模型有很多层。例如，这里使用的 Xception 模型包含 71 层。这就是这些神经网络被称为"深度"神经网络的原因——因为它们包含很多层。

对于卷积神经网络，最重要的层包括如下。

- 卷积层
- 致密层

首先查看卷积层。

## 7.3.1    卷积层

尽管"卷积层"听起来很复杂，但它只不过是一组过滤器——形状简单如条纹的小"图像"(见图 7-10)。

图 7-10    卷积层过滤器的示例(不是来自真实网络)

模型在训练期间学习卷积层中的过滤器。但是，因为使用的是预训练的神经网络，所以不必担心它；我们已经有过滤器。

为了将卷积层应用到图像上，我们将每个过滤器滑过图像。例如，可以从左到右和从上到下滑动(见图 7-11)。

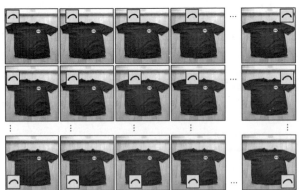

图 7-11    将过滤器滑过图像

当滑动时，我们将过滤器的内容与过滤器下图像的内容进行比较。对于每一次比较，都会记录相似程度。这样就能得到一张特征图——一个带数字的数组，大的数字表示过滤器和图像之间匹配，小的数字表示不匹配(见图 7-12)。

因此，特征图告诉我们可以在图像的哪个位置找到过滤器中的形状。

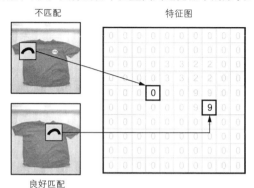

图 7-12　特征图是对图像应用过滤器的结果。图上的高值对应的是图像和过滤器之间高度相似的区域

一个卷积层由多个过滤器组成，因此实际上将得到多个特征图——每个过滤器对应一个特征图(见图 7-13)。

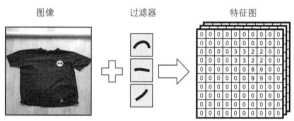

图 7-13　每个卷积层包含许多过滤器，因此得到一组特征图：每个过滤器对应一个

现在可以把一个卷积层的输出作为下一层的输入。

从上一层我们知道不同条纹和其他简单形状的位置。当两个简单的形状出现在同一位置时，它们会形成更复杂的图案——交叉、角或圆形。

这就是下一层的过滤器所做的：它们将前一层的形状组合成更复杂的结构。越深入网络，网络就能识别出更复杂的模式(见图 7-14)。

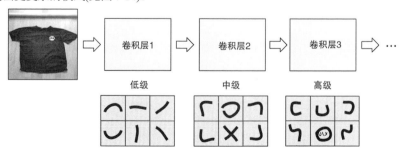

图 7-14　更深层的卷积层可以检测出图像中越来越复杂的特征

我们重复这个过程来检测越来越复杂的形状。通过这种方式，网络"学习"图像的一些显著特征。对于衣服，它可以是短袖或长袖，或者围脖的类型。对于动物来说，它可以是尖的或松软的耳朵，或者有无胡须。

最后，我们得到图像的向量表示：一个一维数组，其中每个位置对应一些高级的视觉特征。数组的某些部分可能对应袖子，而其他部分则代表耳朵和胡须。在这个级别上，通常很难从这些特征中进行理解，但它们足够用来区分 T 恤和裤子或猫和狗。

现在需要使用这个向量表示来组合这些高级特征并得出最终决策。为此，将使用一种不同的层——致密层。

## 7.3.2  致密层

致密层处理图像的向量表示并将这些视觉特征转换为实际类——T 恤、连衣裙、夹克或其他类(见图 7-15)。

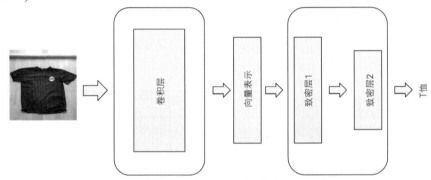

图 7-15   卷积层将图像转换为向量表示，致密层将向量表示转换为实际标签

为了理解它的工作原理，让我们回顾之前是如何使用逻辑回归对图像进行分类的。

假设想要建立一个二元分类模型来预测一幅图像是否是 T 恤。这种情况下，逻辑回归的输入是图像的向量表示——特征向量 $x$。

从第 3 章中可知，为进行预测，需要将 $x$ 中的特征与权值向量 $w$ 结合，然后应用 sigmoid 函数得到最终的预测。

$$\text{sigmoid}(x^T w)$$

可以通过取向量 $x$ 的所有分量并将它们连接到输出(是 T 恤的概率)来直观地显示它(见图 7-16)。

如果需要对多个类进行预测怎么办？例如，我们可能想知道是否含有 T 恤、衬衫或连衣裙图像。这种情况下，可以构建多个逻辑回归——每个类一个(见图 7-17)。

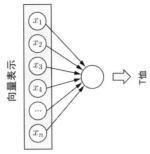

图 7-16　逻辑回归：取特征向量 **x** 的所有分量，将其组合得到预测结果

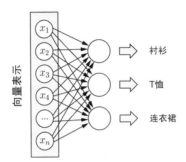

图 7-17　训练多个逻辑回归模型来预测多个类

通过把多个逻辑回归模型放在一起，就构成一个小型神经网络。

为了让它看起来更简单，可以将输出合并到一个层——输出层(见图 7-18)。

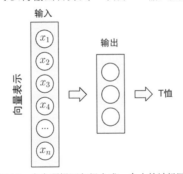

图 7-18　多个逻辑回归组合成一个小的神经网络

当我们有 10 个想要预测的类时，输出层中就有 10 个元素。为进行预测，我们查看输出层的每个元素并选择得分最高的元素。

这种情况下，有一个只有一层的网络：这一层将输入转换为输出。

这一层叫做致密层。它是"密集的"，因为它将输入的每个元素与输出的所有元素连接起来。因此，这些层有时被称为"完全连接"(见图 7-19)。

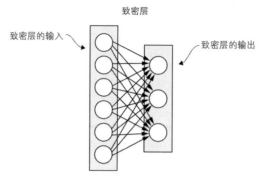

图 7-19  致密层把输入的每个元素和输出的每个元素连接起来

但是，不必只限于一个输出层。我们可以在输入和最终输出之间添加更多层(见图 7-20)。

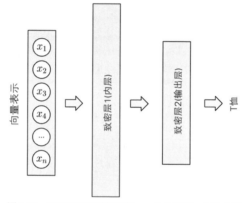

图 7-20  具有两层的神经网络：一个内层和一个输出层

因此，当调用 predict 时，图像首先要经过一系列卷积层。通过这种方法，提取出这张图像的向量表示。接下来，该向量表示通过一系列致密层，就能得到最终的预测(见图 7-21)。

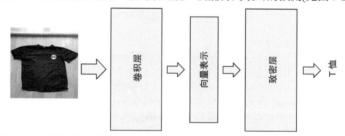

图 7-21  在卷积神经网络中，图像首先经过一系列卷积层，然后经过一系列致密层

**注意：** 本书只给出了卷积神经网络内部结构的简单概述。除卷积层和致密层外，还存在许多其他层。有关此主题的更深入介绍，可查看 CS231n 课程笔记(cs231n.github.io/convolutional-networks)。

现在回到代码并查看如何为项目调整一个预训练的神经网络。

# 7.4　训练模型

训练卷积神经网络需要大量时间和数据。但有一条捷径：可以使用迁移学习，这是一种使预训练模型适用于问题的方法。

## 7.4.1　迁移学习

训练的困难通常来自卷积层。为了能够从图像中提取出良好的向量表示，过滤器需要学习良好的模式。为此，网络必须看到许多不同的图像——越多越好。一旦有了一个好的向量表示，训练致密层就相对容易。

这意味着可以使用在 ImageNet 上预训练的神经网络来解决问题。这个模型已经学习了好的过滤器。因此，可使用这个模型并保留卷积层，但丢弃致密层并训练新层(见图 7-22)。

本节中正是这样操作的。但在开始训练之前，需要准备好数据集。

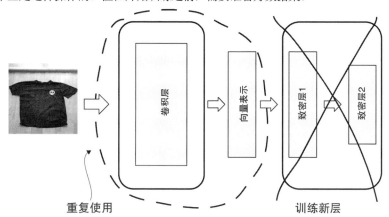

图 7-22　为了使预训练模型适应新领域，保留旧卷积层但训练新致密层

## 7.4.2　加载数据

在前面的章节中，我们将整个数据集加载到内存中并使用它来获取 $X$——特征矩阵。对于图像来说，这种操作就比较困难：我们可能没有足够的内存来保存所有图像。

Keras 提供了一个解决方案——ImageDataGenerator。它不是将整个数据集加载到内存中，而是小批量地从磁盘加载图像。使用方法如下。

```
from tensorflow.keras.preprocessing.image import ImageDataGenerator

train_gen = ImageDataGenerator(
    preprocessing_function=preprocess_input          ← 对每个图像使用 preprocess_input
)                                                        函数
```

我们已经知道需要使用 preprocess_input 函数对图像进行预处理，同时需要告诉 ImageDataGenerator 应该如何准备数据。

现在已经有了一个生成器，因此只需要将它指向包含数据的目录。为此，使用 flow_from_directory 方法。

```
train_ds = train_gen.flow_from_directory(          ← 从训练集目录加载所
    "clothing-dataset-small/train",                    有图像
    target_size=(150, 150),        ←
    batch_size=32,       ←                   将图像大小调整为
)                                                    150×150
         批量加载 32 张图像
```

对于初始实验，我们使用大小为 150×150 的图像。这样可以更快地训练模型。此外，小尺寸使得使用笔记本电脑进行训练成为可能。

数据集中包含 10 类服装，每个类的图像存储在一个单独的目录中。例如，所有 T 恤都存储在 t-shirt 文件夹中。生成器可以使用文件夹结构来推断每个图像的标签。

当执行程序时，它将告诉我们训练数据集中有多少张图像和多少个类。

```
Found 3068 images belonging to 10 classes.
```

接着对验证数据集重复相同的过程。

```
validation_gen = ImageDataGenerator(
    preprocessing_function=preprocess_input
)

val_ds = validation_gen.flow_from_directory(
    "clothing-dataset-small/validation",
    target_size=image_size,
    batch_size=batch_size,
)
```

与前面一样，使用训练数据集来训练模型，使用验证数据集来选择最佳参数。

加载好数据后，我们准备训练一个模型。

## 7.4.3   创建模型

首先，需要加载基本模型——这是用于从图像中提取向量表示的预训练模型。与前面一样，我们也使用 Xception，但这次只包含具有预训练卷积层的部分。之后，添加致密层。

创建基本模型如下。

```
base_model = Xception(             使用在 ImageNet 上
    weights='imagenet',      ←     预训练的模型
    include_top=False
    input_shape=(150, 150, 3),  ←          只保留卷积层
)
                                    图像尺寸为 150×150，有
                                    3 个通道
```

注意 include_top 参数：通过这种方式，我们明确规定对预训练神经网络的致密层不感兴趣，而只对卷积层感兴趣。在 Keras 的术语中，顶部(top)是指网络的最后一层(见图 7-23)。

我们不想训练基本模型，因为尝试这样做将破坏所有过滤器。因此，可以通过将 trainable 参数设置为 False 来"冻结"基本模型。

```
base_model.trainable = False
```

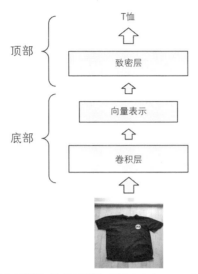

图 7-23　在 Keras 中，网络的输入在底部，输出在顶部，因此 include_top=False 表示"不包含最后的致密层"

接着构建服装分类模型。

我们构建模型的方式被称为"函数式风格"。一开始你可能会感到困惑，因此接下来分别查看代码的每一行。

首先，指定期望的数组输入和大小。

```
inputs = keras.Input(shape=(150, 150, 3))
```

接着，创建基本模型。

```
base = base_model(inputs, training=False)
```

尽管 base_model 已经是一个模型，我们还是把它当作一个函数来使用，并且给它指定两个参数——inputs 和 training=False。

- 第一个参数表示 base_model 的输入。它来自 inputs。
- 第二个参数(training=False)是可选的，它表示我们不想训练基本模型。

结果是 base，它是一个函数式组件(类似 base_model)，可以将其与其他组件组合在一起。我们使用它作为下一层的输入。

```
vector = keras.layers.GlobalAveragePooling2D()(base)
```

这里创建一个池化层——一种特殊的结构，它会将卷积层(一个三维数组)的输出转换为一个向量(一个一维数组)。

创建池化层后，立即使用 base 作为参数调用它。通过这种方式，可以说这一层的输入来自 base。

这可能会有点令人困惑，因为我们创建了一个层并立即将其连接到 base。现在可以重写它，使其更容易理解。

```
pooling = keras.layers.GlobalAveragePooling2D()      ← 创建池化层
vector = pooling(base)      ← 使其连接到 base
```

结果，我们将得到 vector。这是另一个函数式组件，会连接到下一层——一个致密层。

```
outputs = keras.layers.Dense(10)(vector)
```

类似地，我们首先创建致密层，然后将其连接到 vector。现在，我们创建的网络只有一个致密层。这已经足够。

结果就是 outputs——我们想从网络中得到的最终结果。

在示例中，数据从 inputs 进入，从 outputs 输出。只剩下最后一步——将 inputs 和 outputs 都封装到一个 Model 类中。

```
model = keras.Model(inputs, outputs)
```

我们需要在此处设定两个参数。

- 模型的输入，本例中是 inputs。
- 模型的输出，本例中是 outputs。

再回过头按照从 inputs 到 outputs 的数据流查看模型定义代码(见图 7-24)。

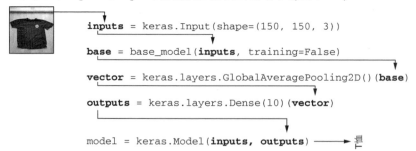

图 7-24  数据流：一张图像首先经过 inputs，然后 base_model 将其转换为 base，池化层将其转换为 vector，接着致密层将其转换为 output。最后，inputs 和 outputs 进入 Keras 模型中

为了使其更直观，我们可以将每一行代码看成一个模块，它从前一个块中获取数据，对其进行

转换，然后传递给下一个模块(见图 7-25)。

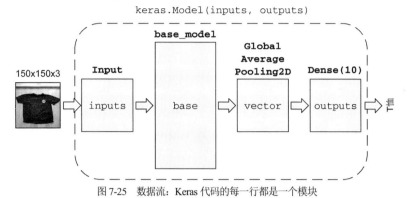

图 7-25 数据流：Keras 代码的每一行都是一个模块

由此，我们创建了一个模型，它可以接收图像，使用基本模型得到向量表示，并且通过致密层作出最终预测。

现在对其进行训练。

## 7.4.4 训练模型

我们已经指定了模型：输入、模型的元素(基本模型、池化层)和最终的输出层。

现在需要训练它。为此，需要一个优化器——它可以调整网络的权重，使其更好地完成任务。

我们不准备讨论优化器如何工作的细节——这超出了本书的范围，也不是本项目所必需的。但如果你想了解更多关于优化器的信息，可查看 CS231n 课程笔记(https://cs231n.github.io/neural-networks-3/)。你可以在 Keras 的官方文档(https://keras.io/api/optimizers/)中看到可用的优化器列表。

对于我们的项目，将使用 Adam 优化算法——一个很好的默认选择。大多数情况下，使用它就足够。

首先创建它。

```
learning_rate = 0.01
optimizer = keras.optimizers.Adam(learning_rate)
```

Adam 需要一个参数：学习速率，它决定网络的学习速度。

学习速率可能会显著影响网络的质量。如果设置得太高，网络会学习得太快，可能意外地跳过一些重要的细节。这种情况下，预测性能不是最优的。如果设置得太低，则网络的训练时间过长，这会导致训练过程非常低效。

稍后我们将调整此参数。现在先将其设置为 0.01——这是一个很好的默认值。

为训练模型，优化器需要知道模型是否运行良好。为此，它使用了一个损失函数，随着网络变得更好，损失函数变得更小。优化器的目标是使损失最小化。

keras.losses 包提供了多种多样的损失函数。以下是最重要的几个。

- BinaryCrossentropy：用于训练二元分类器。
- CategoricalCrossentropy：用于训练具有多个类的分类模型。
- MeanSquaredError：用于训练回归模型。

因为我们需要将衣服分为 10 个不同的类，所以使用 CategoricalCrossentropy。

```
loss = keras.losses.CategoricalCrossentropy(from_logits=True)
```

对于该损失函数，需要设置一个参数：from_logits=True。这样做是因为网络的最后一层输出的是原始分数(称为 logits)，而不是概率。官方文档建议这样做是为了保持数值稳定(https://www.tensorflow.org/api_docs/python/tf/keras/losses/CategoricalCrossentropy)。

**注意**：或者，可以按如下方式定义网络的最后一层。

```
outputs = keras.layers.Dense(10, activation='softmax')(vector)
```

这种情况下，需要明确地告诉网络输出概率：softmax 类似于 sigmoid，但可用于多个类。然后输出不再是 logits，因此可以删除这个参数。

```
loss = keras.losses.CategoricalCrossentropy()
```

现在把优化器和损失函数放在一起。为此，使用模型的 compile 方法。

```
model.compile(
    optimizer=optimizer,
    loss=loss,
    metrics=["accuracy"]
)
```

除了优化器和损失函数外，还指定了想在训练期间跟踪的指标。我们感兴趣的是准确度：准确预测的图像的百分比。

模型已经可以训练。这里运用 fit 方法进行训练。

```
model.fit(train_ds, epochs=10, validation_data=val_ds)
```

我们设置如下 3 个参数。
- train_ds：训练数据集。
- epochs：训练整个数据集的次数。
- validation_data：验证数据集。

对整个训练数据集的一次迭代称为一个迭代期(epoch)。迭代次数越多，网络对训练数据集的学习就越好。

最终模型可以很好地学习数据集，甚至开始过拟合。想要知道过拟合何时发生，需要在验证数据集上监测模型性能。这就是设置参数 validation_data 的原因。

进行模型训练时，Keras 会展示进度情况。

```
Train for 96 steps, validate for 11 steps
Epoch 1/10
96/96 [==============================] - 22s 227ms/step - loss: 1.2372 -
    accuracy: 0.6734 - val_loss: 0.8453 - val_accuracy: 0.7713
Epoch 2/10
96/96 [==============================] - 16s 163ms/step - loss: 0.6023 -
    accuracy: 0.8194 - val_loss: 0.7928 - val_accuracy: 0.7859
...
Epoch 10/10
```

```
96/96 [==============================] - 16s 165ms/step - loss: 0.0274 -
    accuracy: 0.9961 - val_loss: 0.9342 - val_accuracy: 0.8065
```

从中可以看出如下内容。

- 训练速度：每个迭代期需要多长时间。
- 训练和验证数据集上的准确度。我们应该监控验证集上的准确度以确保模型不会开始过拟合。例如，如果验证集上的准确度在多个迭代期后下降，这就是过拟合的标志。
- 训练和验证方面的损失。我们对损失不感兴趣——它不那么直观，值也更难解释。

**注意：** 你的结果可能会不同。模型的总体预测性能应该是相似的，虽然确切的数字可能会不同。对于神经网络，即使固定随机种子，也很难保证结果完美重现。

正如所见，模型在训练数据集上很快达到99%的准确度，但所有迭代期中在验证数据集上的分数都保持在80%左右(见图7-26)。

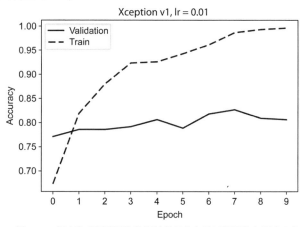

图 7-26　每个迭代期后评估的训练数据集和验证数据集上的准确度

训练数据集上的完美准确度并不意味着模型过拟合，但这表明要调整学习速率参数。前面提到过学习速率是一个重要的参数，现在对它进行调整。

**练习 7.1**

迁移学习是使用预训练模型(基本模型)将图像转换为向量表示，然后在此基础上训练另一个模型的过程。这种说法对吗？

(a) 对。

(b) 错。

## 7.4.5　调整学习速率

我们以 0.01 的学习速率开始。这是一个很好的起点，但并不一定是最好的速率：我们可以看到模型学习得太快，在几次迭代期后，以 100% 的准确度预测训练集。

接下来尝试为学习速率设置其他值。

首先，为了更方便，应该将创建模型的逻辑放在一个单独的函数中并以学习速率为参数(如代码清单 7.1 所示)。

**代码清单 7.1　用于创建模型的函数**

```python
def make_model(learning_rate):
    base_model = Xception(
        weights='imagenet',
        input_shape=(150, 150, 3),
        include_top=False
    )

    base_model.trainable = False

    inputs = keras.Input(shape=(150, 150, 3))

    base = base_model(inputs, training=False)
    vector = keras.layers.GlobalAveragePooling2D()(base)

    outputs = keras.layers.Dense(10)(vector)

    model = keras.Model(inputs, outputs)

    optimizer = keras.optimizers.Adam(learning_rate)
    loss = keras.losses.CategoricalCrossentropy(from_logits=True)

    model.compile(
        optimizer=optimizer,
        loss=loss,
        metrics=["accuracy"],
    )

    return model
```

前面已经尝试了 0.01，现在再尝试 0.001。

```python
model = make_model(learning_rate=0.001)
model.fit(train_ds, epochs=10, validation_data=val_ds)
```

还可以尝试更小的值 0.0001。

```python
model = make_model(learning_rate=0.0001)
model.fit(train_ds, epochs=10, validation_data=val_ds)
```

可以看到(见图 7-27)，当学习速率参数设置为 0.001 时，训练准确度的上升速度没有 0.01 时快，但在 0.0001 时，训练准确度的上升非常缓慢。这种情况下，网络的学习速率太慢——发生了欠拟合。

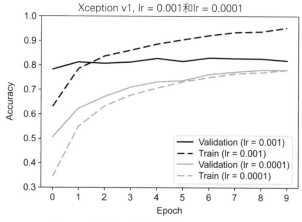

图 7-27　模型学习速率为 0.001 和 0.0001 时的表现

如果查看所有学习速率的验证分数(见图 7-28)，会发现 0.001 的学习速率是最好的。

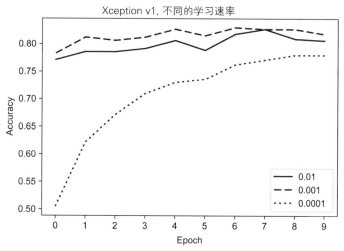

图 7-28　3 种不同的学习速率下模型在验证集上的准确度

对于 0.001 的学习速率，最好的准确度为 83%(见表 7-1)。

表 7-1　不同学习速率的验证准确度

| 学习速率 | 0.01 | 0.001 | 0.0001 |
| --- | --- | --- | --- |
| 验证准确度 | 82.7% | 83.0% | 78.0% |

**注意**：你的数据可能略有不同。在你的实验中，学习速率为 0.01 的结果可能略好于 0.001。

0.01 与 0.001 之间差异不明显。但如果查看训练数据的准确度，0.01 会更快地过拟合训练数据。某些时候甚至会导致准确度为 100%。当训练集和验证集的性能差异较大时，过拟合的风险也较大。因此，应该选择 0.001 的学习速率。

模型训练完成后，需要保存模型。接下来查看如何操作。

## 7.4.6　保存模型和设置检查点

训练好模型后可以使用 save_weights 方法进行保存。

```
model.save_weights('xception_v1_model.h5', save_format='h5')
```

需要设置以下内容。
- 输出文件：'xception_v1_model.h5'。
- 格式：h5，这是一种保存二进制数据的格式。

你可能已经注意到，在训练时，模型在验证集上的性能会上下波动。在 10 次迭代后不一定能达到最佳性能——也许最好的性能是在迭代 5 次或 6 次时实现的。

可以在每次迭代后保存模型，但这样会生成过多的数据。如果仅租用一台云服务器，它会很快占用所有可用空间。

相反，可以只在模型验证优于之前最佳分数时保存模型。例如，如果之前的最佳准确度是 0.8，但我们将其提高到 0.91，则保存模型。否则，继续训练而不保存模型。

这个过程被称为设置模型检查点。Keras 有一个特殊的类做这件事：ModelCheckpoint。使用方法如下。

```
checkpoint = keras.callbacks.ModelCheckpoint(           指定用于保存模型的
    "xception_v1_{epoch:02d}_{val_accuracy:.3f}.h5",    文件名模板
    save_best_only=True,
    monitor="val_accuracy"                              只有当模型优于之前的
)                                                       迭代时才保存模型
                          根据验证的准确度来选
                          择最佳模型
```

第一个参数是文件名的模板。

```
"xception_v1_{epoch:02d}_{val_accuracy:.3f}.h5"
```

它内部有两个参数。
- {epoch:02d} 用迭代期的数字替换。
- {val_accuracy:.3f} 用验证准确度替换。

由于这里将 save_best_only 设置为 True，因此 ModelCheckpoint 将跟踪最佳准确度并在每次准确度提高时将结果保存到磁盘。

我们将 ModelCheckpoint 实现为回调——一种在每个迭代期完成后执行任意操作的方式。这种特殊情况下，回调对模型进行评估并保存结果(如果准确度更好)。

可以通过将它传递给 fit 方法的 callbacks 参数来使用它。

```
model = make_model(learning_rate=0.001)         创建一个新模型

model.fit(
    train_ds,
    epochs=10,
    validation_data=val_ds,
```

```
        callbacks=[checkpoint]                指定在训练期间要使用
)                                             的回调列表
```

经过几次迭代，已经有一些模型保存到磁盘(见图7-29)。

| | | Name ↓ | Last Modified | File size |
|---|---|---|---|---|
| ☐ 0 ▼ ▪ / | | | | |
| ☐ ☐ clothing-dataset-small | | | 2 days ago | |
| ☐ ◾ chapter-07-neural-nets.ipynb | | Running | seconds ago | 549 kB |
| ☐ ☐ xception_v1_01_0.765.h5 | | | 2 minutes ago | 84 MB |
| ☐ ☐ xception_v1_02_0.789.h5 | | | 2 minutes ago | 84 MB |
| ☐ ☐ xception_v1_03_0.809.h5 | | | 2 minutes ago | 84 MB |
| ☐ ☐ xception_v1_06_0.830.h5 | | | a minute ago | 84 MB |

图 7-29　因为 ModelCheckpoint 回调只在模型改进时保存它，所以只有 4 个文件，而不是 10 个

我们已经学会如何保存最佳模型。现在通过向网络添加更多的层来改进模型。

## 7.4.7　添加更多的层

之前已经训练了带有一个致密层的模型。

```
inputs = keras.Input(shape=(150, 150, 3))

base = base_model(inputs, training=False)
vector = keras.layers.GlobalAveragePooling2D()(base)

outputs = keras.layers.Dense(10)(vector)

model = keras.Model(inputs, outputs)
```

我们不必将自己限制在一个层上，因此可在基本模型和最后一个具有预测的层之间添加另一个层(见图7-30)。

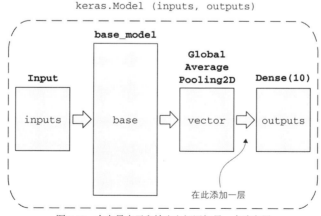

图 7-30　在向量表示和输出之间添加另一个致密层

例如，可以添加一个大小为 100 的致密层。

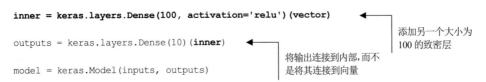

```
inputs = keras.Input(shape=(150, 150, 3))
base = base_model(inputs, training=False)
vector = keras.layers.GlobalAveragePooling2D()(base)

inner = keras.layers.Dense(100, activation='relu')(vector)

outputs = keras.layers.Dense(10)(inner)

model = keras.Model(inputs, outputs)
```

添加另一个大小为
100 的致密层

将输出连接到内部,而不
是将其连接到向量

**注意:** 对于内部致密层,选择大小为 100 并没有特别的原因。应该把它视为一个参数:就像学习速率一样,可以尝试不同的值,查看哪个值在验证时能带来更好的性能。本章中将不再尝试更改内层的大小,但你可以随意更改。

通过这种方式在基本模型和输出之间添加了一个层(见图 7-31)。接下来查看这个新的致密层。

```
inner = keras.layers.Dense(100, activation='relu')(vector)
```

这里将 activation 参数设置为 relu。

通过将多个逻辑回归放在一起得到一个神经网络。在逻辑回归中,sigmoid 函数被用来将原始分数转换为概率。

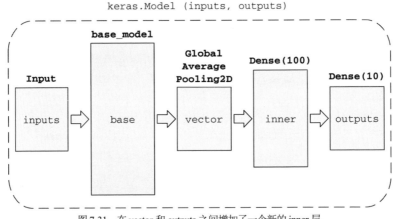

图 7-31　在 vector 和 outputs 之间增加了一个新的 inner 层

但对于内层,不需要概率,我们可以用其他函数代替 sigmoid 函数。这些函数被称为激活函数。ReLU(Rectified Linear Unit,线性整流函数)就是其中之一。对于内层来说,它是比 sigmoid 更好的选择。

sigmoid 函数存在梯度消失的问题,这使得深度神经网络的训练变得不可能。ReLU 解决了这个问题。想了解有关此问题的更多信息以及有关激活函数的一般信息,请参阅 CS231n 课程笔记(https://cs231n.github.io/neural-networks-1/)。

获得新层后,过拟合的可能性显著增加。为避免这种情况,需要在模型中添加正则化。接下来将学习如何实现正则化。

## 7.4.8  正则化和 dropout

dropout 是神经网络中解决过拟合的一种特殊技术。其主要想法是在训练时冻结致密层的一部分。在每个迭代期中，要冻结的部分是随机选择的。只对未冻结的部分进行训练，冻结的部分完全不处理。

如果网络的某些部分被忽略，整个模型就不太可能过拟合。当网络检查一批图像时，冻结的部分不会看到这些数据。这样，网络就更难记住这些图像(见图 7-32)。

对于每一批训练，冻结的部分是随机选择的，因此网络学会从不完整的信息中提取模式，这使得网络更稳健，更不容易出现过拟合。

可以通过设置 dropout 率(每一步冻结的层中元素的比例)来控制 dropout 的强度。

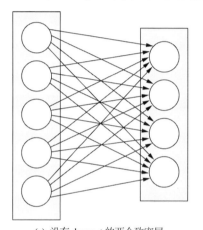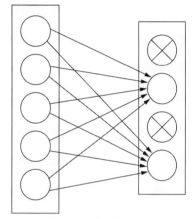

(a) 没有 dropout 的两个致密层　　　　　　　(b) 有 dropout 的两个致密层

图 7-32　使用 dropout 时，冻结节点的连接被丢弃

为了在 Keras 中做到这一点，我们在第一个 Dense 层之后添加一个 Dropout 层并设置 dropout 率。

```
inputs = keras.Input(shape=(150, 150, 3))
base = base_model(inputs, training=False)
vector = keras.layers.GlobalAveragePooling2D()(base)

inner = keras.layers.Dense(100, activation='relu')(vector)
drop = keras.layers.Dropout(0.2)(inner)
outputs = keras.layers.Dense(10)(drop)

model = keras.Model(inputs, outputs)
```

通过这种方式，在网络中添加了另一个模块——dropout 模块(见图 7-33)。

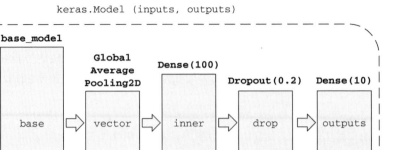

图 7-33　dropout 是 inner 层和 outputs 层之间的另一个模块

接下来训练该模型。为了更简单，首先需要更新 make_model 函数并在其中添加另一个参数来控制 dropout 率(如代码清单 7.2 所示)。

**代码清单 7.2　用于创建带有 dropout 的模型的函数**

```
def make_model(learning_rate, droprate):
    base_model = Xception(
        weights='imagenet',
        input_shape=(150, 150, 3),
        include_top=False
    )

    base_model.trainable = False

    inputs = keras.Input(shape=(150, 150, 3))
    base = base_model(inputs, training=False)
    vector = keras.layers.GlobalAveragePooling2D()(base)

    inner = keras.layers.Dense(100, activation='relu')(vector)
    drop = keras.layers.Dropout(droprate)(inner)

    outputs = keras.layers.Dense(10)(drop)

    model = keras.Model(inputs, outputs)

    optimizer = keras.optimizers.Adam(learning_rate)
    loss = keras.losses.CategoricalCrossentropy(from_logits=True)

    model.compile(
        optimizer=optimizer,
        loss=loss,
        metrics=["accuracy"],
    )

    return model
```

现在为 droprate 参数尝试 4 个不同的值，查看模型的性能如何变化。

● 0.0：没有任何部分会被冻结，因此这相当于完全不包括 dropout 层。

● 0.2：只有 20%的层被冻结。

● 0.5：一半的层被冻结。

● 0.8：大部分层(80%)被冻结。

有了 dropout，将需要更多的时间来训练一个模型：在每一步，网络只有一部分进行学习，因此需要更多的步骤。这意味着应该在训练时增加迭代期数。

因此，按如下所示训练模型。

```
model = make_model(learning_rate=0.001, droprate=0.0)
model.fit(train_ds, epochs=30, validation_data=val_ds)
```

修改 droprate 以用不同值进行实验

训练一个比以前有更多迭代期的模型

完成时，通过将代码复制到另一个单元格并将值更改为 0.2、0.5 和 0.8，对 droprate 参数的其他值重复此操作。

从验证数据集上的结果看，将 droprate 参数设置为 0.0、0.2 和 0.5 并没有显著差异。但是，0.8 有点糟糕——网络很难学习到任何东西(见图 7-34)。

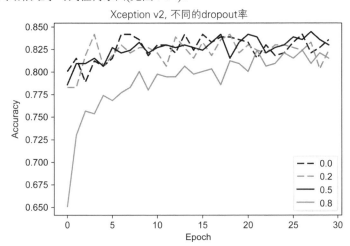

图 7-34　dropout 率设置为 0.0、0.2 和 0.5 时，验证集上的准确度相似。但 dropout 率为 0.8 时的准确度较差

对于 0.5 的 dropout 率(见表 7-2)，可以获得的最佳准确度为 84.5%。

表 7-2　不同 dropout 率值下的验证准确度

| dropout 率 | 0.0 | 0.2 | 0.5 | 0.8 |
| --- | --- | --- | --- | --- |
| 验证准确度 | 84.2% | 84.2% | 84.5% | 82.4% |

**注意**：你可能会得到不同的结果，不同的 dropout 率值可能会获得最佳的准确度。

这种情况下，当验证数据集上的准确度没有明显差异时，查看训练集上的准确度也是很有用的

(见图 7-35)。

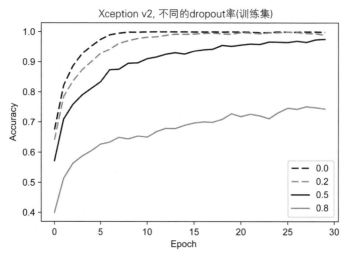

图 7-35　当 dropout 率为 0.0 时，网络过拟合很快，而 dropout 率为 0.8 时，网络将很难学习

在没有 dropout 的情况下，模型可以快速记忆整个训练数据集，在 10 个迭代期后，准确度达到 99.9%。当 dropout 率为 0.2 时，需要更多时间来过拟合训练数据集，而当 dropout 率为 0.5 时，即使经过 30 次迭代，模型也没有达到完美的准确度。当 dropout 率设置为 0.8 时，网络学习任何东西都变得困难，因此即使在训练数据集上，准确度也很低。

可以看到，当 dropout 率为 0.5 时，网络的过拟合速度不如其他网络快，但在验证数据集上保持了与 dropout 率设置为 0.0 和 0.2 时相同的准确度水平。因此，与其他模型相比，我们更喜欢将 dropout 率设置为 0.5 的模型。

通过添加另一层和 dropout，我们将准确度从 83% 提高到 84%。尽管这种提升在特定的情况下并不显著，但 dropout 是一个对抗过拟合的强大工具，我们应该在使模型更复杂时使用它。

除了 dropout，还可以使用其他方法来对抗过拟合。例如，可以生成更多的数据。7.4.9 节中将看到如何做到这一点。

**练习 7.2**
在使用 dropout 时，我们会怎么做？
(a) 完全删除模型的一部分。
(b) 冻结模型的一个随机部分，这样它就不会在一次训练迭代中得到更新。
(c) 冻结模型的一个随机部分，这样它就不会在整个训练过程中被使用。

## 7.4.9　数据增强

获得更多的数据总是一个好主意，而且这通常是能够改进模型质量的最好方法。遗憾的是，我们并不总是能够获得更多的数据。

然而，对于图像，我们可以从现有图像中生成更多的数据。例如

● 垂直和水平翻转图像。

- 旋转图像。
- 放大或缩小图像。
- 以其他方式改变图像。

从现有数据集生成更多数据的过程被称为数据增强(见图 7-36)。

图 7-36 可以通过修改现有图像来生成更多的训练数据

从现有图像创建新图像的最简单的方法是水平翻转、垂直翻转或两者同时翻转(见图 7-37)。

图 7-37 水平和垂直翻转图像

在本例中，水平翻转可能没有多大意义，但垂直翻转应该会有效果。

**注意:**如果你想知道这些图像是如何生成的,可以查看本书的 GitHub 库中的 07-augmentations.ipynb。

旋转是可以使用的另一种图像操作策略: 可以通过对现有图像进行一定角度的旋转来生成新图像(见图 7-38)。

图 7-38 旋转图像。如果旋转度数为负，则图像将逆时针旋转

错切是另一种可能的变换。它通过"拉"图像的一边来扭曲图像。当错切为正时，是把右边拉下来；当错切为负时，是把右边拉上去(见图 7-39)。

图 7-39 错切变换(将图像的右侧向上或向下拉)

乍一看，错切和旋转的效果好像相似，但实际上它们是非常不同的。错切会改变图像的几何形状，但旋转不会，它只是旋转图像(见图 7-40)。

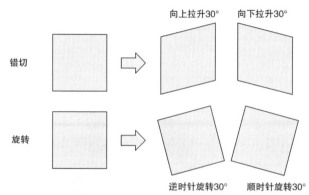

图 7-40　错切通过拉动图像来改变图像的几何形状，因此一个正方形变成一个平行四边形。
旋转不会改变形状，因此正方形仍然是正方形

接下来，可以水平移动图像(见图 7-41)或垂直移动图像(见图 7-42)。

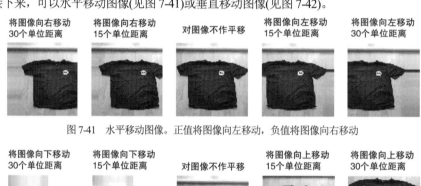

图 7-41　水平移动图像。正值将图像向左移动，负值将图像向右移动

图 7-42　垂直移动图像。正值将图像移到顶部，负值将图像移到底部

最后，可以放大或缩小图像(见图 7-43)。

图 7-43　放大或缩小图像。如果系数小于 1，就放大；如果系数大于 1，就缩小

更重要的是，可以组合多种数据增强策略。例如，可以取一张图像，对其水平翻转和缩小，然后再旋转。

通过对同一张图像应用不同的增强技术，可以生成更多的新图像(见图 7-44)。

Keras 提供了一种内置的方法来增强数据集。它基于之前用来读取图像的 ImageDataGenerator。该生成器接收许多参数。之前，我们只使用 preprocessing_function——用于预处理图像。其实还可以使用其他工具来增强数据集。

图 7-44　从同一图像生成的 10 个新图像

例如，可以创建一个新生成器。

```
train_gen = ImageDataGenerator(
    rotation_range=30,
    width_shift_range=30.0,
    height_shift_range=30.0,
    shear_range=10.0,
    zoom_range=0.2,
    horizontal_flip=True,
    vertical_flip=False,
    preprocessing_function=preprocess_input
)
```

其参数如下所示。

● rotation_range=30：将图像随机旋转一个介于 −30° 和 30° 之间的值。

● width_shift_range=30：将图像水平移动一个介于 −30 和 30 像素之间的值。

● height_shift_range=30：将图像垂直移动一个介于 −30 和 30 像素之间的值。

● shear_range=10：使用一个介于 −10 和 10 像素之间的值对图像进行错切变换。

● zoom_range=0.2：使用介于 0.8 和 1.2（即 1 − 0.2 和 1 +0.2）之间的缩放系数对图像进行缩放。

● horizontal_flip=True：水平随机翻转图像。

● vertical_flip=False：不垂直翻转图像。

对于本项目，这里只进行一部分数据增强。

```
train_gen = ImageDataGenerator(
    shear_range=10.0,
    zoom_range=0.1,
    horizontal_flip=True,
    preprocessing_function=preprocess_input,
)
```

接下来，按照和之前一样的方式使用生成器。

```
train_ds = train_gen.flow_from_directory(
    "clothing-dataset-small/train",
    target_size=(150, 150),
    batch_size=32,
)
```

我们只需要对训练数据应用增强，而不需要用其进行验证：主要希望使评估保持一致，并且能够比较在增强数据集上训练的模型与未经增强训练的模型。

因此，使用与之前完全相同的代码来加载验证数据集。

```
validation_gen = ImageDataGenerator(
    preprocessing_function=preprocess_input
)

val_ds = validation_gen.flow_from_directory(
    "clothing-dataset-small/validation",
    target_size=image_size,
    batch_size=batch_size,
)
```

现在准备训练一种新模型。

```
model = make_model(learning_rate=0.001, droprate=0.2)
model.fit(train_ds, epochs=50, validation_data=val_ds)
```

**注意：** 为了更简洁，这里省略了设置模型检查点的代码。如果你想保存最佳模型，可添加它。

要训练这种模型，需要比以前更多的迭代期。数据增强也是一种正则化策略。网络不是在同一幅图像上反复训练，而是在每个迭代期看到同一幅图像的不同变体。这使得模型更难记住数据并降低了过拟合的概率。

训练完该模型后，我们成功地将准确度从 84%提高到 85%(提高了 1%)。

这种改善并不十分显著。但是因为使用了尺寸为 150×150 的小图像并进行了多次实验，因此可以相对快速地做到这一点。现在可以将所学到的一切应用到更大的图像上。

> **练习 7.3**
> 数据增强有助于对抗过拟合，原因是什么？
> (a) 模型不会一次又一次看到相同的图像。
> (b) 它为数据集增加了许多变化，如旋转和其他图像变换。
> (c) 它会生成可能存在的图像示例，但模型不会看到这些图像。
> (d) 以上都是。

## 7.4.10　训练更大的模型

即使对人类来说，要理解一个 150×150 的小图像中包含的是什么样的物品也是一项挑战。这对计算机来说也很困难：它不容易看到重要的细节，因此模型可能会混淆裤子和短裤或者 T 恤和衬衫。

通过将图像大小从 150×150 增加到 299×299，网络更容易看到更多的细节，从而实现更高的准确度。

**注意：** 在大图像上训练模型所需的时间大约是在小图像上的 4 倍。如果你无法访问带有 GPU 的计算机，则不必运行本节中的代码。理论上讲，过程是相同的，唯一的区别是输入大小。

因此，修改函数来创建一个模型。为此需要使用 make_model 函数(见代码清单 7.2)并在两个地方调整它。

● Xception 的 input_shape 参数。

● 输入的 shape 参数。

这两处都需要用(299,299,3)替换(150,150,3)。

接下来，需要调整训练和验证生成器的 target_size 参数。这里用(299,299)替换(150,150)，其他的则保持不变。

现在准备训练一个模型。

```
model = make_model(learning_rate=0.001, droprate=0.2)
model.fit(train_ds, epochs=20, validation_data=val_ds)
```

**注意：** 为保存模型，可添加设置检查点的代码。

该模型在验证数据上的准确度达到 89%左右，相比之前的模型有了很大的改进。

训练好模型后，现在准备使用它。

# 7.5　使用模型

之前已训练了多个模型。性能最好的一个是在大图像上训练的模型——它有 89%的准确度。次优模型的准确度为 85%。

现在用这些模型来进行预测。要使用模型，首先需要进行加载。

## 7.5.1　加载模型

你可以使用自己训练的模型，也可以下载并使用本书中训练的模型。

要下载模型，可到本书的 GitHub 库的发布部分并查找 Models for Chapter 7：Deep learning 链接(见图 7-45)，或者访问 https://github.com/alexeygrigorev/mlbookcamp-code/releases/tag/chapter7-model。

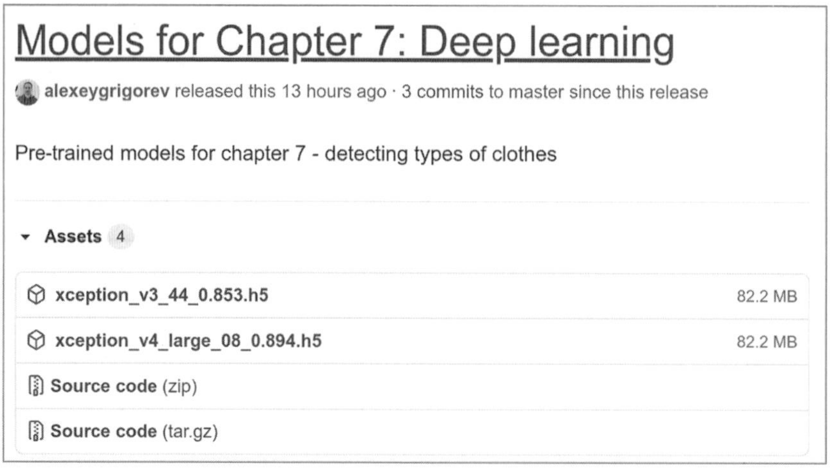

## Models for Chapter 7: Deep learning

**alexeygrigorev** released this 13 hours ago · 3 commits to master since this release

Pre-trained models for chapter 7 - detecting types of clothes

▾ Assets 4

⬡ **xception_v3_44_0.853.h5**　　　　　　　　　　　　　　82.2 MB

⬡ **xception_v4_large_08_0.894.h5**　　　　　　　　　　　82.2 MB

📄 **Source code** (zip)

📄 **Source code** (tar.gz)

图 7-45　可以从本书的 GitHub 库中下载本章训练的模型

然后下载在 $299 \times 299$ 图像上训练的大模型(xception_v4_large)。可使用 models 包中的 load_model 函数加载该模型。

```
model = keras.models.load_model('xception_v4_large_08_0.894.h5')
```

我们已经使用了训练数据集和验证数据集并完成了训练过程,现在通过测试数据来评估模型。

## 7.5.2　评估模型

我们采用相同的方法加载测试数据,即使用 ImageDataGenerator,但指向测试目录。操作如下所示。

```
test_gen = ImageDataGenerator(
    preprocessing_function=preprocess_input
)

test_ds = test_gen.flow_from_directory(
    "clothing-dataset-small/test",          如果用的是小模型,就使
    shuffle=False,                           用(150,150)
    target_size=(299, 299),
    batch_size=32,
)
```

在 Keras 中评估一个模型只需要调用 evaluate 方法。

```
model.evaluate(test_ds)
```

它将该模型应用于测试文件夹中的所有数据并给出损失和准确度的评估指标。

```
12/12 [==============================] - 70s 6s/step - loss: 0.2493 -
    accuracy: 0.9032
```

模型在测试数据集上显示了 90%的准确度,这与在验证数据集上的性能(89%)相当。如果对小数据集重复同样的过程,会看到性能更差。

```
12/12 [==============================] - 15s 1s/step - loss: 0.6931 -
    accuracy: 0.8199
```

在测试集上的准确度是 82%，而在验证集上的准确度是 85%。模型在测试数据集上的表现更差。

这可能是由于随机波动：验证和测试集的规模并不大，只有 300 个示例。因此，模型在验证集上可能是幸运的，在测试集上则可能是不幸的。

然而，这可能是过拟合的迹象。通过在验证数据集上反复评估模型，我们选择了非常幸运的模型。也许这种运气不具有普适性，这也是该模型在未知数据上表现更差的原因。

接下来查看如何将这个模型应用到单个图像上以获得预测。

## 7.5.3　获得预测

如果想把模型应用到单个图像上，需要采取和 ImageDataGenerator 在内部执行的相同的操作。

● 加载一个图像。

● 进行预处理。

我们已经知道如何加载图像，可以使用 load_img 来实现。

```
path = 'clothing-dataset-small/test/pants/c8d21106-bbdb-4e8d-83e4-
    bf3d14e54c16.jpg'
img = load_img(path, target_size=(299, 299))
```

这是一张裤子的图片(见图 7-46)。

图 7-46　来自训练数据集的裤子图像

接下来，对图像进行预处理。

```
x = np.array(img)
X = np.array([x])
X = preprocess_input(X)
```

最终得到预测。

```
pred = model.predict(X)
```

可以通过检查预测的第一行 pred[0] 来查看图像的预测(见图 7-47)。

```
pred = model.predict(X)
pred[0]

array([-2.8609202, -4.234048 , -1.5732546, -1.907885 , 10.247051 ,
       -2.2489133, -4.297381 ,  4.43905  , -4.4588056, -3.9616938],
      dtype=float32)
```

图 7-47　模型的预测。它是一个包含 10 个元素的数组，每个类一个元素

结果是一个包含 10 个元素的数组，每个元素都包含分数。分数越高，图像就越有可能属于相应的类。

要获得分数最高的元素，可使用 argmax 方法。它返回分数最高的元素的索引(见图 7-48)。

```
pred[0].argmax()

4
```

图 7-48　argmax 函数返回分数最高的元素

要知道哪个标签对应第 4 类，需要获取映射。可以从数据生成器中提取它，这里手动将其放入字典中。

```
labels = {
    0: 'dress',
    1: 'hat',
    2: 'longsleeve',
    3: 'outwear',
    4: 'pants',
    5: 'shirt',
    6: 'shoes',
    7: 'shorts',
    8: 'skirt',
    9: 't-shirt'
}
```

要获得标签，只需要在字典中进行查找。

```
labels[pred[0].argmax()]
```

如我们所见，标签是 pants，这是正确的。同样要注意的是 shorts 标签也有很高的分数：裤子和短裤在视觉上非常相似。但"裤子"显然是赢家。

我们将在第 8 章中使用这些代码。

# 7.6　后续步骤

我们已经学习了训练预测衣服类型的分类模型所需的基本知识，也讨论了大量相关知识，但还有很多东西需要学习，不过它们超出了本章的范围。你可以通过做练习来进一步研究这个话题。

## 7.6.1 练习

- 对于深度学习来说，拥有的数据越多越好。但在本章项目中使用的数据集并不大：只在 3068 张图像上训练了模型。为了效果更好，可以添加更多的训练数据。你可以在其他数据源中找到更多的衣服图片，例如 https://www.kaggle.com/dqmonn/zalando-store-crawl、https://www.kaggle.com/paramaggarwal/fashion-product-images-dataset 或 https://www.kaggle.com/c/imaterialist-fashion-2019-FGVC6。尝试在训练数据中添加更多的图像，查看它是否能提高验证数据集的准确度。
- 数据增强帮助我们训练更好的模型。本章只使用了最基本的增强策略。你可以进一步探讨这个主题并尝试其他类型的图像修改。例如，添加旋转和移动，查看它是否有助于模型实现更好的性能。
- 除了内置的增强数据集的方法外，还有专门的库做这件事。其中一个是 Albumentations (https://github.com/albumentations-team/albumentations)，它包含更多的图像处理算法。你可以用其进行试验，查看哪种增强方法可以很好地解决问题。
- 可以使用许多不同的预训练模型。我们使用了 Xception，但还有很多其他方法。你可以进行尝试，查看其余方法表现是否更好。利用 Keras 来使用不同模型非常简单：只需要从不同的包中导入即可。例如，可以尝试 ResNet50 并将其与 Xception 的结果进行比较。可查看文档了解更多信息(https://keras.io/api/applications/)。

## 7.6.2 其他项目

你还可以做很多图像分类项目。

- 猫狗识别(https://www.kaggle.com/c/dogs-vs-cats)。
- 热狗识别(https://www.kaggle.com/dansbecker/hot-dog-not-hot-dog)。
- 从 Avito 的数据集(在线分类广告)预测图像的类别(https://www.kaggle.com/c/avito-duplicate-ads-detection)。注意，此数据集中出现了许多副本，因此在划分数据进行验证时要小心。使用组织者准备的训练/测试划分可能是一个好主意，需要进行一些额外的清理以确保没有重复的图像。

# 7.7 本章小结

- TensorFlow 是一个构建和使用神经网络的框架。Keras 是一个基于 TensorFlow 的库，它可以简化模型训练。
- 对于图像处理，需要一种特殊的神经网络：卷积神经网络。它由一系列卷积层和一系列致密层组成。
- 神经网络中的卷积层将图像转换为向量表示。这种表示包含高级特征。致密层利用这些特征进行预测。

- 不需要从头开始训练卷积神经网络，而是可以在 ImageNet 上使用预训练模型进行通用分类。
- 迁移学习是根据问题调整预训练模型的过程。它保留了原始的卷积层，但创建了新的致密层。这大大减少了训练模型所需的时间。
- 使用 dropout 可防止过拟合。在每个迭代期，它会随机冻结网络的一个部分，因此只有另一部分可以用于训练。这使得网络可以更好地泛化。
- 通过旋转、垂直和水平翻转以及其他变换，可以从现有图像中创建更多的训练数据。这个过程被称为数据增强，它为数据增加了更多的可变性并降低了过拟合的风险。

本章中训练了一个卷积神经网络来分类服装图像。我们可以保存和加载它，并且在 Jupyter Notebook 中使用。但这还不足以在生产环境中使用它。

后面两章中将展示如何在生产中使用它并讨论两种生产深度学习模型的方法：AWS Lambda 中的 TensorFlow Lite 和 Kubernetes 中的 TensorFlow Serving。

# 7.8 习题答案

- 练习 7.1：(a)。
- 练习 7.2：(b)。
- 练习 7.3：(d)。

# 第8章

# 无服务器深度学习

**本章内容**

- 使用 TensorFlow Lite(用于应用 TensorFlow 模型的轻量级环境)将模型服务化
- 使用 AWS Lambda 部署深度学习模型
- 使用 API Gateway 将 lambda 函数封装成 Web 服务

第 7 章中训练了一个用于对服装图像进行分类的深度学习模型。现在需要部署它,使该模型可用于其他服务。

可以通过很多方法进行具体实现。我们已在第 5 章介绍了模型部署的基础知识,其中讨论了使用 Flask、Docker 和 AWS Elastic Beanstalk 来部署逻辑回归模型。

本章将讨论部署模型的无服务器方法——使用 AWS Lambda。

## 8.1  AWS Lambda

AWS Lambda 是 Amazon 的一项服务。它的功能是可以"在不考虑服务器的情况下运行代码"。我们只需要上传一些代码即可,AWS Lambda 服务会负责运行它并根据负载进行伸缩。

另外,你只需要为实际使用该功能的时间付费。当没有人使用该模型并调用服务时,无须支付任何费用。

本章中将使用 AWS Lambda 来部署之前训练的模型。为此,还将使用 TensorFlow Lite——一个只有最基本的功能的轻量级 TensorFlow 版本。

我们想要构建一个 Web 服务,它包含如下功能。

- 获得请求中的 URL。
- 从这个 URL 加载图像。
- 使用 TensorFlow Lite 将模型应用于图像并获得预测。
- 用结果进行响应(见图 8-1)。

要创建这个服务,需要进行如下操作。

- 将模型从 Keras 转换为 TensorFlow Lite 格式。
- 预处理图像——调整图像大小并应用预处理功能。

- 将代码封装到 Docker 镜像中并将其上传到 ECR(AWS 的 Docker 注册表)。
- 在 AWS 上创建和测试 lambda 函数。
- 使用 AWS API Gateway 让每个人都可以使用 lambda 函数。

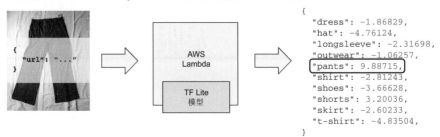

图 8-1　服务概述：获取图像的 URL，应用模型并返回预测

假设你已有一个 AWS 账户并配置了 AWS CLI 工具。详情请参阅附录 A。

**注意**：在撰写本书时，AWS Lambda 包含在 AWS 免费套餐中。这意味着可以免费进行本章中的所有实验。要检查运行条件，请参阅 AWS 文档(https://aws.amazon.com/free/)。

此处使用 AWS，但这种方法也适用于其他无服务器平台。

本章的代码可在本书的 GitHub 存储库的 chapter-08-serverless 文件夹中找到(https://github.com/alexeygrigorev/mlbookcamp-code/)。

首先讨论 TensorFlow Lite。

## 8.1.1　TensorFlow Lite

TensorFlow 是一个很棒的框架，具有丰富的特性集。然而，这些特性中的大部分并不是模型部署所需要的，而且占用了大量空间：压缩状态下的 TensorFlow 占用超过 1.5 GB 的空间。

而 TensorFlow Lite(通常缩写为 TF Lite)仅占用 50 MB 的空间。它针对移动设备进行优化，且仅包含基本部分。TF Lite 只能将模型用于预测，而不能用于其他任何事情，包括训练新模型。

尽管 TF Lite 最初是为移动设备创建的，但它适用于多种情况。只要有 TensorFlow 模型，就可以使用它，但不能运行完整的 TensorFlow 包。

**注意**：TF Lite 库正在积极开发中且更新很快。在本书出版后，你安装此库的方式可能会发生变化。请参阅官方文档以获取最新说明(https://www.tensorflow.org/lite/guide/python)。

现在使用 pip 安装库。

```
pip install --extra-index-url https://google-coral.github.io/py-repo/tflite_runtime
```

在运行 pip install 时，添加了 extra-index-url 参数。我们安装的库在带有 Python 包的中央存储库中不可用，但它在另一个不同的存储库中可用。我们需要指向该存储库。

**注意**：对于非基于 Debian 的 Linux 发行版，例如 CentOS、Fedora 或 Amazon Linux，以这种方式安装的库可能不起作用：导入库时可能会出错。如果是这种情况，则需要自己编译这个库。有关详细信息请参阅相关说明：https://github.com/alexeygrigorev/serverless-deep-learning。对于 macOS 和 Windows，它应该可以正常工作。

TF Lite 使用一种特殊的优化格式来存储模型，需要将模型转换为这种格式才能和 TF Lite 一起使用。接下来进行转换。

## 8.1.2　将模型转换为 TF Lite 格式

我们使用 h5 格式来保存上一章中的模型。这种格式适合存储 Keras 模型，但不适用于 TF Lite。因此，需要将模型转换为 TF Lite 格式。

如果你没有上一章中的模型，可进行下载。

```
wget https://github.com/alexeygrigorev/mlbookcamp-code/releases/download/
    chapter7-model/xception_v4_large_08_0.894.h5
```

现在创建一个简单的脚本 convert.py 来转换该模型。

首先，从导入开始。

```
import tensorflow as tf
from tensorflow import keras
```

接下来，加载 Keras 模型。

```
model = keras.models.load_model('xception_v4_large_08_0.894.h5')
```

最后，将其转换为 TF Lite 格式。

```
converter = tf.lite.TFLiteConverter.from_keras_model(model)

tflite_model = converter.convert()

with tf.io.gfile.GFile('clothing-model-v4.tflite', 'wb') as f:
    f.write(tflite_model)
```

现在运行这个脚本。

```
python convert.py
```

运行后，目录中会包含一个名为 clothing-model-v4.tflite 的文件。

我们现在准备使用这个模型进行图像分类，将模型应用于服装图像，以了解给定图像是 T 恤、裤子、裙子还是其他物品。但是，请记住在使用模型对图像进行分类前，需要对其进行预处理。接下来将查看如何做到这一点。

## 8.1.3　准备图像

之前在 Keras 中测试模型时，我们使用 preprocess_input 函数对每个图像进行预处理。第 7 章中导入它的方式如下。

```
from tensorflow.keras.applications.xception import preprocess_input
```

然后将这个函数应用于图像，再放入模型中。

但是，在部署模型时不能使用相同的函数。该函数是 TensorFlow 包的一部分，在 TF Lite 中没有类似的函数。我们不想仅为了完成这个简单的预处理函数而依赖 TensorFlow。

相反，可以使用一个只包含所需代码的特殊库：keras_image_helper。编写这个库是为了简化在本书中所作的解释。如果你想更详细地了解图像是如何预处理的，可查看源代码(https://github.com/alexeygrigorev/keras-image-helper)。该库可以加载图像、调整图像大小并应用 Keras 模型所需的其他预处理变换。

现在用 pip 安装它。

```
pip install keras_image_helper
```

接下来，打开 Jupyter 并创建一个名为 chapter-08-model-test 的笔记本。

首先从库中导入 create_preprocessor 函数。

```
from keras_image_helper import create_preprocessor
```

函数 create_preprocessor 包含以下两个参数。

- name：模型的名称。可以通过 https://keras.io/api/applications/ 查看可用模型列表。
- target_size：神经网络期望获得的图像大小。

我们使用 Xception 模型，它期望得到大小为 299×299 的图像。接下来为模型创建一个预处理器。

```
preprocessor = create_preprocessor('xception', target_size=(299, 299))
```

现在获得了一张裤子的图片(见图 8-2)，然后进行如下准备。

```
image_url = 'http://bit.ly/mlbookcamp-pants'
X = preprocessor.from_url(image_url)
```

图 8-2　用于测试的裤子图片

结果是一个形状为(1, 299, 299, 3)的 NumPy 数组。

- 这只是由一张图片创建的一批图像。
- 图像大小是 299×299。
- 共有 3 个通道：红色、绿色和蓝色。

我们已准备好图像并准备使用模型对其进行分类。接下来查看如何使用 TF Lite 做到这一点。

## 8.1.4　使用 TensorFlow Lite 模型

从上一步中得到了数组 X，现在可以使用 TF Lite 对其进行分类。

首先，导入 TF Lite。

```
import tflite_runtime.interpreter as tflite
```

加载已经转换好的模型。

```
interpreter = tflite.Interpreter(model_path='clothing-model-v4.tflite')
interpreter.allocate_tensors()
```

创建 TF Lite 解释器

用模型初始化解释器

为了能够使用该模型，需要获取输入(X 的进入位置)和输出(从中获得预测的地方)。

```
input_details = interpreter.get_input_details()
input_index = input_details[0]['index']

output_details = interpreter.get_output_details()
output_index = output_details[0]['index']
```

获取输入：网络中接收数组 X 的部分

获取输出：包含最终预测的网络部分

要应用模型，可将之前准备的 X 放入输入并调用解释器，然后从输出中获取结果。

把数组 X 放入输入

```
interpreter.set_tensor(input_index, X)
interpreter.invoke()

preds = interpreter.get_tensor(output_index)
```

运行模型以获取预测

从输出中获取预测

preds 数组包含的预测如下。

```
array([[-1.8682897, -4.7612453, -2.316984 , -1.0625705,  9.887156 ,
         -2.8124316, -3.6662838,  3.2003622, -2.6023388, -4.8350453]],
       dtype=float32)
```

现在可以对它进行和以前同样的操作——将标签分配给该数组的每个元素。

```
labels = [
    'dress',
    'hat',
    'longsleeve',
    'outwear',
    'pants',
    'shirt',
    'shoes',
    'shorts',
```

```
    'skirt',
    't-shirt'
]

results = dict(zip(labels, preds[0]))
```

这样在 results 变量中将得到预测。

```
{'dress': -1.8682897,
 'hat': -4.7612453,
 'longsleeve': -2.316984,
 'outwear': -1.0625705,
 'pants': 9.887156,
 'shirt': -2.8124316,
 'shoes': -3.6662838,
 'shorts': 3.2003622,
 'skirt': -2.6023388,
 't-shirt': -4.8350453}
```

我们看到 pants 标签的分数最高，因此这必定是一张裤子的图片。

现在将此代码应用于 AWS Lambda 函数。

## 8.1.5　lambda 函数的代码

上一节中已编写了 lambda 函数需要的所有代码。现在把代码放到一个脚本(lambda_function.py)中。像往常一样，首先导入。

```
import tflite_runtime.interpreter as tflite
from keras_image_helper import create_preprocessor
```

然后，创建预处理器。

```
preprocessor = create_preprocessor('xception', target_size=(299, 299))
```

接下来，加载模型并获取输出和输入。

```
interpreter = tflite.Interpreter(model_path='clothing-model-v4.tflite')
interpreter.allocate_tensors()

input_details = interpreter.get_input_details()
input_index = input_details[0]['index']

output_details = interpreter.get_output_details()
output_index = output_details[0]['index']
```

为了使代码更简洁，可以将所有用于预测的代码放在一个函数中。

```
def predict(X):
    interpreter.set_tensor(input_index, X)
    interpreter.invoke()
    preds = interpreter.get_tensor(output_index)
    return preds[0]
```

接下来，创建另一个函数来为结果做准备。

```
labels = [
    'dress',
    'hat',
    'longsleeve',
    'outwear',
    'pants',
    'shirt',
    'shoes',
    'shorts',
    'skirt',
    't-shirt'
]

def decode_predictions(pred):
    result = {c: float(p) for c, p in zip(labels, pred)}
    return result
```

最后，将所有内容放在一个函数(lambda_handler)中。这是 AWS Lambda 环境调用的函数。它将使用之前定义的所有内容。

```
def lambda_handler(event, context):
    url = event['url']
    X = preprocessor.from_url(url)
    preds = predict(X)
    results = decode_predictions(preds)
    return results
```

在本例中，event 参数包含在请求中传递给 lambda 函数的所有信息(见图8-3)。通常不使用 context 参数。

现在准备测试。要在本地执行此操作，需要将此代码放入 AWS Lambda 的 Python Docker 容器中。

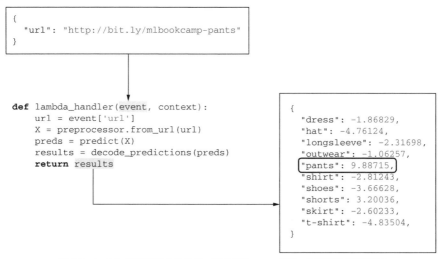

图 8-3　lambda 函数的输入和输出：输入传入 event 参数，预测作为输出返回

## 8.1.6 准备 Docker 镜像

首先，创建一个名为 Dockerfile 的文件。

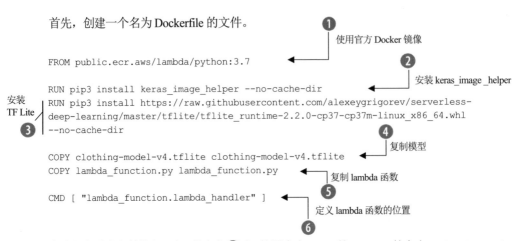

```
FROM public.ecr.aws/lambda/python:3.7

RUN pip3 install keras_image_helper --no-cache-dir
RUN pip3 install https://raw.githubusercontent.com/alexeygrigorev/serverless-
deep-learning/master/tflite/tflite_runtime-2.2.0-cp37-cp37m-linux_x86_64.whl
--no-cache-dir

COPY clothing-model-v4.tflite clothing-model-v4.tflite
COPY lambda_function.py lambda_function.py

CMD [ "lambda_function.lambda_handler" ]
```

① 使用官方 Docker 镜像
② 安装 keras_image_helper
③ 安装 TF Lite
④ 复制模型
⑤ 复制 lambda 函数
⑥ 定义 lambda 函数的位置

让我们查看该文件的每一行。首先在①中，使用来自 AWS 的 Lambda 的官方 Python 3.7 Docker 镜像。你可以通过 https://gallery.ecr.aws/ 查看其他可用镜像。然后在②中，安装 keras_image_ helper 库。

接下来在③中，安装一个特殊版本的 TF Lite，该版本已编译为与 Amazon Linux 一起使用。在本章前面使用的安装说明不适用于 Amazon Linux，仅适用于 Ubuntu(和其他基于 Debian 的发行版)。这就是需要使用特殊版本的原因。可以通过 https://github.com/alexeygrigorev/serverless-deep-learning 获取更多关于它的内容。

然后在④中，将模型复制到镜像中。当这样操作时，模型成为镜像的一部分。因此，部署模型更简单。还可以使用另一种方法——将模型放入 S3 并在脚本启动时加载。这样更复杂但也更灵活。对于本书，我们采用更简单的方法。

然后在⑤中，复制之前准备好的 lambda 函数的代码。

最后在⑥中，告诉 lambda 环境需要查找名为 lambda_function 的文件并在该函数中查找上一节准备的 lambda_handler 函数。

现在构建该镜像。

```
docker build -t tf-lite-lambda .
```

接下来，需要检查 lambda 函数是否有效。按如下所示运行镜像。

```
docker run --rm -p 8080:8080 tf-lite-lambda
```

程序成功运行，现在可以进行测试。

可以继续使用之前创建的 Jupyter Notebook，也可以创建一个名为 test.py 的单独 Python 文件。它应该具有以下内容——你会注意到它与在第 5 章中编写的用于测试 Web 服务的代码非常相似。

```
import requests

data = {
    "url": "http://bit.ly/mlbookcamp-pants"
```

① 准备请求

```
}

url = "http://localhost:8080/2015-03-31/functions/function/invocations"

results = requests.post(url, json=data).json()
print(results)
```

❸ 向服务发送 POST 请求

设置 URL ❷

首先，在❶中定义 data 变量——这是请求。然后在❷中指定服务的 URL——这是当前部署函数的位置。最后在❸中，使用 POST 方法提交请求并取回 results 变量中的预测。

运行程序时，会得到以下响应。

```
{
  "dress": -1.86829,
  "hat": -4.76124,
  "longsleeve": -2.31698,
  "outwear": -1.06257,
  "pants": 9.88715,
  "shirt": -2.81243,
  "shoes": -3.66628,
  "shorts": 3.20036,
  "skirt": -2.60233,
  "t-shirt": -4.83504
}
```

模型正常运行。

我们几乎已准备好将其部署到 AWS。为此，首先需要将此镜像发布到 ECR——AWS 的 Docker 容器注册表。

## 8.1.7　将镜像推送到 AWS ECR

要将此 Docker 镜像发布到 AWS 上，首先需要使用 AWS CLI 工具创建一个注册表。

```
aws ecr create-repository --repository-name lambda-images
```

它将返回一个如下所示的 URL。

```
<ACCOUNT_ID>.dkr.ecr.<REGION>.amazonaws.com/lambda-images
```

你将需要这个 URL。或者，可以使用 AWS Console 创建注册表。

创建注册表后，需要将镜像推送到那里。因为这个注册表属于我们的账户，所以首先需要对 Docker 客户端进行身份验证。如果是 Linux 和 macOS，则可以如下操作。

```
$(aws ecr get-login --no-include-email)
```

在 Windows 上，运行 aws ecr get-login --no-include-email，复制输出并将其输入终端，然后手动执行。

现在使用注册表 URL 将镜像推送到 ECR。

```
REGION=eu-west-1
ACCOUNT=XXXXXXXXXXXX
REMOTE_NAME=${ACCOUNT}.dkr.ecr.${REGION}.amazonaws.com/lambda-images:tf-lite-
    lambda
```

指定区域和 AWS 账户 ID

```
docker tag tf-lite-lambda ${REMOTE_NAME}
docker push ${REMOTE_NAME}
```

推送完成后就可以在 AWS 中创建一个 lambda 函数。

## 8.1.8  创建 lambda 函数

这一步使用 AWS Console 更容易完成。因此打开控制台，转到服务，然后再选择 Lambda。
接下来，单击 Create function 按钮。选择 Container image 选项(见图 8-4)。

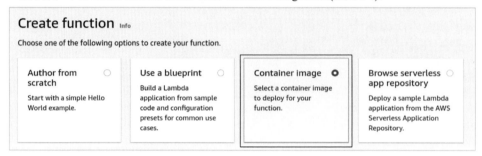

图 8-4  创建 lambda 函数时，选择 Container image 选项

之后，填写详细信息(见图 8-5)。

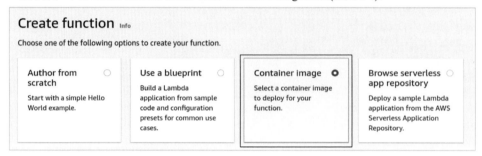

图 8-5  输入函数名和容器镜像 URL

容器镜像 URL 应该是之前创建并推送到 ECR 的镜像。

```
<ACCOUNT>.dkr.ecr.<REGION>.amazonaws.com/lambda-images:tf-lite-lambda
```

可以使用 Browse images 按钮找到它(见图 8-5)。其余保持不变，单击 Create function 按钮。函
数创建完成。

现在需要给函数更多的内存，让其运行更长的时间而不会超时。为此，选择 Configuration 选项卡，再选择 General configuration 选项，然后单击 Edit 按钮(见图 8-6)。

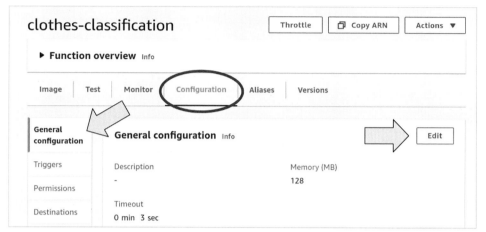

图 8-6　一个 lambda 函数的默认设置：默认的内存量(128 MB)是不够的，因此需要增加。单击 Edit 按钮以执行此操作

默认设置不适合深度学习模型，需要通过配置给该函数更多的内存并允许它耗费更多的时长。为此，单击 Edit 按钮，为其分配 1024 MB 的 RAM 并将超时设置为 30s(见图 8-7)。

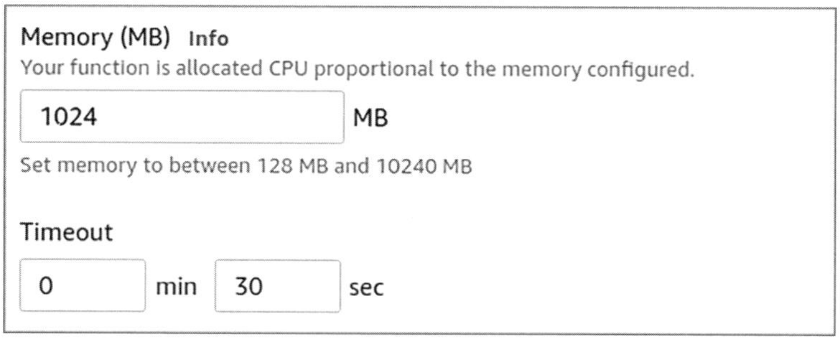

图 8-7　将内存量增加到 1024 MB 并将超时设置为 30s

保存它，就一切准备完毕。

要对其进行测试，可转到 Test 选项卡(见图 8-8)。

它会建议创建一个测试事件。给定一个名称(例如 test)，将下列内容放入请求主体中。

```
{
    "url": "http://bit.ly/mlbookcamp-pants"
}
```

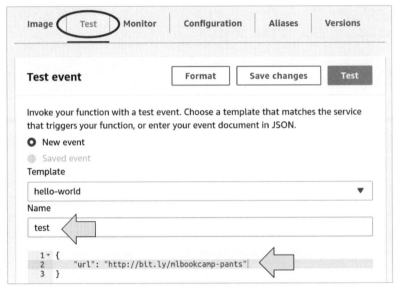

图 8-8　Test 按钮位于屏幕顶部。单击它测试函数

保存并再次单击 Test 按钮。大约 15s 后，会看到 Execution result: succeeded 消息(见图 8-9)。

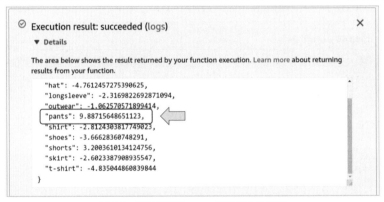

图 8-9　模型的预测：pants 的预测分数最高

　　当第一次运行测试时，需要从 ECR 中提取镜像，加载内存中的所有库并做一些其他的事情来"热身"。但是一旦完成这些操作，随后的调用只需要花费很少的时间——对于该模型来说大约需要 2s。

　　我们已经成功地将模型部署到 AWS Lambda，并且它正常工作。

　　另外，请记住，仅在调用该函数时才付费，因此如果不使用该函数，也不用删除该函数。同时，你根本无须担心管理 EC2 实例——AWS Lambda 会为我们处理一切。

　　该模型已可以用于做许多事情：AWS Lambda 可以很好地与 AWS 的许多其他服务集成。但如果想将它用作 Web 服务并通过 HTTP 发送请求，则需要通过 API Gateway 将其公开。

　　接下来将查看如何做到这一点。

## 8.1.9　创建 API Gateway

在 AWS Console 中，找到 API Gateway 服务。创建一个新 API：选择 REST API 并单击 Build 按钮。

然后选择 New API 并命名为 clothing-classification(见图 8-10)。单击 Create API 按钮。

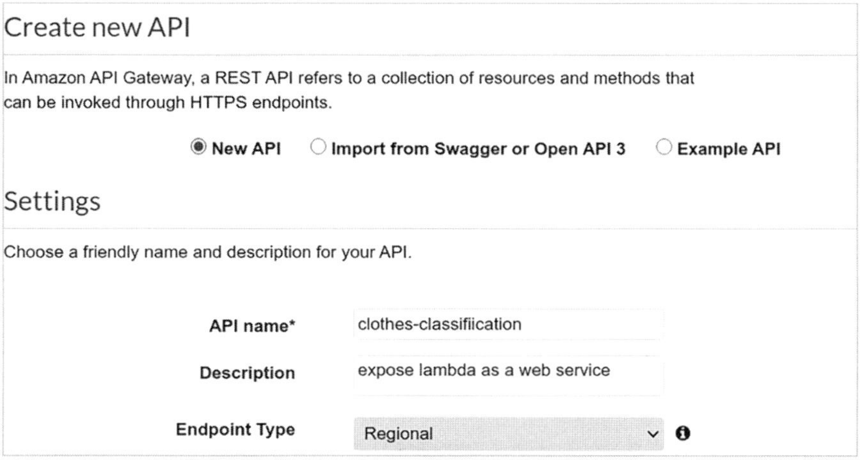

### Create new API

In Amazon API Gateway, a REST API refers to a collection of resources and methods that can be invoked through HTTPS endpoints.

　　　　⦿ New API　　○ Import from Swagger or Open API 3　　○ Example API

### Settings

Choose a friendly name and description for your API.

| | |
|---|---|
| **API name\*** | clothes-classifiication |
| **Description** | expose lambda as a web service |
| **Endpoint Type** | Regional ⌄ ❶ |

图 8-10　在 AWS 中创建新 REST API Gateway

接下来，单击 Actions 按钮并选择 Resource。然后，创建 predict 资源(见图 8-11)。

**注意**：名称 predict 不遵循 REST 命名约定：通常资源应该是名词。但是，一般将预测的端点命名为 predict; 这就是不遵循 REST 约定的原因。

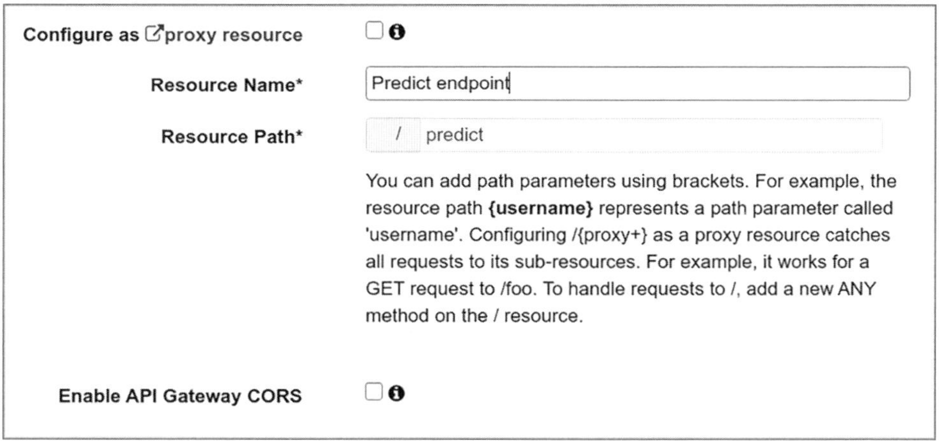

| | |
|---|---|
| **Configure as ⧉proxy resource** | ☐ ❶ |
| **Resource Name\*** | Predict endpoint |
| **Resource Path\*** | / predict |
| | You can add path parameters using brackets. For example, the resource path **{username}** represents a path parameter called 'username'. Configuring /{proxy+} as a proxy resource catches all requests to its sub-resources. For example, it works for a GET request to /foo. To handle requests to /, add a new ANY method on the / resource. |
| **Enable API Gateway CORS** | ☐ ❶ |

图 8-11　创建 predict 资源

创建资源后，为其创建一个 POST 方法(见图 8-12)。

(1) 单击 Predict 按钮。

(2) 单击 Actions 按钮。

(3) 选择 Create Method 选项。

(4) 从列表中选择 POST。

(5) 单击勾选按钮。

图 8-12　为 predict 资源创建一个 POST 方法

至此几乎准备完毕，现在选择 Lambda Function 作为集成类型并输入 lambda 函数的名称(见图 8-13)。

**注意**：确保不使用代理集成——此复选框应保持未选中状态。如果使用此选项，API Gateway 会在请求中添加一些额外信息，这就需要调整 lambda 函数。

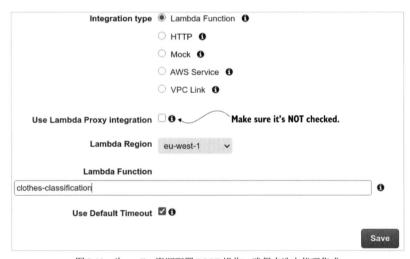

图 8-13　为 predict 资源配置 POST 操作，确保未选中代理集成

完成此操作后，会看到集成(见图 8-14)。

/predict - POST - Method Execution
TEST
Client
Method Request
Auth: NONE
ARN: arn:aws:execute-api:eu-west-1:387546586013:0a1v3fyo2m/
Integration Request
Type: LAMBDA
Region: eu-west-1
Lambda clothes-classification
Method Response
HTTP Status: 200
Models: application/json => Empty
Integration Response
HTTP status pattern: -
Output passthrough: Yes

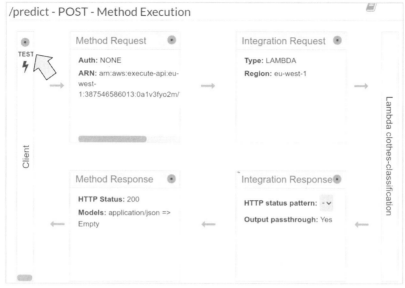

图 8-14　部署 API

现在进行测试。单击 TEST 并将相同的请求放入请求主体中。

```
{
   "url": "http://bit.ly/mlbookcamp-pants"
}
```

响应结果是一样的：预测的类是 pants(见图 8-15)。

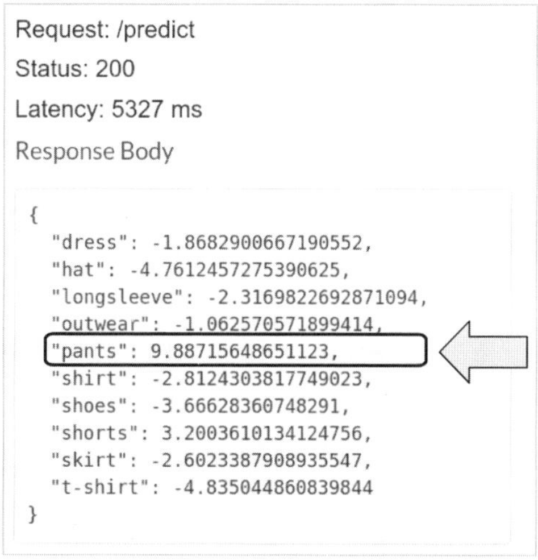

Request: /predict
Status: 200
Latency: 5327 ms
Response Body
{
"dress": -1.8682900667190552,
"hat": -4.7612457275390625,
"longsleeve": -2.3169822692871094,
"outwear": -1.062570571899414,
"pants": 9.88715648651123,
"shirt": -2.8124303817749023,
"shoes": -3.66628360748291,
"shorts": 3.2003610134124756,
"skirt": -2.6023387908935547,
"t-shirt": -4.835044860839844
}

图 8-15　lambda 函数的响应结果：pants 类的分数最高

如果要在外部使用它，需要部署 API。从操作列表中选择 Deploy API(见图 8-16)。

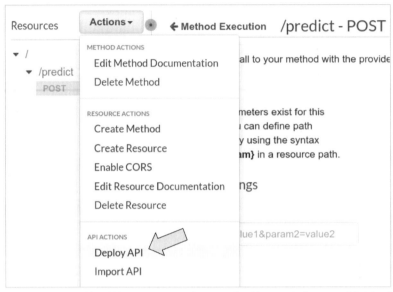

图 8-16　clothes-classification 函数已连接到 API Gateway 中 predict 资源的 POST 方法。TEST 按钮用于验证与 lambda
的连接是否有效

接下来，创建一个新阶段 test(见图 8-17)。

通过单击 Deploy 部署 API。现在找到 Invoke URL 字段。它应该如下所示。

```
https://0a1v3fyo2m.execute-api.eu-west-1.amazonaws.com/test
```

调用 lambda 函数所需做的就是在该 URL 的末尾添加"/predict"。

使用之前创建的 test.py 脚本并替换 URL。

```python
import requests

data = {
    "url": "http://bit.ly/mlbookcamp-pants"
}

url = "https://0a1v3fyo2m.execute-api.eu-west-1.amazonaws.com/test/predict"

results = requests.post(url, json=data).json()

print(results)
```

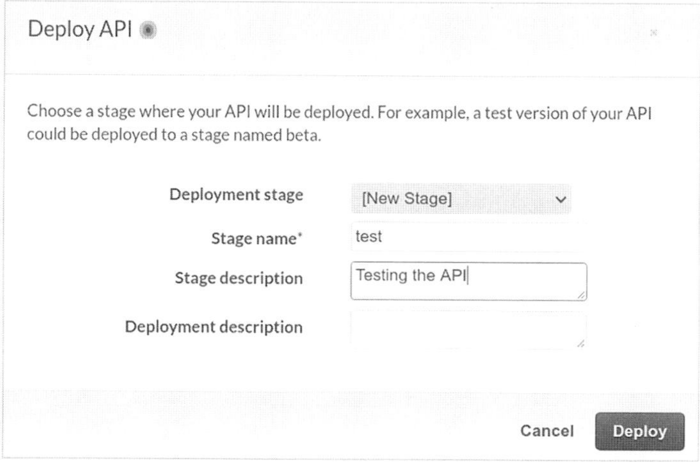

图 8-17　为 API 配置新阶段

运行脚本。

```
python test.py
```

响应结果与之前相同。

```
{
  "dress": -1.86829,
  "hat": -4.76124,
  "longsleeve": -2.31698,
  "outwear": -1.06257,
  "pants": 9.88715,
  "shirt": -2.81243,
  "shoes": -3.66628,
  "shorts": 3.20036,
  "skirt": -2.60233,
  "t-shirt": -4.83504
}
```

现在模型公开了一个可以在任何地方使用的 Web 服务。

# 8.2　后续步骤

## 8.2.1　练习

尝试以下练习以进一步探索无服务器模型部署的主题。

- AWS Lambda 不是唯一的无服务器环境。你还可以尝试 Google Cloud 中的云函数和 Azure 上的 Azure 函数。
- SAM(Serverless Application Model)是 AWS 的一种工具，用于简化创建 AWS Lambda 函数的过程(https://aws.amazon.com/serverless/sam/)。你可以使用它来重新实现本章中的项目。

- Serverless(https://www.serverless.com/)是一个类似 SAM 的框架。它并不特定于 AWS，也适用于其他云提供商。你可以试验并部署本章中的项目。

## 8.2.2 其他项目

你可以做更多其他的项目：AWS Lambda 是一个用于托管机器学习模型的便捷平台。本章部署了一个深度学习模型。你还可以对其进行更多试验并部署在前几章中训练的模型以及练习过程中开发的模型。

# 8.3 本章小结

- TensorFlow Lite 是 TensorFlow 完整版本的轻量级替代品。它仅包含使用深度学习模型所需的最重要部分。通过使用它可以更快、更简单地使用 AWS Lambda 部署模型。
- lambda 函数可以使用 Docker 在本地运行。这样就可以在不将其部署到 AWS 的情况下测试代码。
- 要部署一个 lambda 函数，需要把它的代码放到 Docker 中，将 Docker 镜像发布到 ECR，然后在创建 lambda 函数时使用镜像的 URI。
- 为公开 lambda 函数，需要使用 API Gateway。通过这种方式，将 lambda 函数作为 Web 服务使用，因此任何人都可以使用它。

本章中使用了 AWS Lambda——一种用于部署深度学习模型的无服务器方法。这样就不必担心服务器的问题，让运行环境来处理即可。

第 9 章将讨论服务器并使用 Kubernetes 集群来部署模型。

# 第 **9** 章

# 使用 Kubernetes 和 Kubeflow

# 将模型服务化

**本章内容**

- 了解在云中部署和服务于模型的不同方法
- 使用 TensorFlow Serving 来服务 Keras 和 TensorFlow 模型
- 将 TensorFlow Serving 部署到 Kubernetes
- 使用 Kubeflow 和 KFServing 简化部署过程

第 8 章中讨论了使用 AWS Lambda 和 TensorFlow Lite 进行模型部署。本章中将讨论模型部署的"服务器化"方法：在 Kubernetes 上使用 TensorFlow Serving 为服装分类模型提供服务。此外，还将讨论 Kubeflow——Kubernetes 的一个扩展，它会使模型部署更容易。

我们将在本章中介绍很多知识，但 Kubernetes 非常复杂，根本不可能深入讨论其细节。因此，我们会经常参考外部资源以更深入地了解某些主题。不过不用担心，因为你将学到足够多的知识并可以轻松地部署自己的模型。

## 9.1 Kubernetes 和 Kubeflow

Kubernetes 是一个容器编排平台。这听起来很复杂，但它只不过是可以部署 Docker 容器的地方。它负责将这些容器公开为 Web 服务，并且随着收到的请求数量的变化而向上和向下扩展这些服务。

Kubernetes 不是最容易学习的工具，但它非常强大。你可能需要在某个时候使用它，这也是在本书中介绍它的原因。

Kubeflow 是另一个建立在 Kubernetes 之上的流行工具。它使得用 Kubernetes 部署机器学习模型变得更容易。本章中将介绍 Kubernetes 和 Kubeflow。

第一部分将讨论 TensorFlow Serving 和普通 Kubernetes，主要讨论如何使用这些技术进行模型部署。第一部分的内容安排如下。

- 首先将 Keras 模型转换为 TensorFlow Serving 使用的特殊格式。
- 然后使用 TensorFlow Serving 在本地运行模型。
- 之后创建一个用于预处理图像并与 TensorFlow Serving 通信的服务。
- 最后，使用 Kubernetes 部署模型和预处理服务。

**注意**：*本章不会过多深入介绍 Kubernetes。我们只展示如何使用 Kubernetes 来部署模型，并且经常会参考一些更详细的专业资源。*

第二部分中使用了 Kubeflow，这是一个基于 Kubernetes 的工具，可以让部署变得更容易。

- 使用为 TensorFlow Serving 准备的相同模型并通过 KFServing 部署它——KFServing 是 Kubeflow 中负责服务化的部分。
- 然后创建一个用于预处理图像和后处理预测的转换器。

本章的代码可以在本书的 GitHub 存储库的 chapter-09-kubernetes 和 chapter-09-kubeflow 文件夹中找到(https://github.com/alexeygrigorev/mlbookcamp-code/)。

# 9.2 使用 TensorFlow Serving 来服务模型

第 7 章中使用 Keras 来预测图像的类别。第 8 章中将模型转换为 TF Lite 并使用它从 AWS Lambda 进行预测。本章中将使用 TensorFlow Serving 来实现预测。

TensorFlow Serving 通常缩写为 TF Serving，是为服务于 TensorFlow 模型而设计的系统。与专为移动设备打造的 TF Lite 不同，TF Serving 专注于服务器。通常，服务器有 GPU，而 TF Serving 知道如何使用它们。

AWS Lambda 非常适合实验和处理少量图像——每天少于一百万张。但当获得的图像超过这个数量时，AWS Lambda 会变得昂贵。因此使用 Kubernetes 和 TF Serving 部署模型将会是一个更好的选择。

然而，仅使用 TF Serving 来部署模型是不够的，还需要另一个服务来准备图像。接下来将讨论要构建的系统架构。

## 9.2.1 服务架构概述

TF Serving 只关注一件事——为模型服务。它希望接收到已准备好的数据：图像被调整大小、预处理并以正确的格式发送。

这就是为什么仅将模型放入 TF Serving 是不够的，我们还需要一个额外的服务来预处理数据。为深度学习模型服务的系统需要两个组件(见图 9-1)。

- Gateway：预处理部分。它获取需要进行预测的 URL，对其进行准备，然后将其进一步发送到模型。我们将使用 Flask 来创建该服务。
- Model：实际模型的部分。我们将使用 TF Serving。

图9-1　系统的两层架构。网关获取用户请求并准备数据，TF Serving 使用数据进行预测

创建一个包含两个组件而不是单一组件的系统似乎是一种不必要的复杂化。第 8 章中不需要这样做，因为只包含一个部分——lambda 函数。

原则上可以从该 lambda 函数中获取代码，将其放入 Flask，并且用其来为模型提供服务。这种方法确实有效，但它并不是最高效的。如果需要处理数百万张图像，那么能够正确利用这些资源很重要。

拥有两个独立的组件而不是单个组件可以帮助更轻松地为每个部分选择正确的资源。

- 除进行预处理外，网关还要花费大量时间下载图像。但它不需要功能强大的计算机。
- TF Serving 组件需要更强大的机器，通常要带有 GPU。使用这种性能优越的机器下载图像是一种浪费。
- 可能会需要很多网关实例，而只需要几个 TF Serving 实例。通过将它们分成不同的组件，可以独立地扩展其中每一个。

我们将从第二个组件(TF Serving)开始讨论。

第 7 章中训练了一个 Keras 模型。如果要将其与 TF Serving 一起使用，则需要将其转换为 TF Serving 使用的特殊格式，即 saved_model。接下来进行详细操作。

## 9.2.2　saved_model 格式

之前训练的 Keras 模型是以 h5 格式保存的。TF Serving 无法读取 h5：它期望模型为 saved_model 格式。本节将 h5 模型转换为 saved_model 文件。

如果没有第 7 章的模型，可以用 wget 进行下载。

```
wget https://github.com/alexeygrigorev/mlbookcamp-
code/releases/download/chapter7-model/xception_v4_large_08_0.894.h5
```

现在进行格式转换。可以通过 Jupyter Notebook 或 Python 脚本执行此操作。

无论哪种方式，都要先从导入开始。

```
import tensorflow as tf
from tensorflow import keras
```

接着加载模型。

```
model = keras.models.load_model('xception_v4_large_08_0.894.h5')
```

最后，以 saved_model 格式保存。

```
tf.saved_model.save(model, 'clothing-model')
```

这些操作完成后，运行代码并将模型保存在 clothing-model 文件夹中。

为了以后能够使用这个模型，需要知道以下事项。

- 模型签名的名称。模型签名描述了模型的输入和输出。你可以通过 https://www.tensorflow.org/tfx/serving/signature_defs 阅读有关模型签名的更多信息。
- 输入层的名称。
- 输出层的名称。

使用 Keras 时，我们不需要知道这些信息，但 TF Serving 对此有要求。

TensorFlow 附带了一个特殊的实用程序 saved_model_cli，它可用于分析 saved_model 格式的模型。不需要安装任何额外的东西，就可以使用此实用程序中的 show 命令。

```
saved_model_cli show --dir clothing-model --all
```

输出结果如下所示。

```
MetaGraphDef with tag-set: 'serve' contains the following SignatureDefs:

...
                                          签名定义：serving_default
signature_def['serving_default']:  ◄────┘
  The given SavedModel SignatureDef contains the following input(s):
      inputs['input_8'] tensor_info:  ◄────┐
          dtype: DT_FLOAT                    输入名称：input_8
          shape: (-1, 299, 299, 3)
          name: serving_default_input_8:0
  The given SavedModel SignatureDef contains the following output(s):
      outputs['dense_7'] tensor_info:  ◄────┐
          dtype: DT_FLOAT                     输出名称：dense_7
          shape: (-1, 10)
          name: StatefulPartitionedCall:0
  Method name is: tensorflow/serving/predict
```

在这个输出中，注意以下 3 个事项。

- 模型的签名定义(signature_def)，本例中是 serving_default。
- 输入(input_8)，模型输入层的名称。
- 输出(dense_7)，模型输出层的名称。

**注意：**记下这些名称，稍后在调用这个模型时会用到。

模型转换后，现在准备使用 TF Serving 为其提供服务。

## 9.2.3 本地运行 TensorFlow Serving

本地运行 TF Serving 的最简单方法之一是使用 Docker。你可以在官方文档中阅读更多相关信息：https://www.tensorflow.org/tfx/serving/docker。有关 Docker 的更多信息，请参阅第 5 章。

我们只需要调用 docker run 命令，指定模型的路径及其名称。

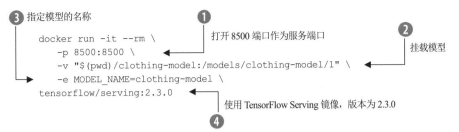

运行上述代码时，需要以下 3 个参数。

- -p：将主机(运行 Docker 的计算机)上的 8500 端口映射到 Docker 容器内的 8500 端口(见 ❶ )。
- -v：将模型文件放入 Docker 镜像中(见 ❷ )。模型放在/models/clothing-model/1 文件夹中，其中 clothing-model 是模型的名称，1 是版本。
- -e：将 MODEL_NAME 变量设置为 clothing-model(见 ❸ )，即来自 ❷ 的目录名称。

要了解更多关于 docker run 命令的信息，请参阅 Docker 官方文档(https://docs.docker.com/engine/reference/run/)。

运行此命令后，应该会在终端中看到如下日志。

```
2020-12-26 22:56:37.315629: I tensorflow_serving/core/loader_harness.cc:87]
Successfully loaded servable version {name: clothing-model version: 1}
2020-12-26 22:56:37.321376: I tensorflow_serving/model_servers/server.cc:371]
Running gRPC ModelServer at 0.0.0.0:8500 ...
[evhttp_server.cc : 238] NET_LOG: Entering the event loop ...
```

Entering the event loop 消息告诉我们 TF Serving 已成功启动并准备好接收请求。

但目前还不能使用它。为准备请求，需要加载图像，对其进行预处理，并且将其转换为特殊的二进制格式。接下来查看如何做到这一点。

## 9.2.4　从 Jupyter 调用 TF Serving 模型

对于通信，TF Serving 使用 gRPC(一种为高性能通信设计的特殊协议)。该协议基于 protobuf——一种用于有效数据传输的格式。与 JSON 不同，它是二进制的，这使得请求明显更紧凑。

要了解如何使用它，首先从 Jupyter Notebook 中试用这些技术。使用 gRPC 和 protobuf 连接到通过 TF Serving 部署的模型。然后，可以在下一节将这段代码放入一个 Flask 应用中。

接下来进行具体操作，先安装几个必要的库。

- grpcio：用于在 Python 中支持 gRPC。
- tensorflow-serving-api：从 Python 中使用 TF Serving。

使用 pip 安装它们。

```
pip install grpcio==1.32.0 tensorflow-serving-api==2.3.0
```

还需要用 keras_image_helper 库预处理图像。我们已在第 8 章使用过这个库。如果你还没有安装，可以使用 pip 进行安装。

```
pip install keras_image_helper==0.0.1
```

接下来，创建一个 Jupyter Notebook。可以将其命名为 chapter-09-image-preparation。像往常一样，先从导入开始。

```
import grpc
import tensorflow as tf

from tensorflow_serving.apis import predict_pb2
from tensorflow_serving.apis import prediction_service_pb2_grpc
```

我们需要导入如下三项内容。

- gRPC：用于与 TF Serving 通信。
- TensorFlow：用于 protobuf 定义(稍后会看到如何使用)。
- TensorFlow Serving 中的两个函数。

现在需要定义与服务的连接。

```
host = 'localhost:8500'
channel = grpc.insecure_channel(host)
stub = prediction_service_pb2_grpc.PredictionServiceStub(channel)
```

**注意：** 我们使用了一个不安全的通道——一个不需要身份验证的通道。本章中服务之间的所有通信都发生在同一个网络中。该网络对外界是封闭的，因此使用不安全的通道不会导致任何安全漏洞。设置安全通道是可能的，但这超出了本书的讨论范围。

为预处理图像，像以前一样使用 keras_image_helper 库。

```
from keras_image_helper import create_preprocessor

preprocessor = create_preprocessor('xception', target_size=(299, 299))
```

这里继续使用在第 8 章中介绍的裤子图像(见图 9-2)。

图 9-2　用于测试的裤子图像

然后将其转换为 NumPy 数组。

```
url = "http://bit.ly/mlbookcamp-pants"
X = preprocessor.from_url(url)
```

在 X 中有一个 NumPy 数组，但不能按原样使用它。对于 gRPC，需要将其转换为 protobuf。TensorFlow 有一个特殊的函数：tf.make_tensor_proto。

使用它的方式如下。

```
def np_to_protobuf(data):
    return tf.make_tensor_proto(data, shape=data.shape)
```

此函数有两个参数。
● 一个 NumPy 数组：data。
● 该数组的维度：data.shape。

**注意：**在此示例中，使用 TensorFlow 将 NumPy 数组转换为 protobuf。TensorFlow 是一个大型库，因此仅依赖它来实现一个小函数是不合理的。本章这样做的原因是为了简单，但你不应该在实际生产中这样做，因为使用 Docker 处理大图像会产生问题：下载图像需要更多时间并且占用更多空间。可以通过此存储库来查看你可以做什么：https://github.com/alexeygrigorev/tensorflow-protobuf。

现在可以使用 np_to_protobuf 函数来准备 gRPC 请求。

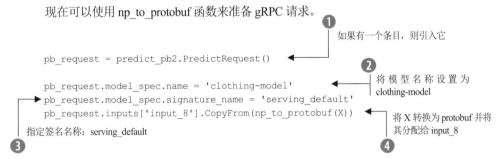

下面逐行查看代码。首先，在❶中，创建一个请求对象。TF Serving 使用来自该对象的信息来确定如何处理请求。

在❷中，指定了模型的名称。之前在 Docker 中运行 TF Serving 时，指定了 MODEL_NAME 参数——我们将其设置为 clothing-model。这里要将请求发送到该模型。

在❸中，指定要查询的签名。当分析 saved_model 文件时，签名名称是 serving_default，因此这里使用了该名称。你也可以在官方 TF Serving 文档中阅读有关签名的更多信息(https://www.tensorflow.org/tfx/serving/signature_defs)。

在❹中做了两件事。首先，将 X 转换为 protobuf。然后，将结果设置为名为 input_8 的输入。这个名称也来自对 saved_model 文件的分析。

执行上述代码。

```
pb_result = stub.Predict(pb_request, timeout=20.0)
```

这会向 TF Serving 实例发送请求。然后 TF Serving 将模型应用于请求并返回结果。结果将保存到 pb_result 变量中。为了从那里获得预测，需要访问其中一个输出。

```
pred = pb_result.outputs['dense_7'].float_val
```

注意，我们需要按名称引用特定的输出——dense_7。在分析 saved_model 文件的签名时，需要记下它以用来获得预测。

pred 变量是一个浮点数列表，即所有预测。

```
[-1.868, -4.761, -2.316, -1.062, 9.887, -2.812, -3.666, 3.200, -2.602, -4.835]
```

这里需要把这些数字列表变成我们能够理解的东西——需要把它和标签联系起来。为此将使用与前几章相同的方法。

```
labels = [
    'dress',
    'hat',
    'longsleeve',
    'outwear',
    'pants',
    'shirt',
    'shoes',
    'shorts',
    'skirt',
    't-shirt'
]
result = {c: p for c, p in zip(labels, pred)}
```

最终结果如下。

```
{'dress': -1.868,
 'hat': -4.761,
 'longsleeve': -2.316,
 'outwear': -1.062,
 'pants': 9.887,
 'shirt': -2.812,
 'shoes': -3.666,
 'shorts': 3.200,
 'skirt': -2.602,
 't-shirt': -4.835}
```

其中，pants 标签的分数最高。

我们成功地从 Jupyter Notebook 连接到 TF Serving 实例并为此使用了 gRPC 和 protobuf。现在将此代码放入 Web 服务中。

## 9.2.5　创建 Gateway 服务

我们已拥有与使用 TF Serving 部署的模型进行通信需要的所有代码。但是，这些代码使用起来并不方便。模型的使用者应该不需要担心下载图像、进行预处理、将其转换为 protobuf 以及所有其他事情。他们应该能够通过发送一个图像的 URL 来获取预测。

为了让模型使用者使用起来更容易，我们将所有代码放入一个 Web 服务中。使用者只需要与服务交互，服务再与 TF Serving 交互。因此，该服务将充当模型的网关。这就是为什么可以简单地称其为 Gateway(见图 9-3)。

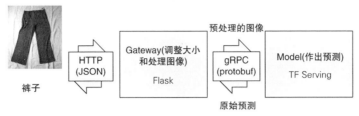

图 9-3　Gateway 服务是一个 Flask 应用程序，它获取图像的 URL 并进行准备。
然后使用 gRPC 和 protobuf 与 TF Serving 进行通信

我们使用之前已经用过的 Flask 来创建这个服务。你可以参考第 5 章了解更多详细信息。
Gateway 服务需要执行以下这些操作。

● 获取请求中图像的 URL。

● 下载图像，对其进行预处理并将其转换为 NumPy 数组。

● 将 NumPy 数组转换为 protobuf 并使用 gRPC 与 TF Serving 通信。

● 对结果进行后处理—— 将带有数字的原始列表转换为人类可以理解的形式。

接下来创建 Gateway 服务。首先创建一个文件 model_server.py 并将所有这些逻辑放在那里。
然后，获取与笔记本中相同的导入。

```
import grpc
import tensorflow as tf
from tensorflow_serving.apis import predict_pb2
from tensorflow_serving.apis import prediction_service_pb2_grpc

from keras_image_helper import create_preprocessor
```

现在导入 Flask。

```
from flask import Flask, request, jsonify
```

接下来，创建 gRPC 连接存根。

```
host = os.getenv('TF_SERVING_HOST', 'localhost:8500')   ◄──── 使 TF Serving 的 URL 可配置
channel = grpc.insecure_channel(host)
stub = prediction_service_pb2_grpc.PredictionServiceStub(channel)
```

我们不是简单地硬编码 TF Serving 实例的 URL，而是通过环境变量 TF_SERVING_HOST 使其
可配置。如果没有设置该变量，将使用默认值'localhost:8500'。

现在创建预处理器。

```
preprocessor = create_preprocessor('xception', target_size=(299, 299))
```

此外，还需要定义类的名称。

```
labels = [
    'dress',
    'hat',
    'longsleeve',
    'outwear',
    'pants',
    'shirt',
```

```
        'shoes',
        'shorts',
        'skirt',
        't-shirt'
    ]
```

我们可以让代码变得更有条理，方法是将其放入两个函数中，而不是简单地从笔记本中复制粘贴代码。

- make_request：用于从 NumPy 数组创建 gRPC 请求。
- process_response：用于将类标签附加到预测。

首先，从 make_request 开始。

```
def np_to_protobuf(data):
    return tf.make_tensor_proto(data, shape=data.shape)


def make_request(X):
    pb_request = predict_pb2.PredictRequest()
    pb_request.model_spec.name = 'clothing-model'
    pb_request.model_spec.signature_name = 'serving_default'
    pb_request.inputs['input_8'].CopyFrom(np_to_protobuf(X))
    return pb_request
```

接下来，创建 process_response。

```
def process_response(pb_result):
    pred = pb_result.outputs['dense_7'].float_val
    result = {c: p for c, p in zip(labels, pred)}
    return result
```

最后，把所有代码组合到一起。

将 NumPy 数组转换为 gRPC 请求

```
def apply_model(url):
    X = preprocessor.from_url(url)       ← 预处理来自提供的
    pb_request = make_request(X)           URL 的图像
    pb_result = stub.Predict(pb_request, timeout=20.0)   ← 执行请求
    return process_response(pb_result)   ←
```

处理响应并将标签附加到预测

所有代码都已准备好。我们只需要做最后一件事：创建一个 Flask 应用和 predict 函数。

```
app = Flask('clothing-model')


@app.route('/predict', methods=['POST'])
def predict():
    url = request.get_json()
    result = apply_model(url['url'])
    return jsonify(result)


if __name__ == "__main__":
    app.run(debug=True, host='0.0.0.0', port=9696)
```

现在准备完毕，可以运行服务。在终端中执行以下命令。

```
python model_server.py
```

执行完毕后，在终端可以看到以下内容。

```
* Running on http://0.0.0.0:9696/ (Press CTRL+C to quit)
```

下面进行测试。就像在第 5 章中一样，将使用 requests 库。你可以打开任何 Jupyter Notebook。例如，可以尝试在使用 gRPC 连接到 TF Serving 的笔记本中继续操作。

我们需要发送一个带有 URL 的请求并显示响应。处理请求的方式如下。

```
import requests

req = {
    "url": "http://bit.ly/mlbookcamp-pants"
}

url = 'http://localhost:9696/predict'

response = requests.post(url, json=req)
response.json()
```

这里向服务发送一个 POST 请求并显示结果。响应结果与之前相同。

```
{'dress': -1.868,
 'hat': -4.761,
 'longsleeve': -2.316,
 'outwear': -1.062,
 'pants': 9.887,
 'shirt': -2.812,
 'shoes': -3.666,
 'shorts': 3.200,
 'skirt': -2.602,
 't-shirt': -4.835}
```

该服务已准备就绪，并且可以在本地运行。接下来用 Kubernetes 部署它。

# 9.3　使用 Kubernetes 部署模型

Kubernetes 是一个用于自动化容器部署的编排系统。我们可以用其来托管任何 Docker 容器。本节中将介绍如何用 Kubernetes 部署应用程序。

首先，将介绍一些 Kubernetes 基础知识。

## 9.3.1　Kubernetes 简介

Kubernetes 中的主要抽象单元是 pod。一个 pod 包含一个 Docker 镜像，当想要服务某些事情时，pod 会做实际的工作。

pod 存在于一个节点(这是一台实际的机器)上。一个节点通常包含一个或多个 pod。

为了部署应用程序，我们定义一个部署，指定应用程序应该有多少个 pod 以及应该使用哪个图像。当应用程序开始收到更多请求时，有时我们希望在部署中添加更多 pod 来处理流量的增加。这也可以自动发生——这个过程被称为水平自动缩放。

服务是部署中 pod 的入口点。客户端与服务而不是与单个 pod 交互。当服务收到一个请求时，它会将请求路由到部署中的一个 pod。

Kubernetes 集群外的客户端通过入口(ingress)与集群内的服务交互。

假设我们有一个服务——Gateway。对于此服务，我们有一个 Gateway 部署，其中包含 3 个 pod——节点 1 上的 pod A 和 pod B 以及节点 2 上的 pod D(见图 9-4)。当客户端想要向服务发送请求时，它首先由入口处理，然后服务将请求路由到其中一个 pod。在本例中，它是部署在节点 1 上的 pod A。pod A 上的服务处理请求，客户端接收响应。

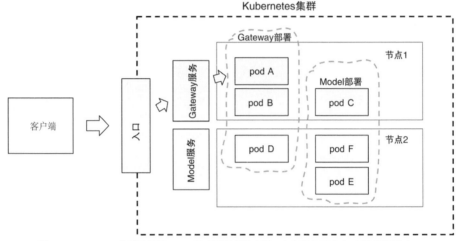

图 9-4　Kubernetes 集群的剖析。pod 是应用程序的实例。它们存在于节点(实际的机器)上。
属于同一应用程序的 pod 在部署中分组。客户端与服务通信，服务将请求路由到部署中的一个 pod

这是对 Kubernetes 关键词汇的一个非常简短的介绍，但对于入门来说已经足够。想了解更多关于 Kubernetes 的信息，请参阅官方文档(https://kubernetes.io/)。

9.3.2 节中将了解如何在 AWS 上创建 Kubernetes 集群。

## 9.3.2　在 AWS 上创建 Kubernetes 集群

有多种选择可将服务部署到 Kubernetes 集群。

- 可以在云中创建集群。所有主要的云提供商都可以建立 Kubernetes 集群。
- 可以使用 Minikube 或 MicroK8S 在本地进行设置。可通过 https://mlbookcamp.com/article/local-k8s.html 了解更多内容。

本节中使用 AWS 的 EKS。EKS 代表 Elastic Kubernetes Service，是 AWS 的一项服务，可让我们以最少的工作量创建 Kubernetes 集群。替代方案是来自 Google Cloud 的 GKE(Google Kubernetes Engine)和来自 Azure 的 AKS(Azure Kubernetes Service)。

对于本节，需要使用 3 个命令行工具。

- AWS CLI：管理 AWS 资源。有关详细信息请参阅附录 A。
- eksctl：管理 EKS 集群(https://docs.aws.amazon.com/eks/latest/userguide/eksctl.html)。

- kubectl：管理 Kubernetes 集群中的资源(https://kubernetes.io/docs/tasks/tools/install-kubectl/)。
  它适用于任何集群，而不只是 EKS。

使用官方文档足以安装这些工具，但你也可以参考本书的网站了解更多信息(https://mlbookcamp.com/article/eks)。

如果不使用 AWS，而是使用了不同的云提供商，则需要使用他们的工具来设置 Kubernetes 集群。因为 Kubernetes 不依赖任何特定的供应商，所以无论是哪里的集群，本章的大部分讲解内容都适用。

安装 eksctl 和 AWS CLI 后，就可以创建 EKS 集群。

首先，准备一个包含集群配置的文件。在项目目录中创建一个文件并将其命名为 cluster.yaml。

```
apiVersion: eksctl.io/v1alpha5
kind: ClusterConfig

metadata:
  name: ml-bookcamp-eks
  region: eu-west-1
  version: "1.18"

nodeGroups:
  - name: ng
    desiredCapacity: 2
    instanceType: m5.xlarge
```

创建配置文件后，可使用 eksctl 启动集群。

```
eksctl create cluster -f cluster.yaml
```

**注意：** 创建集群需要 15~20 分钟，因此请耐心等待。

通过此配置，我们创建了一个集群，其中 Kuberbetes 版本为 1.18 且部署在 eu-west-1 区域。集群的名称是 ml-bookcamp-eks。如果你想将其部署到不同的区域，那么可以进行更改。该集群将使用两台 m5.xlarge 机器。可以通过 https://aws.amazon.com/ec2/instance-types/m5/ 阅读有关此类实例的更多信息。这对于我们需要在本章中对 Kubernetes 和 Kubeflow 进行的实验来说已经足够。

**注意：** EKS 不在 AWS 免费套餐内。你可以在 AWS 的官方文档中了解更多关于费用的信息(https://aws.amazon.com/eks/pricing/)。

创建完成后，需要配置 kubectl 后才能访问它。对于 AWS，使用 AWS CLI 执行此操作。

```
aws eks --region eu-west-1 update-kubeconfig --name ml-bookcamp-eks
```

此命令应在默认位置生成一个 kubectl 配置文件。在 Linux 和 macOS 上，这个位置是~/.kube/config。现在检查一切是否正常并使用 kubectl 连接到搭建好的集群。

```
kubectl get service
```

此命令返回当前正在运行的服务的列表。我们还没有部署任何东西，因此只是希望看到一项服务——Kubernetes 本身。以下是你应该看到的结果。

```
NAME          TYPE        CLUSTER-IP     EXTERNAL-IP    PORT(S)    AGE
kubernetes    ClusterIP   10.100.0.1     <none>         443/TCP    6m17s
```

连接正常，现在可以部署服务。为此，首先需要准备一个带有实际服务的 Docker 镜像。接下来进行这项操作。

## 9.3.3　准备 Docker 镜像

前面已创建服务系统的两个组件。
- TF Serving：具有实际模型的组件。
- Gateway：与 TF Serving 通信的图像预处理组件。

现在部署它们。首先从部署 TF Serving 镜像开始。

### 1. TensorFlow Serving 镜像

与第 8 章一样，首先需要将镜像发布到 ECR——AWS 的 Docker 注册表。这里创建一个名为 model-serving 的注册表。

```
aws ecr create-repository --repository-name model-serving
```

它应该会返回以下路径。

```
<ACCOUNT>.dkr.ecr.<REGION>.amazonaws.com/model-serving
```

**重点**：注意，稍后将需要这条路径。

在本地运行 TF Serving 的 Docker 镜像时使用以下命令(现在不需要运行它)。

```
docker run -it --rm \
    -p 8500:8500 \
    -v "$(pwd)/clothing-model:/models/clothing-model/1" \
    -e MODEL_NAME=clothing-model \
    tensorflow/serving:2.3.0
```

使用-v 参数将模型从 clothing-model 挂载到镜像中的/models/clothing-model/1 目录。

使用 Kubernetes 也可以做到这一点，但在本章中采用了一种更简单的方法，将模型包含到镜像本身中，类似于在第 8 章中的做法。

为此创建一个 Dockerfile 文件。可以将其命名为 tf-serving.dockerfile。

```
FROM tensorflow/serving:2.3.0  ◀───────── ❶ 使用 TensorFlow Serving 镜像作为其基础

ENV MODEL_NAME clothing-model
COPY clothing-model /models/clothing-model/1  ◀───── ❸ 将模型复制到/models/clothing-model/1
❷ 将 MODEL_NAME 变量设置为 clothing-model
```

在❶中，使镜像基于 TensorFlow Serving 镜像。接下来，在❷中，将环境变量 MODEL_NAME 设置为 clothing-model，这等同于-e 参数。然后在❸中，将模型复制到/models/clothing-model/1，这等同于使用-v 参数。

**注意**：如果要使用带 GPU 的计算机，则使用 tensorflow/serving:2.3.0-gpu 镜像(见 Dockerfile 中

的注释❶）。

现在进行构建。

```
IMAGE_SERVING_LOCAL="tf-serving-clothing-model"
docker build -t ${IMAGE_SERVING_LOCAL} -f tf-serving.dockerfile .
```

接下来，需要将此镜像发布到 ECR。首先，需要使用 AWS CLI 通过 ECR 进行身份验证。

```
$(aws ecr get-login --no-include-email)
```

**注意**：输入命令时需要包含$。括号内的命令返回另一个命令。通过使用$()，我们执行这个命令。

接下来，使用远程 URI 标记镜像。

```
ACCOUNT=XXXXXXXXXXXX
REGION=eu-west-1
REGISTRY=${ACCOUNT}.dkr.ecr.${REGION}.amazonaws.com/model-serving
IMAGE_SERVING_REMOTE=${REGISTRY}:${IMAGE_SERVING_LOCAL}
docker tag ${IMAGE_SERVING_LOCAL} ${IMAGE_SERVING_REMOTE}
```

请务必更改 ACCOUNT 和 REGION 变量。现在准备将镜像推送到 ECR。

```
docker push ${IMAGE_SERVING_REMOTE}
```

推送成功，我们现在需要对 Gateway 组件执行同样的操作。

### 2. Gateway 镜像

现在为 Gateway 组件准备镜像。Gateway 是一个 Web 服务，它依赖许多 Python 库。

- Flask 和 Gunicorn
- keras_image_helper
- grpcio
- TensorFlow
- TensorFlow-Serving-API

在第 5 章中使用 Pipenv 来管理依赖项。这里也使用它。

```
pipenv install flask gunicorn \
    keras_image_helper==0.0.1 \
    grpcio==1.32.0 \
    tensorflow==2.3.0 \
    tensorflow-serving-api==2.3.0
```

运行此命令会创建两个文件：Pipfile 和 Pipfile.lock。

**警告**：尽管前面已提到过，但重要的事再重复一遍。这里，我们仅依赖 TensorFlow 实现一个函数。在生产环境中，最好不要安装 TensorFlow。而在本章中，这样做的目的是为了简单。我们可以直接获取需要的 protobuf 文件并显著减小 Docker 镜像的大小，而不是依赖 TensorFlow。有关说明请查阅 https://github.com/alexeygrigorev/tensorflow-protobuf。

现在创建一个 Docker 镜像。首先创建一个名为 gateway.dockerfile 的 Dockerfile，其内容如下。

```
FROM python:3.7.5-slim

ENV PYTHONUNBUFFERED=TRUE

RUN pip --no-cache-dir install pipenv

WORKDIR /app

COPY ["Pipfile", "Pipfile.lock", "./"]
RUN pipenv install --deploy --system && \
    rm -rf /root/.cache

COPY "model_server.py" "model_server.py"

EXPOSE 9696

ENTRYPOINT ["gunicorn", "--bind", "0.0.0.0:9696", "model_server:app"]
```

这个 Dockerfile 与之前的文件非常相似。更多相关信息请参阅第 5 章。

现在构建镜像。

```
IMAGE_GATEWAY_LOCAL="serving-gateway"
docker build -t ${IMAGE_GATEWAY_LOCAL} -f gateway.dockerfile .
```

然后将其推送到 ECR。

```
IMAGE_GATEWAY_REMOTE=${REGISTRY}:${IMAGE_GATEWAY_LOCAL}
docker tag ${IMAGE_GATEWAY_LOCAL} ${IMAGE_GATEWAY_REMOTE}

docker push ${IMAGE_GATEWAY_REMOTE}
```

**注意**：为了验证这些镜像在本地是否可以良好地协同工作，需要使用 Docker Compose (https://docs.docker.com/compose/)。这是一个非常有用的工具，建议花时间学习它，但这里不会对其进行介绍。

我们已将两个镜像发布到 ECR，现在准备将服务部署到 Kubernetes。接下来进行这项操作。

## 9.3.4  部署到 Kubernetes

部署之前，先重温 Kubernetes 的基础知识。以下对象将放在一个集群中。
- pod：Kubernetes 中最小的单元。这是一个单一的进程，在一个 pod 中有一个 Docker 容器。
- Deployment：一组多个相关的 pod。
- Service：位于部署前面的内容并将请求路由到各个 pod。

要将应用程序部署到 Kubernetes，需要配置两项内容。
- 部署：指定部署的 pod 的外观。
- 服务：指定如何访问服务以及服务如何连接到 pod。

首先从配置 TF Serving 的部署开始。

### 1. TF Serving 的部署

在 Kubernetes 中，通常使用 YAML 文件配置所有内容。为配置部署，在项目目录中创建一个名为 tf-serving-clothing-model-deployment.yaml 的文件，其内容如下。

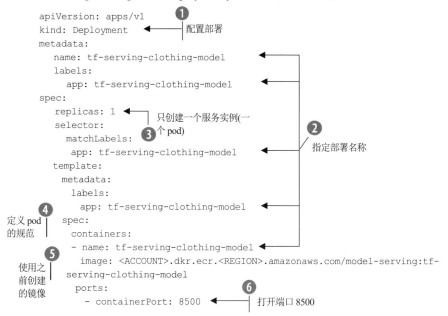

此处代码比较长，因此让我们查看所有重要的行。

在❶中指定要在此 YAML 文件中配置的 Kubernetes 对象的类型——它是一个部署。

在❷中定义部署的名称以及设置一些元数据信息。这里需要重复多次：一次用于设置部署的名称(name)，另外几次(labels:app)用于稍后将配置的服务。

在❸中设置希望在部署中拥有的实例 pod 的数量。

在❹中指定了 pod 的配置——设置所有 pod 将包含的参数。

在❺中设置了 Docker 镜像的 URI。pod 将使用此镜像。不要忘记将你的账户 ID 以及正确的区域放在那里。

最后在❻中，我们在此部署的 pod 上打开端口 8500。这是 TF Serving 使用的端口。

要了解有关 Kubernetes 中配置部署的更多信息，请查看官方文档(https://kubernetes.io/docs/concepts/workloads/controllers/deployment)。

现在有了一个配置，需要使用它来创建一个 Kubernetes 对象——在本例中是一个部署。使用 kubectl 中的 apply 命令来实现。

```
kubectl apply -f tf-serving-clothing-model-deployment.yaml
```

-f 参数告诉 kubectl，需要从配置文件中读取配置。

为验证它是否正常工作，需要检查是否出现了新部署。这就是获取所有活动部署列表的方式。

```
kubectl get deployments
```

输出应与以下类似。

```
NAME                       READY    UP-TO-DATE    AVAILABLE    AGE
tf-serving-clothing-model    1/1    1             1            41s
```

我们将在那里看到部署。此外，还可以获取 pod 列表。这与获取所有部署的列表非常相似。

```
kubectl get pods
```

应该会在输出中看到类似的内容。

```
NAME                                      READY    STATUS     RESTARTS    AGE
tf-serving-clothing-model-56bc84678d-b6n4r  1/1    Running    0           108s
```

现在需要在这个部署之上创建一个服务。

### 2. TF Serving 的服务

我们想从 Gateway 调用 TF Serving。为此，需要在 TF Serving 部署之前创建一个服务。

与部署类似，首先为服务创建一个配置文件。它也是一个 YAML 文件。创建一个名为 tf-serving-clothing-model-service.yaml 的文件，其内容如下。

```
apiVersion: v1
kind: Service
metadata:
  name: tf-serving-clothing-model          ◄ ─┐
  labels:                                       ├── 配置服务的名称
    app: tf-serving-clothing-model         ◄ ─┘
spec:                                      ◄ ─┐
  ports:                                       │ 服务规范——将使用的
    - port: 8500                               │ 端口
      targetPort: 8500                         │
      protocol: TCP
      name: http
  selector:                                      通过指定部署的标签将
    app: tf-serving-clothing-model               服务连接到部署
```

通过使用 apply 命令以同样的方式应用它。

```
kubectl apply -f tf-serving-clothing-model-service.yaml
```

要检查它是否有效，可以获取所有服务的列表并查看服务是否存在。

```
kubectl get services
```

应该会看到如下内容。

```
NAME             TYPE        CLUSTER-IP       EXTERNAL-IP    PORT(S)     AGE
kubernetes       ClusterIP   10.100.0.1       <none>         443/TCP     84m
tf-serving-      ClusterIP   10.100.111.165   <none>         8500/TCP    19s
clothing-model
```

除了默认的 Kubernetes 服务外，还包含刚创建的服务 tf-serving-clothing-model。

要访问此服务，需要获取其 URL。内部 URL 通常遵循以下模式。

```
<service-name>.<namespace-name>.svc.cluster.local
```

<service-name>部分是 tf-serving-clothing-model。

我们没有为此服务使用任何特定的名称空间，因此 Kubernetes 自动将服务置于"默认"名称空间中。我们不会在这里介绍名称空间，但是你可以在官方文档中阅读更多关于它们的信息(https://kubernetes.io/docs/concepts/overview/working-with-objects/namespaces/)。

以下就是刚创建的服务的 URL。

```
tf-serving-clothing-model.default.svc.cluster.local
```

稍后在配置 Gateway 时将需要这个 URL。

我们已经为 TF Serving 创建了部署和服务。现在准备为 Gateway 创建一个部署。

### 3. Gateway 的部署

和之前一样，首先要创建一个带有配置的 YAML 文件。创建一个名为 serving-gateway-deployment.yaml 的文件。

```
apiVersion: apps/v1
kind: Deployment
metadata:
  name: serving-gateway
  labels:
    app: serving-gateway
spec:
  replicas: 1
  selector:
    matchLabels:
      app: serving-gateway
  template:
    metadata:
      labels:
        app: serving-gateway
    spec:
      containers:
      - name: serving-gateway
        image: <ACCOUNT>.dkr.ecr.<REGION>.amazonaws.com/model-
      serving:serving-gateway
      ports:
          - containerPort: 9696
      env:
      - name: TF_SERVING_HOST
        value: "tf-serving-clothing-model.default.svc.cluster.local:8500"
```

设置 TF_SERVING_HOST 环境变量的值

将镜像 URL 中的<ACCOUNT>和<REGION>替换为你自己的值。

此部署的配置与 TF Serving 的部署非常相似，但有一个重要区别: 通过将 TF_SERVING_HOST 变量的值设置为带有我们模型的服务的 URL 来指定它的值(在代码中以粗体显示)。

现在应用该配置。

```
kubectl apply -f serving-gateway-deployment.yaml
```

这应该会创建一个新 pod 和一个新部署。现在查看 pod 列表。

```
kubectl get pod
```

确实存在一个新 pod。

```
NAME                                        READY   STATUS    RESTARTS   AGE
tf-serving-clothing-model-56bc84678d-b6n4r  1/1     Running   0          1h
serving-gateway-5f84d67b59-lx8tq            1/1     Running   0          30s
```

**警告**：Gateway 使用 gRPC 与 TF Serving 进行通信。在部署多个 TF Serving 实例时，你可能会遇到在这些实例之间分配负载的问题(https://kubernetes.io/blog/2018/11/07/grpc-load-balancing-on-kubernetes-without-tears/)。解决该问题需要安装一个服务网格工具，例如 Linkerd、Istio 或类似的工具。可与你的运营团队交谈，了解如何做到这一点。

我们已经为 Gateway 创建了一个部署。现在需要配置服务，接下来进行操作。

### 4. Gateway 的服务

该服务与为 TF Serving 创建的服务不同——它需要可公开访问，以便 Kubernetes 集群之外的服务可以使用它。为此，需要使用一种特殊类型的服务——LoadBalancer。它创建一个可在 Kubernetes 集群之外使用的外部负载均衡器。对于 AWS，它使用 ELB，即 Elastic Load Balancing 服务。

创建一个名为 serving-gateway-service.yaml 的配置文件。

```
apiVersion: v1
kind: Service
metadata:
  name: serving-gateway
    labels:
      app: serving-gateway        ❶  使用 LoadBalancer 类型
spec:
    type: LoadBalancer
  ports:
    - port: 80                     ❷
      targetPort: 9696             将 pod 中的 9696 端口映射到
      protocol: TCP                服务的 80 端口
      name: http
  selector:
    app: serving-gateway
```

在❶中，指定服务的类型——LoadBalancer。

在❷中，将服务中的 80 端口连接到 pod 中的 9696 端口。这样，在连接服务时不需要指定端口——将使用默认的 HTTP 端口，即 80 端口。

现在应用该配置。

```
kubectl apply -f serving-gateway-service.yaml
```

可使用 describe 命令查看服务的外部 URL。

```
kubectl describe service serving-gateway
```

它将输出有关服务的一些信息。

```
Name:                      serving-gateway
Namespace:                 default
Labels:                    <none>
Annotations:               <none>
Selector:                  app=serving-gateway
Type:                      LoadBalancer
IP Families:               <none>
IP:                        10.100.100.24
IPs:                       <none>
LoadBalancer Ingress:      ad1fad0c1302141989ed8ee449332e39-117019527.eu-west-
    1.elb.amazonaws.com
Port:                      http  80/TCP
TargetPort:                9696/TCP
NodePort:                  http  32196/TCP
Endpoints:                 <none>
Session Affinity:          None
External Traffic Policy:   Cluster
Events:
  Type    Reason                Age    From                Message
  ----    ------                ----   ----                -------
  Normal  EnsuringLoadBalancer  4s     service-controller  Ensuring load
                                                           balancer
  Normal  EnsuredLoadBalancer   2s     service-controller  Ensured load
                                                           Balancer
```

我们对 LoadBalancer Ingress 感兴趣。因为这是用来访问 Gateway 服务的 URL。在本例中，URL 如下所示。

```
ad1fad0c1302141989ed8ee449332e39-117019527.eu-west-1.elb.amazonaws.com
```

至此 Gateway 服务已经准备好。

## 9.3.5　测试服务

在本地运行 TF Serving 和 Gateway 时，我们准备了一个简单的 Python 代码片段来测试服务。现在重新使用它。转到同一个笔记本，将本地 IP 地址替换为上一节中获得的 URL。

```
import requests
req = {
    "url": "http://bit.ly/mlbookcamp-pants"
}

url = 'http://ad1fad0c1302141989ed8ee449332e39-117019527.eu-west-
    1.elb.amazonaws.com/predict'

response = requests.post(url, json=req)
response.json()
```

运行上述代码，由此得到与之前相同的预测。

```
{'dress': -1.86829,
 'hat': -4.76124,
```

```
'longsleeve': -2.31698,
'outwear': -1.06257,
'pants': 9.88716,
'shirt': -2.81243,
'shoes': -3.66628,
'shorts': 3.20036,
'skirt': -2.60233,
't-shirt': -4.83504}
```

这意味着我们已经成功地使用 TF Serving 和 Kubernetes 部署了深度学习模型。

**重点：**如果你完成了 EKS 试验，要记得关闭集群。如果不将其关闭，你将需要为此付费，即使它处于闲置状态且不使用也是如此。你将在本章末尾找到相关说明。

在本例中，我们仅从用户角度而不是操作角度介绍了 Kubernetes。我们还没有谈到生产机器学习模型所需的自动缩放、监控、警报和其他重要主题。

有关这些主题的更多详细信息，请参阅 Kubernetes 书籍或 Kubernetes 的官方文档。

你可能注意到部署单个模型时需要做很多事情，例如创建 Docker 镜像、将其推送到 ECR 以及创建部署和服务。对几个模型执行此操作不是问题，但如果你需要为数十个或数百个模型执行此操作，则会产生许多问题和重复操作。

幸运的是，有一个解决方案——Kubeflow。它会使部署更容易。在 9.4 节中，我们将了解如何使用 Kubeflow 来为 Keras 模型提供服务。

# 9.4  使用 Kubeflow 部署模型

Kubeflow 是一个用于简化在 Kubernetes 上部署机器学习服务的项目。

它由一组工具组成，每个工具都旨在解决一个特定的问题。例如

- Kubeflow Notebooks Server：使集中管理 Jupyter Notebook 变得更容易。
- Kubeflow Pipelines：自动化训练过程。
- Katib：为模型选择最佳参数。
- Kubeflow Serving(简称 KFServing)：部署机器学习模型。

其实还有很多其他工具。你可以通过 https://www.kubeflow.org/docs/components/ 阅读有关其组件的更多信息。

本章中专注于模型部署，因此只需要使用 Kubeflow 的一个组件——KFServing。

如果要安装整个 Kubeflow 项目，请参考官方文档。其里面有 Google Cloud Platform、Microsoft Azure、AWS 等主要云提供商的安装说明(https://www.kubeflow.org/docs/aws/aws-e2e/)。

有关在 AWS 上仅安装 KFServing 而不安装 Kubeflow 其余部分的说明，请参阅本书的网站：https://mlbookcamp.com/article/kfserving-eks-install。我们按照此文章来设置本章其余部分的环境，但是这里的代码只需要稍作修改，应该就能适用于任何 Kubeflow 安装。

**注意：**安装可能并不简单，特别是如果你过去没有做过类似的事情。如果你不确定某些事情，那么可让运营团队的人员协助进行设置。

## 9.4.1　准备模型：上传到 S3

要使用 KFServing 部署 Keras 模型，首先需要将其转换为 saved_model 格式。因为之前已经如此操作过，所以可以直接使用转换后的文件。

接下来，需要在 S3 中创建一个用来放置模型的桶(bucket)。我们称之为 mlbookcamp-models-<NAME>，其中<NAME>可以是任何东西——例如你的名字。桶名称在整个 AWS 中必须是唯一的。这就是需要在桶的名称中添加一些后缀的原因。它应该与 EKS 集群位于同一区域。在本例中，它是 eu-west-1。

可以用 AWS CLI 创建它。

```
aws s3api create-bucket \
    --bucket mlbookcamp-models-alexey \
    --region eu-west-1 \
    --create-bucket-configuration LocationConstraint=eu-west-1
```

创建桶后，需要将模型上传。为此使用 AWS CLI。

```
aws s3 cp --recursive clothing-model s3://mlbookcamp-models-alexey/clothing-model/0001/
```

注意，末尾有 0001。这一点很重要——KFServing 和 TF Serving 一样，需要模型的一个版本。我们没有此模型的任何先前版本，因此在末尾添加 0001。

现在准备部署这个模型。

## 9.4.2　使用 KFServing 部署 TensorFlow 模型

之前使用普通 Kubernetes 部署模型时，需要先配置部署，然后再配置服务。KFServing 没有这样做，而是定义了一种特殊的 Kubernetes 对象——InferenceService。只需要配置一次，它就会自动创建所有其他 Kubernetes 对象——包括服务和部署。

首先，创建另一个 YAML 文件(tf-clothes.yaml)，内容如下。

```
apiVersion: "serving.kubeflow.org/v1beta1"
kind: "InferenceService"
metadata:
  name: "clothing-model"                    ❶ 使用 serviceAccountName
spec:                                          访问 S3
  default:
    predictor:                              ❷ 指定模型在 S3 中的位置
      serviceAccountName: sa
      tensorflow:
        storageUri: "s3://mlbookcamp-models-alexey/clothing-model"
```

从 S3 访问模型时，需要指定服务账户名称才能获取模型。这告诉 KFServing 如何访问 S3 桶——我们已经在 ❶ 中设定好。关于在 EKS 上安装 KFServing 的文章也介绍了这一点(https://mlbookcamp.com/article/kfserving-eks-install)。

与通常的 Kubernetes 一样，使用 kubectl 应用此配置。

```
kubectl apply -f tf-clothing.yaml
```

因为它创建了一个 InferenceService 对象，所以需要使用 kubectl 中的 get 命令获取此类对象的列表。

```
kubectl get inferenceservice
```

应该会看到如下结果。

```
NAME               URL                        READY        AGE
clothing-model     http://clothing-model...   True    ...  97s
```

如果服务的 READY 显示还不是 True，那么需要稍等片刻才能准备好，这可能需要 1~2 分钟。现在记下模型的 URL 和名称。

- URL：https://clothing-model.default.kubeflow.mlbookcamp.com/v1/models/clothing-model。在你的配置中，主机会有所不同，因此整个 URL 也会有所不同。
- 模型名称：clothing-model。

**注意**：从笔记本电脑访问该 URL 可能需要一些时间，因为 DNS 中的更改可能需要一些传播时间。

### 9.4.3　访问模型

模型已完成部署。现在可以启动 Jupyter Notebook 或创建 Python 脚本文件来使用它。KFServing 使用 HTTP 和 JSON，因此使用 requests 库与之通信。首先进行导入。

```
import requests
```

接下来，需要使用图像预处理器来准备图像。它与之前使用的相同。

```
from keras_image_helper import create_preprocessor
preprocessor = create_preprocessor('xception', target_size=(299, 299))
```

现在，需要一张图片进行测试。这里使用与上一节相同的裤子图像并使用相同的代码来获取和预处理它。

```
image_url = "http://bit.ly/mlbookcamp-pants"
X = preprocessor.from_url(image_url)
```

X 变量包含一个 NumPy 数组。在将数据发送到 KFServing 之前，需要将其转换为列表。

```
data = {
    "instances": X.tolist()
}
```

下一步需要定义将此请求发往的 URL。我们已从上一节中得到了它，但需要稍加修改。

- 使用 HTTPS 而不是 HTTP。
- 在 URL 的末尾添加 ":predict"。

经过这些更改后，URL 显示如下。

```
url = 'https://clothing-model.default.kubeflow.mlbookcamp.com/v1/models/
    clothing-model:predict'
```

我们已准备好发送请求。

```
resp = requests.post(url, json=data)
results = resp.json()
```

现在查看运行结果。

```
{'predictions': [[-1.86828923,
    -4.76124525,
    -2.31698346,
    -1.06257045,
    9.88715553,
    -2.81243205,
    -3.66628242,
    3.20036,
    -2.60233665,
    -4.83504581]]}
```

就像之前所做的那样，需要将预测结果转换成人类可读的形式。我们通过为结果的每个元素分配一个标签来做到这一点。

```
pred = results['predictions'][0]

labels = [
    'dress',
    'hat',
    'longsleeve',
    'outwear',
    'pants',
    'shirt',
    'shoes',
    'shorts',
    'skirt',
    't-shirt'
]

result = {c: p for c, p in zip(labels, pred)}
```

结果如下。

```
{'dress': -1.86828923,
 'hat': -4.76124525,
 'longsleeve': -2.31698346,
 'outwear': -1.06257045,
 'pants': 9.88715553,
 'shirt': -2.81243205,
 'shoes': -3.66628242,
 'shorts': 3.20036,
 'skirt': -2.60233665,
 't-shirt': -4.83504581}
```

我们已部署好模型，并且可以使用它。

不过使用我们模型的人需要自己准备图像。9.4.4 节中将讨论转换器——它可以减轻预处理图像的负担。

# 9.4.4 KFServing 转换器

上一节中介绍了 Gateway 服务。它位于客户端和模型之间，负责将来自客户端的请求转换为模型期望的格式(见图 9-5)。

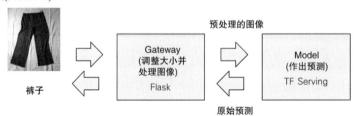

图 9-5 Gateway 服务负责预处理图像，因此应用程序的客户端不需要这样做

幸运的是，我们不必为 KFServing 引入另一个 Gateway 服务。相反，可以使用转换器。转换器主要负责如下工作。

- 预处理来自客户端的请求并将其转换为模型期望的格式。
- 对模型的输出进行后处理——将其转换为客户端需要的格式。

可以将上一节中的所有预处理代码放入一个转换器中(见图 9-6)。

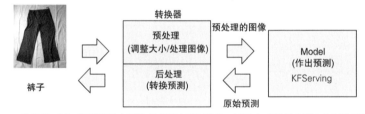

图 9-6　KFServing 转换器可以下载图像并在预处理步骤中进行准备，以及在后处理步骤中将标签附加到模型的输出

与手动创建的 Gateway 服务一样，KFServing 中的转换器是与模型分开部署的。这意味着它们可以独立地扩大和缩小规模。这是一件好事——它们能执行不同类型的工作。

- 转换器执行 I/O 工作(下载图像)。
- 模型执行 CPU 密集型工作(应用神经网络进行预测)。

要创建转换器，需要为 Python 安装 KFServing 库并创建一个用于扩展 KFModel 类的类。它如下所示。

```python
class ImageTransformer(kfserving.KFModel):
    def preprocess(self, inputs):
        # implement pre-processing logic

    def postprocess(self, inputs):
        # implement post-processing logic
```

我们不会详细介绍如何构建你自己的转换器，但如果你想知道如何操作，可查看相关文章：https://mlbookcamp.com/article/kfserving-transformers。另外，对于本书，我们准备了一个使用 keras_image_helper 库的转换器。你可以通过 https://github.com/alexeygrigorev/kfserving-keras-transformer 查看它的源代码。

接下来使用它。首先，需要删除旧的推断服务。

```
kubectl delete -f tf-clothes.yaml
```

然后，更新配置文件(tf-clothes.yaml)并在其中包含转换器部分(以粗体显示)。

```
apiVersion: "serving.kubeflow.org/v1alpha2"
kind: "InferenceService"
metadata:
 name: "clothing-model"
 spec:                          ← 在预测器部分
 default:                         定义模型
  predictor:
    serviceAccountName: sa
    tensorflow:
      storageUri: "s3://mlbookcamp-models-alexey/clothing-model"
  transformer:              ← 在转换器部分
   custom:                    定义转换器                    设置转换器的
    container:                                             镜像
      image: "agrigorev/kfserving-keras-transformer:0.0.1"  ←
      name: user-container
      env:
        - name: MODEL_INPUT_SIZE
          value: "299,299"
        - name: KERAS_MODEL_NAME
          value: "xception"                    通过配置指定输入大小、
        - name: MODEL_LABELS                   模型名称和标签
          value: "dress,hat,longsleeve,outwear,pants,
shirt,shoes,shorts,skirt,t-shirt"
```

除了之前的"预测器"部分外，我们还添加了一个"转换器"。使用的转换器是 agrigorev/kfserving-keras-transformer:0.0.1 上的公开可用镜像。

它依赖于 keras_image_helper 库来进行转换。为此，需要设置以下 3 个参数。

- MODEL_INPUT_SIZE：模型预期的输入大小为 299×299。
- KERAS_MODEL_NAME：用于训练模型的 Keras 应用程序(https://keras.io/api/applications/) 的架构名称。
- MODEL_LABELS：想要预测的类。

现在应用该配置。

```
kubectl apply -f tf-clothes.yaml
```

在准备好之前需要等待几分钟——使用 kubectl get inferenceservice 检查状态。

部署完成后(READY 为 True)，就可以对其进行测试。

## 9.4.5　测试转换器

有了转换器后，我们无须自己准备图像：只需要发送图像的 URL 即可。代码变得更简单。它如下所示。

```
import requests

data = {
    "instances": [
        {"url": "http://bit.ly/mlbookcamp-pants"},
    ]
}
url = 'https://clothing-model.default.kubeflow.mlbookcamp.com/v1/models/
    clothing-model:predict'
result = requests.post(url, json=data).json()
```

服务的 URL 保持不变。结果包含以下预测。

```
{'predictions': [{'dress': -1.8682, 'hat': -4.7612, 'longsleeve': -2.3169,
'outwear': -1.0625, 'pants': 9.8871, 'shirt': -2.8124, 'shoes': -3.6662,
'shorts': 3.2003, 'skirt': -2.6023, 't-shirt': -4.8350}]}
```

万事俱备，现在可以使用该模型。

## 9.4.6　删除 EKS 集群

使用 EKS 进行试验后，不要忘记关闭集群。为此可使用 eksctl。

```
eksctl delete cluster --name ml-bookcamp-eks
```

要验证集群是否已删除，可以检查 AWS Console 中的 EKS 服务页面。

# 9.5　后续步骤

你已经了解了训练用于预测服装类型的分类模型所需的基础知识。我们已经介绍了很多知识，但你还有很多东西需要学习，不过这些内容超出了本章的范围。你可以通过做练习进一步探索这个话题。

## 9.5.1　练习

- Docker Compose 是一个运用多个容器运行应用程序的工具。在本章示例中，Gateway 需要与 TF Serving 模型进行通信；这就是需要能够将它们联系起来的原因。Docker Compose 可以帮助解决这个问题，请试着用它在本地运行 TF Serving 和 Gateway。
- 本章中使用 AWS 的 EKS。为学习 Kubernetes，在本地尝试 Kubernetes 是有益的。尝试使用 Minikube 或 Microk8s 在本地重复 TF Serving 和 Gateway 的示例。
- 本章的所有实验都使用默认的 Kubernetes 名称空间。实际上，我们通常为不同的应用程序组使用不同的名称空间。你可以进一步了解 Kubernetes 中的名称空间，然后在不同的名称空间中部署我们的服务。例如，可以称之为 models。
- KFServing 转换器是一个强大的数据预处理工具。我们没有讨论如何自己实现它们，而是使用了一个已实现的转换器。要了解有关它们的更多信息，请自己实现此转换器。

## 9.5.2　其他项目

为更好地学习 Kubernetes 和 Kubeflow，你可以做很多项目。

- 本章中介绍了一个深度学习模型。这相当复杂并最终创建了两个服务。而在第 7 章之前开发的其他模型没有那么复杂，只需要一个简单的 Flask 应用来托管它们。你可以使用 Flask 和 Kubernetes 部署第 2、3、6 章中的模型。
- KFServing 可用于部署其他类型的模型，而不只是 TensorFlow。请试着使用它部署第 3 章和第 6 章中的 Scikit-learn 模型。

# 9.6　本章小结

- TensorFlow Serving 是一个用于部署 Keras 和 TensorFlow 模型的系统。它使用 gRPC 和 protobuf 进行通信，并且针对服务进行了高度优化。
- 使用 TensorFlow Serving 时，通常需要一个组件来将用户请求准备成模型期望的格式。该组件隐藏了与 TensorFlow Serving 交互的复杂性，并且使客户端更容易使用这个模型。
- 要在 Kubernetes 上部署一些东西，需要创建一个部署和一个服务。部署描述了应该部署的内容：Docker 镜像及其配置。该服务位于部署之前并将请求路由到各个容器。
- Kubeflow 和 KFServing 使部署过程更简单：只需要指定模型的位置，就能自动创建部署、服务和其他重要的内容。
- KFServing 转换器可以更轻松地对进入模型的数据进行预处理和对结果进行后处理。通过使用转换器，可避免创建一个特殊的 Gateway 服务来进行预处理。

# 环 境 准 备

## A.1　安装 Python 和 Anaconda

本书中的项目将使用 Anaconda，这是一个 Python 发行版，附带了需要使用的大部分机器学习包：NumPy、SciPy、Scikit-Learn 以及 Pandas 等。

### A.1.1　在 Linux 上安装 Python 和 Anaconda

无论在远程机器还是笔记本电脑上安装 Anaconda，本节中的说明都适用。尽管我们仅在 Ubuntu 18.04 LTS 和 20.04 LTS 上对其进行了测试，但此过程应该适用于大多数 Linux 发行版。

**注意**：本书中的示例推荐使用 Ubuntu Linux。然而，这不是一个严格的要求，在其他操作系统中运行这些示例应该不会有问题。如果你没有安装了 Ubuntu 的计算机，可以在云中在线租用一台计算机。有关更详细的说明请参阅 A.6 节。

几乎每个 Linux 发行版都安装了 Python 解释器，但最好单独安装 Python，以避免 Python 系统出现问题。使用 Anaconda 是一个很好的选择：它安装在用户目录中，不会干扰 Python 系统。

要安装 Anaconda，首先需要下载它。转到 https://www.anaconda.com 并单击 Get Starter。然后选择 Download Anaconda Installer。这会使你转到如下网址：https://www.anaconda.com/products/individual。

选择 64 位(x86)安装程序和最新的可用版本——在撰写本书时为 3.8(见图 A-1)。

接下来，将链接复制到安装包。在本例中，链接是 https://repo.anaconda.com/archive/Anaconda3-2021.05-Linux-x86_64.sh。

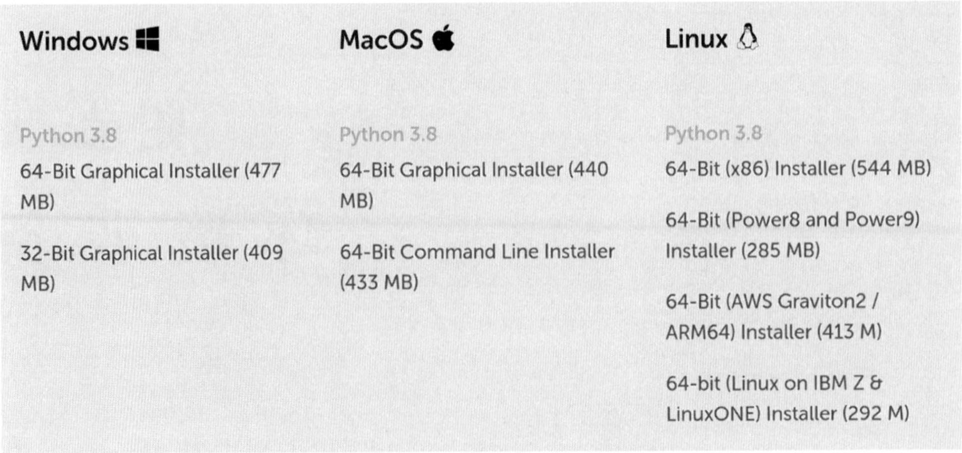

| Windows ■ | MacOS  | Linux △ |
|---|---|---|
| Python 3.8 | Python 3.8 | Python 3.8 |
| 64-Bit Graphical Installer (477 MB) | 64-Bit Graphical Installer (440 MB) | 64-Bit (x86) Installer (544 MB) |
| 32-Bit Graphical Installer (409 MB) | 64-Bit Command Line Installer (433 MB) | 64-Bit (Power8 and Power9) Installer (285 MB) |
| | | 64-Bit (AWS Graviton2 / ARM64) Installer (413 M) |
| | | 64-bit (Linux on IBM Z & LinuxONE) Installer (292 M) |

图 A-1 下载 Anaconda 的 Linux 版安装程序

**注意:** 如果有更新版本的 Anaconda 可用,你应该安装它。所有代码都可以在新版本上正常工作。

现在转到终端进行下载。

```
wget https://repo.anaconda.com/archive/Anaconda3-2021.05-Linux-x86_64.sh
```

然后安装它。

```
bash Anaconda3-2021.05-Linux-x86_64.sh
```

阅读协议,如果接受则输入 yes,然后选择要安装 Anaconda 的位置。可以使用默认位置,但也可以不必这样做。

在安装过程中,系统会询问你是否要初始化 Anaconda。如果输入 yes,它会自动完成所有操作。

```
Do you wish the installer to initialize Anaconda3
by running conda init? [yes|no]
[no] >>> yes
```

如果不想让安装程序初始化它,可以通过将带有 Anaconda 二进制文件的位置添加到 PATH 变量来手动完成。打开主目录中的.bashrc 文件并在末尾添加如下这行。

```
export PATH=~/anaconda3/bin:$PATH
```

安装完成后,可以删除安装程序。

```
rm Anaconda3-2021.05-Linux-x86_64.sh
```

接下来,打开一个新终端 shell。如果使用的是远程计算机,可以通过按 Ctrl+D 键退出当前会话,然后使用与之前相同的 ssh 命令再次登录。

现在一切都能正常工作。可以使用 which 命令测试系统是否选择了正确的二进制文件。

```
which python
```

如果在 AWS 的 EC2 实例上运行,应该会看到类似以下内容。

```
/home/ubuntu/anaconda3/bin/python
```

当然，路径可能不同，但它应该是 Anaconda 安装的路径。

现在可以使用 Python 和 Anaconda 了。

## A.1.2  在 Windows 上安装 Python 和 Anaconda

### 1. 适用于 Windows 的 Linux 子系统

在 Windows 上安装 Anaconda 的推荐方法是使用适用于 Windows 的 Linux 子系统。

要在 Windows 上安装 Ubuntu，可打开 Microsoft Store 并在搜索框中查找 ubuntu，然后选择 Ubuntu 18.04 LTS(见图 A-2)。

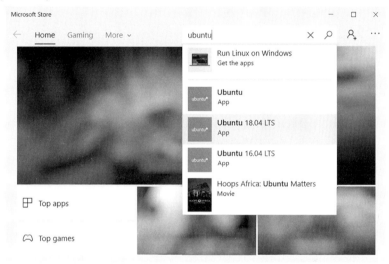

图 A-2  使用 Microsoft Store 在 Windows 上安装 Ubuntu

要安装它，只需要在下一个窗口中单击 Get 按钮(见图 A-3)。

图 A-3  要安装适用于 Windows 的 Ubuntu18.04，可单击 Get 按钮

安装完成后,可以通过单击 Launch 按钮来使用它(见图 A-4)。

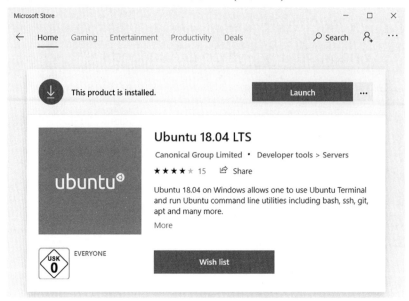

图 A-4 单击 Launch 按钮运行 Ubuntu 终端

第一次运行时,会要求你指定用户名和密码(见图 A-5)。之后,终端就可以使用了。

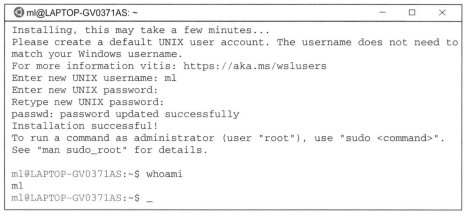

图 A-5 在 Windows 上运行的 Ubuntu 终端

现在可以使用 Ubuntu 终端并按照针对 Linux 的说明安装 Anaconda。

### 2. Anaconda 的 Windows 版安装程序

或者,可以使用 Anaconda 的 Windows 版安装程序。首先,需要从 https://anaconda.com/distribution 下载它(见图 A-6)。导航到 Windows Installer 部分并下载 64-Bit Graphical Installer(如果使用的是较旧的计算机,则下载 32 位版本)。

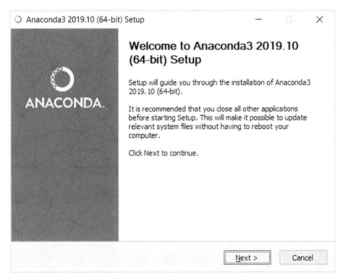

| Windows | MacOS | Linux |
|---|---|---|
| Python 3.8 | Python 3.8 | Python 3.8 |
| 64-Bit Graphical Installer (477 MB) | 64-Bit Graphical Installer (440 MB) | 64-Bit (x86) Installer (544 MB) |
| | | 64-Bit (Power8 and Power9) Installer (285 MB) |
| 32-Bit Graphical Installer (409 MB) | 64-Bit Command Line Installer (433 MB) | |
| | | 64-Bit (AWS Graviton2 / ARM64) Installer (413 M) |
| | | 64-bit (Linux on IBM Z & LinuxONE) Installer (292 M) |

图 A-6  下载 Anaconda 的 Windows 版安装程序

下载安装程序后，只需要运行它并遵循安装指南(见图 A-7)。

图 A-7  Anaconda 的安装程序

它非常简单，运行起来应该没有问题。安装成功后，你应该能够通过从"开始"菜单中选择 Anaconda Navigator 运行它。

## A.1.3  在 MacOS 上安装 Python 和 Anaconda

针对 MacOS 的使用说明应该与 Linux 和 Windows 类似：选择 Python 最新版本的安装程序并执行。

# A.2 运行 Jupyter

## A.2.1 在 Linux 上运行 Jupyter

安装 Anaconda 后,就可以运行 Jupyter。首先,需要创建一个 Jupyter 将用于所有笔记本的目录。

```
mkdir notebooks
```

然后通过 cd 命令转到这个目录以从那里运行 Jupyter。

```
cd notebooks
```

它将使用此目录创建笔记本。现在让我们运行 Jupyter。

```
jupyter notebook
```

如果想在本地计算机上运行 Jupyter,这应该足够。如果想在远程服务器上运行它,例如来自 AWS 的 EC2 实例,则还需要添加一些额外的命令行选项。

```
jupyter notebook --ip=0.0.0.0 --no-browser
```

这种情况下,必须指定以下两项内容。

- Jupyter 将用于接收传入 HTTP 请求的 IP 地址(--ip=0.0.0.0)。默认情况下使用 localhost,这意味着只能从计算机内部访问 Notebook 服务。
- --no-browser 参数,因此 Jupyter 不会尝试使用默认 Web 浏览器打开带有笔记本的 URL。当然,远程机器上没有 Web 浏览器,只有一个终端。

**注意**:对于 AWS 上的 EC2 实例,还需要配置安全规则以允许实例在端口 8888 上接收请求。有关详细信息请参阅 A.6 节。

运行此命令时,应该会看到类似如下内容。

```
[C 04:50:30.099 NotebookApp]

    To access the notebook, open this file in a browser:
        file:///run/user/1000/jupyter/nbserver-3510-open.html
    Or copy and paste one of these URLs:
        http://(ip-172-31-21-255 or 127.0.0.1):8888/
      ?token=670dfec7558c9a84689e4c3cdbb473e158d3328a40bf6bba
```

启动时,Jupyter 会生成一个随机令牌。你需要此令牌才能访问网页。这是出于安全考虑,因此除你之外,没有人可以访问 Notebook 服务。

从终端复制 URL,并且将(ip-172-31-21-255 or 127.0.0.1)替换为实例 URL。应该会得到如下结果。

```
http://ec2-18-217-172-167.us-east-2.compute.amazonaws.com:8888/
?token=f04317713e74e65289fe5a43dac43d5bf164c144d05ce613
```

此 URL 由三部分组成。

- 实例的 DNS 名称：如果使用 AWS，可以从 AWS Console 或使用 AWS CLI 获取它。
- 端口(8888，这是 Jupyter Notebook 服务的默认端口)。
- 刚才从终端复制的令牌。

之后，应该能够看到 Jupyter Notebook 服务并创建一个新笔记本(见图 A-8)。

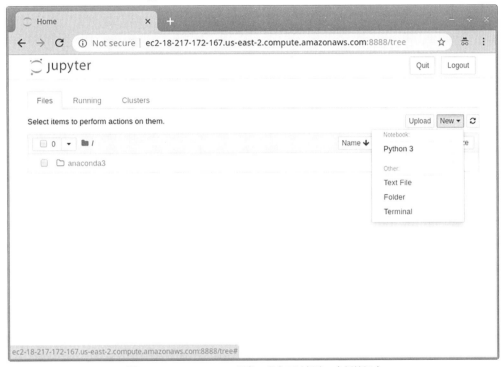

图 A-8　Jupyter Notebook 服务。现在可以创建一个新笔记本

如果使用的是远程计算机，当退出 SSH 会话时，Jupyter Notebook 将停止服务。一旦内部进程附加到 SSH 会话，它将被终止。为避免这种情况，可以在屏幕内运行服务，screen 是一个管理多个虚拟终端的工具。

```
screen -R jupyter
```

此命令将尝试连接到名为 jupyter 的屏幕上，但如果没有这样的屏幕存在，它将自行创建一个。然后，在屏幕内可以键入相同的命令来启动 Jupyter Notebook。

```
jupyter notebook --ip=0.0.0.0 --no-browser
```

通过尝试从 Web 浏览器中访问它来检查它是否正常工作。确认可以正常工作后，可以通过按 Ctrl+A 键再按 D 键来分离屏幕：先按 Ctrl+A 键，稍等片刻，然后按 D 键(对于 MacOS 先按 Ctrl+A 键，然后按 Ctrl+D 键)。屏幕内运行的任何内容都不会附加到当前的 SSH 会话，因此当分离屏幕并退出会话时，Jupyter 进程将继续运行。

现在可以断开与 SSH 的连接(按 Ctrl+D 键)，并且验证 Jupyter URL 是否仍在工作。

## A.2.2　在 Window 上运行 Jupyter

与 Python 和 Anaconda 一样，如果使用适用于 Windows 的 Linux 子系统来安装 Jupyter，则适用于 Linux 的指令也适用于 Windows。

默认情况下，没有配置在 Linux 子系统中运行的浏览器。因此需要使用以下命令来启动 Jupyter。

```
jupyter notebook --no-browser
```

或者，可以设置 BROWSER 变量以将其指向 Windows 的浏览器。

```
export BROWSER='/mnt/c/Windows/explorer.exe'
```

但是，如果没有使用 Linux 子系统，而是使用 Windows Installer 安装 Anaconda，那么启动 Jupyter Notebook 服务的方式是不同的。

首先，需要在开始菜单中打开 Anaconda Navigator。打开后，在 Applications 选项卡中找到 Jupyter，然后单击 Launch 按钮(见图 A-9)。

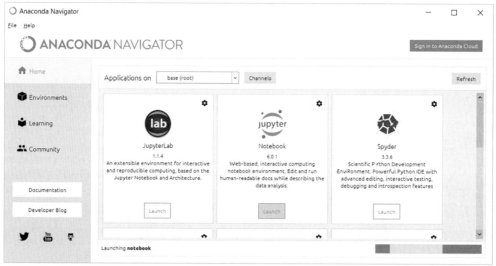

图 A-9　要运行 Jupyter Notebook 服务，可在 Applications 选项卡中找到 Jupyter，然后单击 Launch 按钮

服务启动成功后，带有 Jupyter 的浏览器就会自动打开(见图 A-10)。

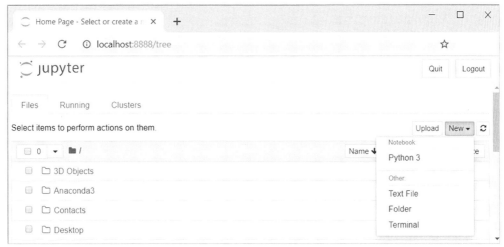

图 A-10　使用 Anaconda Navigator 启动的 Jupyter Notebook 服务

## A.2.3　在 MacOS 上运行 Jupyter

针对 Linux 的说明也适用于 MacOS，因此无须进行多余的更改。

# A.3　安装 Kaggle CLI

Kaggle CLI 是用于访问 Kaggle 平台的命令行界面，其中包括来自 Kaggle 竞赛和 Kaggle 数据集的数据。可以使用 pip 进行安装。

```
pip install kaggle --upgrade
```

然后需要进行配置。首先，需要从 Kaggle 获取证书。为此，可转到你的 Kaggle 个人资料(如果还没有，请创建一个)，位于 https://www.kaggle.com/<username>/account。URL 会类似于 https://www.kaggle.com/agrigorev/account。

在 API 部分，单击 Create New API Token 按钮(见图 A-11)。

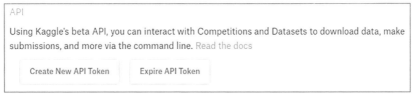

图 A-11　要从 Kaggle CLI 生成要使用的 API 令牌，可单击 Kaggle 账户页面上的 Create New API Token 按钮

这将下载一个名为 kaggle.json 的文件，这是一个包含两个字段的 JSON 文件: user-name 和 key。如果你在用于下载文件的同一台计算机上配置 Kaggle CLI，只需要将这个文件移到 Kaggle CLI 需要的位置即可。

```
mkdir ~/.kaggle
```

```
mv kaggle.json ~/.kaggle/kaggle.json
```

如果要在远程计算机(如 EC2 实例)上配置该文件，则需要复制此文件的内容并将其粘贴到终端。使用 nano 打开文件(如果文件不存在，将创建该文件)。

```
mkdir ~/.kaggle
nano ~/.kaggle/kaggle.json
```

粘贴下载好的 kaggle.json 文件内容。按 Ctrl+O 键保存文件并按 Ctrl+X 键退出 nano。现在通过尝试列出可用数据集来测试其是否正常工作。

```
kaggle datasets list
```

还可以通过尝试使用第 2 章中的数据集来测试是否可以下载数据集。

```
kaggle datasets download -d CooperUnion/cardataset
```

它应该会下载一个名为 cardataset.zip 的文件。

# A.4　访问源代码

我们已经将本书的源代码存储在 GitHub(这是一个托管源代码的平台)上。可以通过 https://github.com/alexeygrigorev/mlbookcamp-code 看到它。

GitHub 使用 Git 来管理代码，因此你需要一个 Git 客户端来访问本书的代码。

Git 预装在所有主要的 Linux 版本中。例如，在 AWS 上用 Ubuntu 创建实例的 AMI 已经预安装了它。

如果你的版本没有 Git，安装起来也很容易。例如，对于基于 Debian 操作系统的版本(如 Ubuntu)，需要运行以下命令。

```
sudo apt-get install git
```

要在 MacOS 上使用 Git，需要安装命令行工具或者下载安装程序：https://sourceforge.net/projects/git-osx-installer/。

对于 Windows 系统，可以通过 https://git-scm.com/download/win 下载 Git。

安装好 Git 后就可以使用它来获取本书的代码。要访问它，需要运行以下命令。

```
git clone https://github.com/alexeygrigorev/mlbookcamp-code.git
```

现在，可以运行 Jupyter Notebook。

```
cd mlbookcamp-code
jupyter notebook
```

如果你没有 Git 并且不想安装它，也可以在没有它的情况下访问代码。可以下载 ZIP 存档中的最新代码并将其解压缩。在 Linux 上，可以执行以下命令。

```
wget -O mlbookcamp-code.zip \
    https://github.com/alexeygrigorev/mlbookcamp-code/archive/master.zip
unzip mlbookcamp-code.zip
rm mlbookcamp-code.zip
```

你也可以只使用 Web 浏览器：输入 URL，下载 ZIP 存档，然后提取内容。

# A.5 安装 Docker

第 5 章中使用 Docker 将应用程序封装到一个独立的容器中。这将使安装变得很容易。

## A.5.1 在 Linux 上安装 Docker

这些步骤基于 Docker 网站上的 Ubuntu 官方说明(https://docs.docker.com/engine/install/ubuntu/)。首先，需要进行所有预备工作。

```
sudo apt-get update
sudo apt-get install apt-transport-https ca-certificates curl software-
    properties-common
```

接下来，使用 Docker 二进制文件添加存储库。

```
curl -fsSL https://download.docker.com/linux/ubuntu/gpg | sudo apt-key add -
sudo add-apt-repository "deb [arch=amd64] https://download.docker.com/linux/
    ubuntu $(lsb_release -cs) stable"
```

现在可以进行安装。

```
sudo apt-get update
sudo apt-get install docker-ce
```

最后，如果想在没有 sudo 的情况下执行 Docker 命令，需要将用户添加到 docker 用户组。

```
sudo adduser $(whoami) docker
```

现在需要重新启动系统。对于 EC2 或其他远程计算机，只需要注销并重新启动即可。
要测试一切是否正常，可运行 hello-world 容器。

```
docker run hello-world
```

你应该会看到一条消息显示一切正常。

```
Hello from Docker!
This message shows that your installation appears to be working correctly.
```

## A.5.2 在 Window 上安装 Docker

要在 Windows 上安装 Docker，需要从官方网站(https://hub.docker.com/editions/community/docker-ce-desktop-windows/)下载安装程序，然后按照说明进行操作。

## A.5.3 在 MacOS 上安装 Docker

与 Windows 一样，在 MacOS 上安装 Docker 很简单：首先从官网(https://hub.docker.com/editions/community/docker-ce-desktop-mac/)下载安装程序，然后按照说明进行操作。

# A.6　在 AWS 上租用服务器

使用云服务是获取远程计算机的最简单方法，你可以使用它来完成本书中的示例。

目前有很多选择，包括 AWS、Google Cloud Platform、Microsoft Azure 和 Digital Ocean 等云计算提供商。在云计算中，与其长期租用服务器，不如在云端短时间使用它，通常按每小时、每分钟甚至每秒付费。你可以根据自己的需要就计算能力(CPU 或 GPU 的数量)和 RAM 选择最适合的机器。

你也可以租用更长时间的专用服务器并按月付费。如果打算长时间使用服务器——例如 6 个月或更长时间——租用专用服务器会更便宜。这种情况下，Hetzner.com 可能是一个不错的选择，它们还提供带 GPU 的服务器。

为了让你更容易地设置本书所需的所有库环境，此处为在 AWS 上创建 EC2 机器提供说明。EC2 是 AWS 的一部分，允许你在任何时间租用任何配置的服务器。

**注意：** 我们不隶属于亚马逊或 AWS。选择在本书中使用它是因为在撰写本书时它是最常用的云提供商。

如果你没有或是最近才创建 AWS 账户，则有资格享受免费套餐：你将获得 12 个月的试用期，可以免费试用大部分 AWS 产品。我们会尽可能地尝试使用免费套餐，如果某些内容不在此套餐中，我们会特别提及。

注意，本节中的说明是可选的，你不必使用 AWS 或任何其他云。代码应该可以在任何 Linux 机器上运行，因此如果你有一台装有 Linux 的笔记本电脑，它应该足以运行本书中的代码。Mac 或 Windows 计算机也应该没问题，但我们还没有在这些平台上对代码进行彻底的测试。

## A.6.1　在 AWS 上注册

需要做的第一件事就是创建一个账户。为此，可访问 https://aws.amazon.com 并单击 Create an AWS Account 按钮(见图 A-12)。

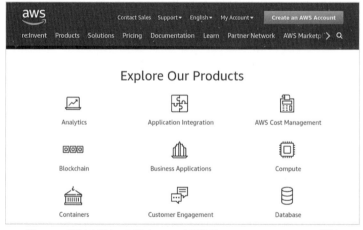

图 A-12　要创建账户，可单击 AWS 主页上的 Create an AWS Account 按钮

**注意：**本附录写于 2019 年 10 月，截图是在当时记录的。因此 AWS 网站上的内容和管理控制台的外观可能会发生变化。

按照说明填写所需的详细信息。这应该是一个简单的过程，类似于在任何网站上注册的过程。

**注意：**AWS 会在注册过程中要求你提供银行卡的详细信息。

完成注册并验证你的账户后，应该会看到主页——AWS Management Console(见图 A-13)。

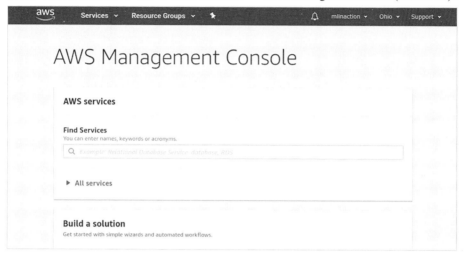

图 A-13　AWS Management Console 是 AWS 的起始页面

你已成功创建一个 root 账户。但是，我们不建议将 root 账户用于任何事情，因为它具有非常广泛的权限，允许你在 AWS 账户上执行任何操作。通常，我们使用 root 账户创建功能较弱的账户，然后将它们用于日常任务。

要创建此类账户，可在查找服务框中输入 IAM，然后单击下拉列表中的该项目。在左侧菜单中选择 Users，然后单击 Add user 按钮(见图 A-14)。

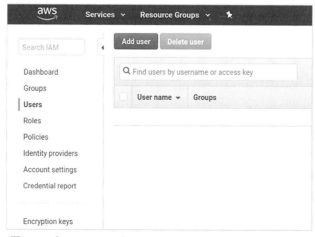

图 A-14　在 AWS Identity 与 Access Management (IAM)服务中添加用户

现在你只需要按照说明回答问题。在某个步骤，它会询问你访问类型：需要同时选择 Programmatic access 和 AWS Management Console access(见图 A-15)。我们将使用命令行界面(CLI) 和 Web 界面来运行 AWS。

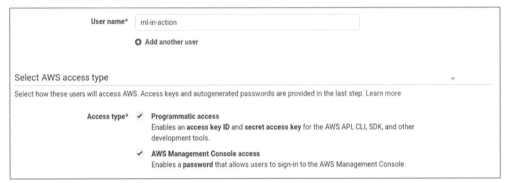

图 A-15　同时使用 Web 界面和命令行界面来使用 AWS，因此需要选择这两种访问类型

在 Set permissions 步骤中，可以指定此新用户能够执行的操作。你希望用户拥有完全权限，因此选择顶部的 Attach existing policies directly 并在策略列表中选择 AdministratorAccess(见图 A-16)。

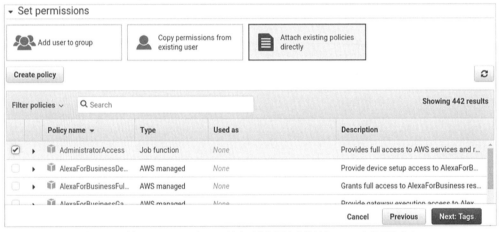

图 A-16　选择 AdministratorAccess 策略以使新用户能够访问 AWS 上的所有内容

下一步，系统将询问有关标签的信息——你现在可以放心地忽略这些标签。对于多人在同一个 AWS 账户上工作的公司来说，标签是必需的，主要是出于费用管理的目的，因此它们不应该成为你在本书中要做的项目的关注点。

最后，当成功创建新用户后，向导会建议你下载凭据(见图 A-17)。下载它们并妥善保管，稍后在配置 AWS CLI 时需要使用它们。

要访问管理控制台，可以使用 AWS 为你生成的链接。它出现在 Success 框中并遵循以下模式。

```
https://<accountid>.signin.aws.amazon.com/console
```

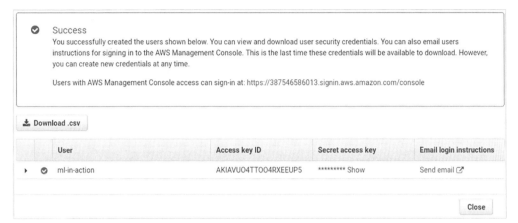

图 A-17 新建用户的详细信息。你可以查看登录 URL 并下载用于编程访问的凭据

将此链接加入书签可能是个好主意。一旦 AWS 验证了账户(这可能需要一点时间)，就可以使用它来登录：只需要提供你在创建用户时指定的用户名和密码。

现在可以开始使用 AWS 的服务。最重要的是，可以创建一台 EC2 机器。

## A.6.2 访问计费信息

使用云服务提供商时，通常按秒付费：对于使用特定 AWS 服务的每一秒，都需要支付预定义的费率。在每个月底，你会收到一张账单，这通常是自动处理的。款项将从你关联到 AWS 账户的银行卡中扣除。

**重点**：尽管我们使用免费套餐来学习本书中的大多数示例，但你应该定期检查账单页面以确保没有意外使用计费服务。

要了解你在月底需要支付多少费用，可以访问 AWS 的账单页面。

如果你使用 root 账户，只需要在 AWS 控制台主页上输入 Billing 即可导航到账单页面(见图 A-18)。

图 A-18 要进入账单页面，可在快速访问搜索框中输入 Billing

如果你尝试从用户账户(或 IAM 用户——在创建 root 账户后创建的用户)访问同一页面，会注意到这是不允许的。要解决这个问题，需要做到两点。

- 允许所有 IAM 用户访问账单页面。
- 授予 AMI 用户访问账单页面的权限。

允许所有 IAM 用户访问账单页面很简单：单击 My Account 选项，见图 A-19(a)；转到 IAM User and Role Access to Billing Information 部分并单击 Edit 按钮，见图 A-19(b)；然后选择 Active IAM Access 选项并单击 Update 按钮，见图 A-19(c)。

(a) 要允许 AMI 用户访问账单信息，可单击 My Account 选项

(b) 在 My Account 设置中，找到 IAM User and Role Access to Billing Information 部分并单击 Edit 按钮

(c) 启用 Active IAM Access 选项并单击 Update 按钮

图 A-19　允许 IAM 用户访问账单信息

之后，进入 IAM 服务，找到之前创建的 IAM 用户，单击它。接下来，单击 Add permissions 按钮(见图 A-20)。

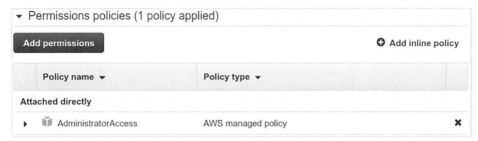

图 A-20　为允许 IAM 用户访问账单信息，需要为此添加特殊权限，可单击 Add permissions 按钮

然后将现有的 Billing 策略附加到用户(见图 A-21)。之后，IAM 用户应该能够访问账单信息
页面。

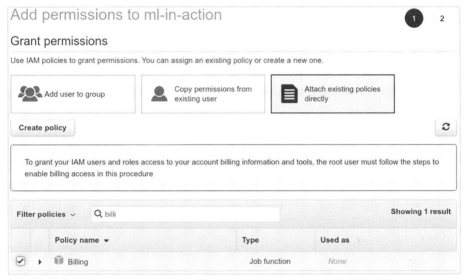

图 A-21　单击 Add permissions 按钮后，选择 Attach existing policies directly 选项并在列表中选择 Billing

## A.6.3　创建 EC2 实例

EC2 是一项从 AWS 租用机器的服务。可以用它来创建一台 Linux 机器并用于本书中的项目。
为此，首先转到 AWS 中的 EC2 页面。最简单的方法是在 AWS Management Console 主页的 Find
Services 框中输入 EC2，然后从下拉列表中选择 EC2 并按 Enter 键(见图 A-22)。

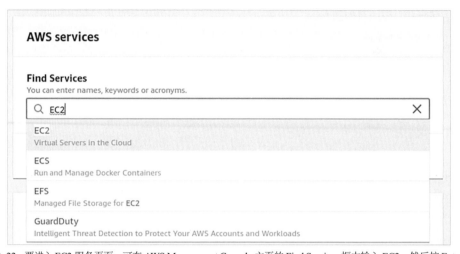

图 A-22    要进入 EC2 服务页面，可在 AWS Management Console 主页的 Find Services 框中输入 EC2，然后按 Enter 键

在 EC2 页面上，从左侧菜单中选择 Instances，然后单击 Launch Instance 按钮(见图 A-23)。

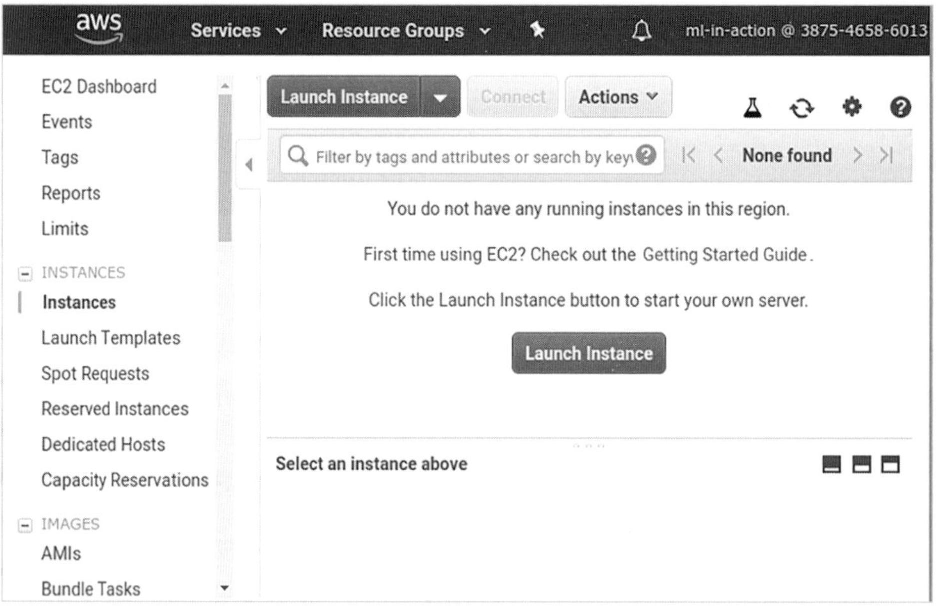

图 A-23    要创建 EC2 实例，可在左侧菜单中选择 Instances，然后单击 Launch Instance 按钮

这将带来一个六步法。第一步是指定将用于实例的 AMI(Amazon Machine Image)。这里推荐 Ubuntu：它是最流行的 Linux 版本之一，我们在本书的所有示例中都使用了它。其他镜像应该也可以正常工作，但尚未对其进行测试。

在撰写本书时，因为 Ubuntu Server 20.04 LTS 已经可用(见图 A-24)，所以选择使用它。在列表中找到这个版本，然后单击 Select 按钮。

图 A-24　实例将基于 Ubuntu Server 20.04 LTS

应该记下 AMI 的 ID：在本例中为 ami-0a8e758f5e873d1c1，但对你而言可能会有所不同，具体取决于你的 AWS 区域和 Ubuntu 版本。

**注意**：此 AMI 符合免费套餐条件，这意味着如果你使用免费套餐来测试 AWS，则无须为使用此 AMI 付费。

之后，需要选择实例类型。可以选择很多选项，例如具有不同数量的 CPU 内核和不同容量的 RAM。如果你想继续使用免费套餐，可选择 t2.micro(见图 A-25)。这是一台相当小的机器：只有 1 个 CPU 和 1 GB RAM。当然，就计算能力而言，这并不是最好的实例，但对于本书中的许多项目来说，这应该足够。

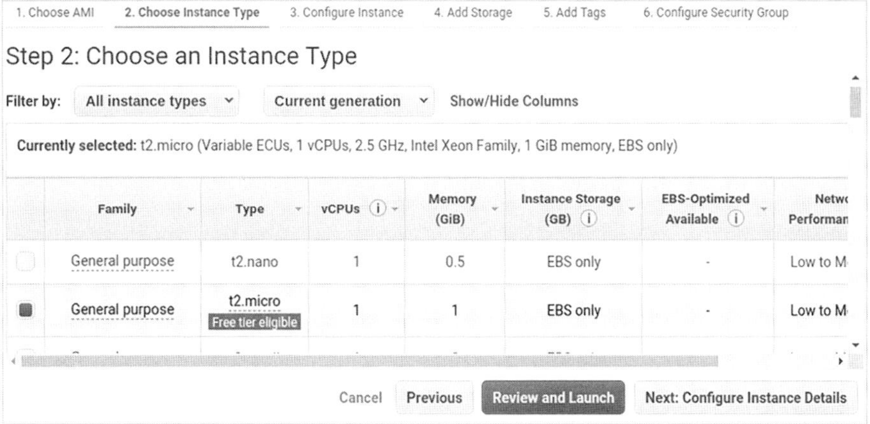

图 A-25　t2.micro 是一个相当小的实例，只有 1 个 CPU 和 1 GB RAM，但它可以免费使用

下一步是配置实例详细信息。你无须在此处更改任何内容，只需要继续下一步：添加存储(见图 A-26)。

这里，你可以指定实例上需要多少空间。默认建议的 8GB 是不够的，因此选择 18GB。对于本书中将要做的大多数项目，这应该足够。更改后，单击 Nert:Add Tags 按钮。

下一步是将标签添加到新实例。你应该添加的唯一一标签是 Name，它允许你为实例提供人类可读的名称。添加键 Name 和值 ml-bookcamp-instance(或你喜欢的任何其他名称)，如图 A-27 所示。

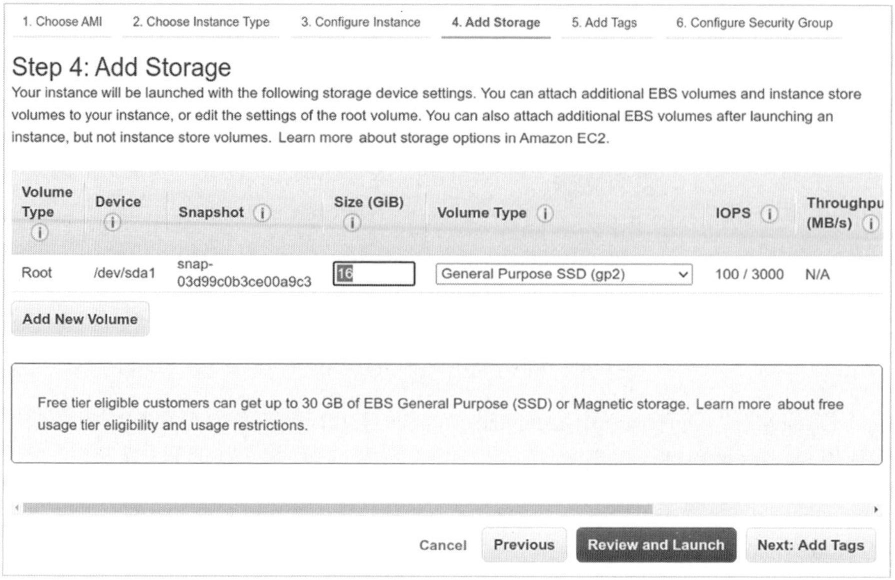

图 A-26　在 AWS 中创建 EC2 实例的第四步：adding storage(添加存储)。将大小更改为 16GB

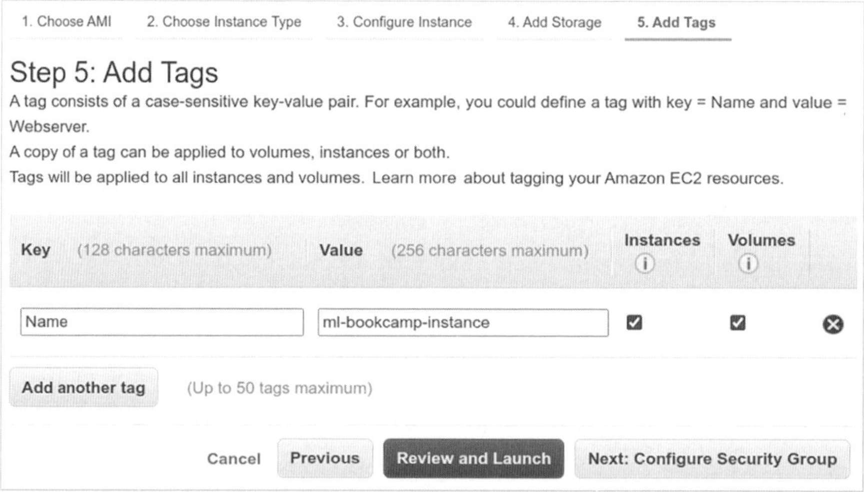

图 A-27　可能要在第五步中指定的唯一标签是 Name：允许你为实例提供人类可读的名称

下一步非常重要：选择安全组。这允许你配置网络防火墙并指定如何访问实例以及开放哪些端口。你需要在实例上托管 Jupyter Notebook，因此需要确保其端口已打开，并且可以登录到远程机器。

因为你的 AWS 账户中还没有任何安全组，所以现在需要创建一个新安全组：选择 Create a new security group 并将其命名为 jupyter(见图 A-28)。如果想使用 SSH 将你的计算机连接到实例，则需要确保允许 SSH 连接。要启用此功能，可在第一行的 Type 下拉列表中选择 SSH。

通常 Jupyter Notebook 服务在端口 8888 上运行，因此需要添加自定义 TCP 规则，以便可以从 Internet 上的任何位置访问端口 8888。

　　这样做时，你可能会看到一条警告，告诉你可能不安全(见图 A-29)。这对我们来说不是问题，因为我们没有在实例上运行任何关键的东西。保持安全性是很重要的，但这并不在本书的讨论范围内。

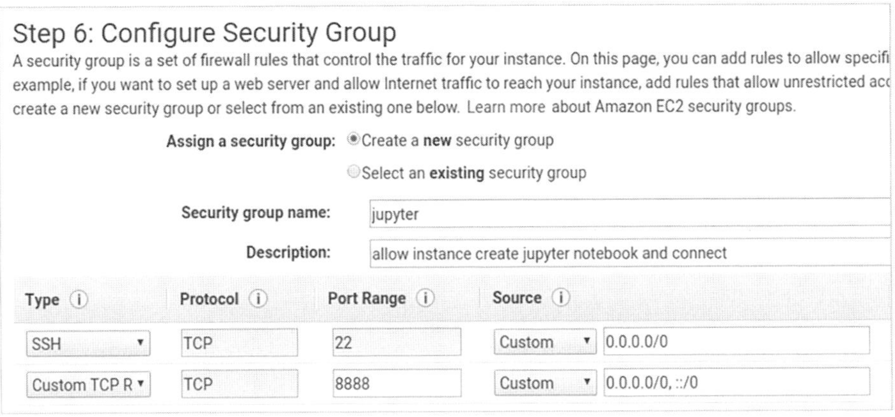

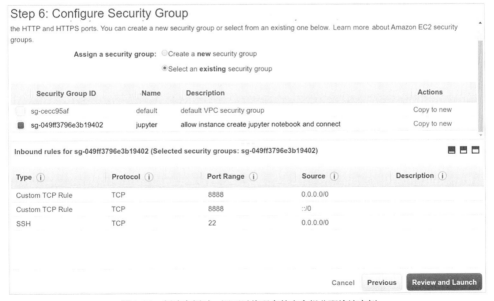

图 A-28　创建用于在 EC2 实例上运行 Jupyter Notebook 的安全组

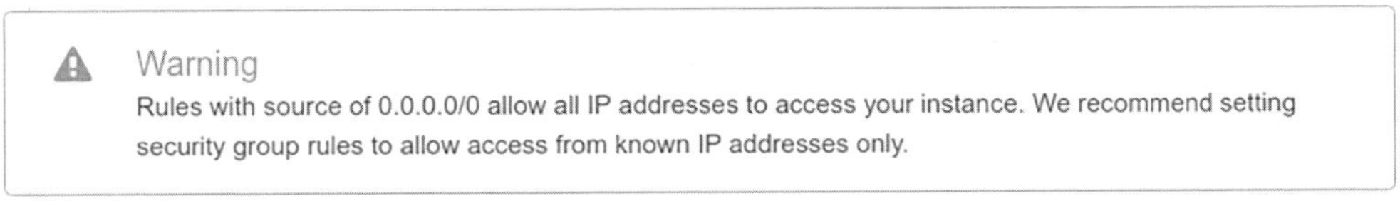

> ⚠ **Warning**
>
> Rules with source of 0.0.0.0/0 allow all IP addresses to access your instance. We recommend setting security group rules to allow access from known IP addresses only.

图 A-29　AWS 警告我们添加的规则并不严谨。对我们而言，这不是问题，可以放心地忽略警告

　　下次创建实例时，你将能够重用此安全组，而不需要创建一个新安全组。选择 Select an existing security group 并从列表中选择相应安全组(见图 A-30)。

图 A-30　创建实例时，还可以将现有的安全组分配给该实例

配置安全组是最后一步。确认一切正常后，单击 Review and Launch 按钮。

AWS 还不允许你启动该实例：仍然需要配置 SSH 密钥以登录到实例。因为你的 AWS 账户仍然是新的且还没有密钥，所以需要创建一个新的密钥对。从下拉列表中选择 Create a new key pair 并将其命名为 jupyter(见图 A-31)。

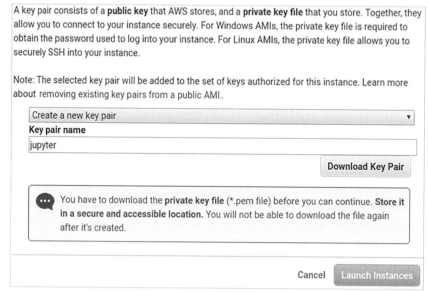

图 A-31　为了能够使用 SSH 登录到实例，需要创建一个密钥对

单击 Download Key Pair 按钮并将文件保存在计算机上的某个位置。确保以后可以访问此文件，它对于能够连接到实例非常重要。

下次创建实例时，可以重复使用此密钥。在第一个下拉列表中选择 Choose an existing key pair，选择你要使用的密钥，然后单击复选框以确认你仍然拥有该密钥(见图 A-32)。

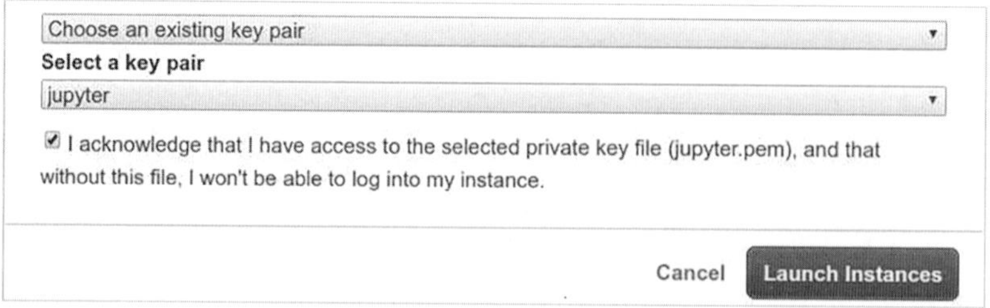

图 A-32　创建实例时也可以使用现有密钥

现在可以通过单击 Launch Instances 按钮来启动实例。确认消息代表一切正常，实例正在启动(见图 A-33)。

✓ Your instances are now launching

The following instance launches have been initiated: i-0b1a64d4d20997aff　View launch log

图 A-33　AWS 告知一切顺利，现在实例正在启动在此消息中，可以看到实例的 ID。在本例中是 i-0b1a64d4d20997aff。现在可以单击它来查看实例的详细信息(见图 A-34)。因为要使用 SSH 连接到实例，所以需要获取公共 DNS 名称。可以在 Description 选项卡中找到它。

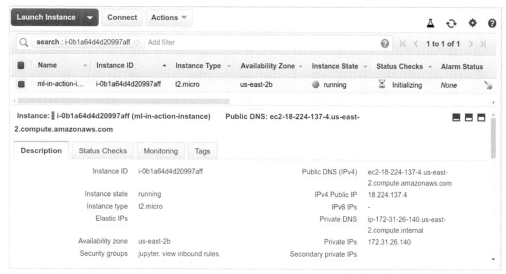

图 A-34　新创建实例的详细信息。要使用 SSH 连接到它，需要公共 DNS 名称

## A.6.4　连接到实例

上一节中已在 EC2 上创建了一个实例。现在需要登录到此实例以安装所有必需的软件。你将为此使用 SSH。

### 1. 连接到 Linux 上的实例

你已知道实例的公共 DNS 名称。在本例中，它是 ec2-18-191-156-172.us-east2.compute.amazonaws.com。根据你的情况，名称会有所不同：名称的第一部分(ec2-18-191-156-172)取决于实例获取的 IP，第二部分(us-east-2)取决于它运行的区域。要使用 SSH 进入实例，需要使用此名称。

当第一次使用从 AWS 下载的密钥时，需要确保文件的权限正确设置。执行以下命令。

```
chmod 400 jupyter.pem
```

现在，可以使用密钥登录实例。

```
ssh -i "jupyter.pem" \
    ubuntu@ec2-18-191-156-172.us-east-2.compute.amazonaws.com
```

当然，应该将此处显示的 DNS 名称替换为从实例描述中复制的名称。

在允许进入机器之前，SSH 客户端将要求确认你信任远程实例。

```
The authenticity of host 'ec2-18-191-156-172.us-east-2.compute.amazonaws.com
    (18.191.156.172)' can't be established.
ECDSA key fingerprint is SHA256:S5doTJOGwXVF3i1IFjB10RuHufaVSe+EDqKbGpIN0wI.
Are you sure you want to continue connecting (yes/no)?
```

输入 yes 进行确认。

现在应该能够登录到实例并看到欢迎消息(见图 A-35)。你可以使用这台机器做任何想做的事。

```
Welcome to Ubuntu 18.04.2 LTS (GNU/Linux 4.15.0-1032-aws x86_64)

 * Documentation: https://help.ubuntu.com
 * Management:    https://landscape.canonical.com
 * Support:       https://ubuntu.com/advantage

 System information as of Wed Jun  5 06:01:51 UTC 2019

 System load:    0.02             Processes:           86
 Usage of /:     13.6% of 7.69GB  Users logged in: 0
 Memory usage:   14%              IP address for eth0: 172.31.46.216
 Swap usage:     0%

0 packages can be updated.
0 updates are security updates.

The programs included with the Ubuntu system are free software;
the exact distribution terms for each program are described in the
individual files in /usr/share/doc/*/copyright.

Ubuntu comes with ABSOLUTELY NO WARRANTY, to the extent permitted by
applicable law.

To run a command as administrator (user "root"), use "sudo <command>".
See "man sudo_root" for details.

ubuntu@ip-172-31-46-216:~$
```

图 A-35　成功登录 EC2 实例后，应该会看到欢迎消息

### 2. 连接到 Windows 上的实例

在 Windows 上使用 Linux 子系统是连接到 EC2 实例的最简单方法：可以在那里使用 SSH 并按照与 Linux 相同的说明进行操作。或者，可以使用 Putty(https://www.putty.org)从 Windows 连接到 EC2 实例。

### 3. 连接到 MacOS 上的实例

SSH 内置于 MacOS 上，因此适用于 Linux 的步骤应该可以在 MacOS 上运行。

## A.6.5　关闭实例

使用完实例后，应该将其关闭。

**重点**：工作完成后关闭实例非常重要。使用实例的每一秒都会计费，即使你不再需要该机器并且它处于空闲状态。但如果请求的实例符合免费套餐条件，那么在使用 AWS 的前 12 个月里不用考虑关闭实例，尽管如此，养成定期检查你的账户状态和禁用不需要服务的习惯还是很好的。

可以从终端执行此操作。

```
sudo shutdown now
```

也可以从 Web 界面执行此操作：选择要关闭的实例，转到 Actions，然后依次选择 Instance State 和 Stop(见图 A-36)。

图 A-36　从 AWS Console 停止实例

实例停止后，可以通过从同一子菜单中选择 Start 再次启动它。你也可以完全删除实例，为此需要使用 Terminate 选项。

## A.6.6　配置 AWS CLI

AWS CLI 是 AWS 的命令行界面。对于需要的大部分东西，使用 AWS Console 就足够，但在某些情况下，需要命令行工具。例如，在第 5 章中，我们将一个模型部署到 Elastic Beanstalk，并且需要配置 CLI。

需要有 Python 才能使用 CLI。如果使用的是 Linux 或 MacOS，其中应该已经内置了 Python。或者，你可以使用附录 B 中的说明安装 Anaconda。

仅安装 Python 是不够的；你还需要安装 AWS CLI 本身。可以通过在终端中运行以下命令来执行此操作。

```
pip install awscli
```

如果你已安装好，最好进行更新。

```
pip install -U awscli
```

安装完成后，需要配置该工具，指定之前创建用户时下载的访问令牌和密码。

一种方法是使用 configure 命令。

```
aws configure
```

它会要求你提供创建用户时下载的密钥。

```
$ aws configure
AWS Access Key ID [None]: <ENTER_ACCESS_KEY>
AWS Secret Access Key [None]: <ENTER_SECRET_KEY>
Default region name [None]: us-east-2
Default output format [None]:
```

这里使用的区域名称是 us-east-2，位于俄亥俄州(Ohio)。

配置完该工具后，可验证它是否有效。你可以要求 CLI 返回身份，该身份应与用户的详细信息相匹配。

```
$ aws sts get-caller-identity
{
    "UserId": "AIDAVUO4TTOO55WN6WHZ4",
    "Account": "XXXXXXXXXXXX",
    "Arn": "arn:aws:iam::XXXXXXXXXXXX:user/ml-bookcamp"
}
```

# Python 简介

如今，Python 是构建机器学习项目最流行的语言，这也是使用它来完成本书中的项目的原因。

考虑到有读者还不熟悉 Python，本附录涵盖了其基础知识：在本书中使用的语法和语言特性。这并不是一个深入的教程，但应该足够为你提供基本信息，以便在学完附录后立即开始使用 Python。本附录相当简短，适合于已经知道如何使用任何其他编程语言进行编程的人。

要充分利用本附录，可创建一个 Jupyter Notebook 并为其命名(如 appendix-b-python)，使用它来执行附录中的代码。

## B.1 变量

Python 是一种动态语言，因此不需要像 Java 或 C++那样声明类型。例如，要创建一个整型或字符串型的变量，只需要一个简单的赋值。

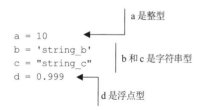

```
a = 10
b = 'string_b'
c = "string_c"
d = 0.999
```

a 是整型

b 和 c 是字符串型

d 是浮点型

要将内容转到标准输出，可以使用 print 函数。

```
print(a, b, c, d)
```

它将会输出以下内容。

```
10 string_b string_c 0.999
```

要执行代码，可以将每个代码片段放在单独的 Jupyter Notebook 单元格中，然后执行它。要执行单元格中的代码，可以按 Run 按钮或使用 Shift+Enter 热键(见图 B-1)。

```
In [1]:  a = 10
         b = 'string_b'
         c = "string_c"
         d = 0.999
```

```
In [2]:  print(a, b, c, d)
```
```
         10 string_b string_c 0.999
```

图 B-1　在 Jupyter Notebook 单元格中执行的代码。可以在执行代码后立即看到输出

当传递多个参数给 print 时(就像在前面的示例中一样)，它会在输出时在参数之间添加一个空格。我们可以用一个叫做元组的特殊结构把多个变量放在一起。

```
t = (a, b)
```

当输出 t 时，会得到以下结果。

```
(10, 'string_b')
```

要将一个元组解包成多个变量，可使用元组赋值。

```
(c, d) = t
```

现在 c 和 d 包含元组的第一和第二个值。

```
print(c, d)
```

它将会输出以下内容。

```
10 string_b
```

可以在使用元组赋值时去掉括号。

```
c, d = t
```

这会产生相同的结果。

元组赋值非常有用，可以使代码更简洁。例如，可以使用它交换两个变量的内容。

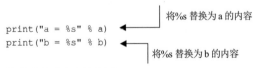

```
a = 10
b = 20
a, b = b, a          用 b 替换 a，用 a
print("a =", a)      替换 b
print("b =", b)
```

这将会输出以下内容。

```
a = 20
b = 10
```

输出时，可以使用%操作符获得格式良好的字符串。

```
print("a = %s" % a)     将%s 替换为 a 的内容
print("b = %s" % b)     
                        将%s 替换为 b 的内容
```

这将会产生相同的输出。

```
a = 20
b = 10
```

这里%s 是一个占位符：在本例中，这意味着我们要将传递的参数格式化为字符串。其他常用的选项包括如下。

- %d 将其格式化为数字。
- %f 将其格式化为浮点数。

我们可以在元组中将多个参数传递给格式化运算符。

```
print("a = %s, b = %s" % (a, b))
```

第一次出现的占位符%s 将被替换为a，第二次出现的占位符将被替换为b，因此它将输出以下结果。

```
a = 20, b = 10
```

最后，如果有一个浮点数，可以对其使用特殊格式。

```
n = 0.0099999999
print("n = %.2f" % n)
```

这将在格式化字符串时将浮点数四舍五入到小数点后第二位，因此在执行代码时将看到0.01。

格式化字符串有很多选项，还有其他的格式化方式。例如，还有一种使用 string.format 进行格式化的所谓"新"方式，但我们不会在本附录中介绍它。可以在 https://pyformat.info 或官方文档中阅读有关这些格式化选项的更多信息。

## B.1.1 控制流

Python 中有 3 个控制流语句：if、for 和 while。接下来查看每一个。

### 1. 条件语句

控制程序执行流的一种简单方法是 if 语句。在 Python 中，if 的语法如下。

```
a = 10

if a >= 5:
    print('the statement is true')
else:
    print('the statement is false')
```

这将输出第一个句子。

```
the statement is true
```

注意，在 Python 中，我们使用缩进分组 if 语句后的代码。还可以使用 elif 将多个 if 语句链接在一起，elif 是 else-if 的缩写。

```
a = 3

if a >= 5:
    print('the first statement is true')
```

```
elif a >= 0:
    print('the second statement is true')
else:
    print('both statements are false')
```

此代码会输出第二个句子。

```
the second statement is true
```

### 2. for 循环

当想多次重复同一段代码时，可使用循环。Python 中的传统 for 循环如下所示。

```
for i in range(10):
    print(i)
```

此代码将输出 0~9 的数字，但不包括 10。

```
0
1
2
3
4
5
6
7
8
9
```

指定范围时，可以设置起始数字、结束数字和增量步长。

```
for i in range(10, 100, 5):
    print(i)
```

此代码将使用步长 5 输出 10~100(不含)的数字：10,15,20,...,95。

要提前退出循环，可以使用 break 语句。

```
for i in range(10):
    print(i)
    if i > 5:
        Break
```

此代码将输出 0~6 的数字。当 i 为 6 时，它将中断循环，因此不会输出 6 之后的任何数字。

```
0
1
2
3
4
5
6
```

要跳过循环的迭代，可使用 continue 语句。

```
for i in range(10):
    if i <= 5:
```

```
        continue
    print(i)
```

当 i 小于或等于 5 时，此代码将跳过迭代，因此它将仅输出 6~10(不含)的数字。

```
6
7
8
9
```

### 3. while 循环

Python 中也可以使用 while 循环。它在特定条件为 True 时执行。例如

```
cnt = 0

while cnt <= 5:
    print(cnt)
    cnt = cnt + 1
```

在此代码中，我们在条件 cnt <= 5 为 True 时重复循环。一旦这个条件不再为 True，执行就会停止。此代码将输出 0~5 的数字，包括 5。

```
0
1
2
3
4
5
```

也可以在 while 循环中使用 break 和 continue 语句。

## B.1.2　集合

集合是允许在其中保存多个元素的特殊容器。这里将研究 4 种类型的集合：列表(list)、元组 (tuple)、集(set)和字典(dictionary)。

### 1. 列表

列表是一个有序集合，可以通过索引访问元素。要创建一个列表，可以简单地将元素放在方括号内。

```
numbers = [1, 2, 3, 5, 7, 11, 13]
```

要通过索引获取元素，可以使用括号表示法。

```
el = numbers[1]
print(el)
```

在 Python 中索引从 0 开始，因此当请求索引 1 处的元素时，将得到 2。还可以更改列表中的值。

```
numbers[1] = -2
```

要从末尾访问元素，可以使用负索引。例如，－1 将获取最后一个元素，－2 将获取最后一个元素之前的元素，以此类推。

```
print(numbers[-1], numbers[-2])
```

如我们所料，它会输出 13 和 11。

要向列表中添加元素，可使用 append 函数。它会将元素附加到列表的末尾。

```
numbers.append(17)
```

为迭代列表中的元素，可使用 for 循环。

```
for n in numbers:
    print(n)
```

执行后，将会看到输出的所有元素。

```
1
-2
3
5
7
11
13
17
```

在其他语言中，这也称为 for-each 循环：为集合的每个元素执行循环体。它不包括索引，只包括元素本身。如果还需要访问每个元素的索引，可以使用 range(就像之前所做的那样)。

```
for i in range(len(numbers)):
    n = numbers[i]
    print("numbers[%d] = %d" % (i, n))
```

函数 len 返回列表的长度,因此这段代码大致相当于 C 或 Java 中遍历数组并通过其索引访问每个元素的传统方法。执行代码时，会输出以下内容。

```
numbers[0] = 1
numbers[1] = -2
numbers[2] = 3
numbers[3] = 5
numbers[4] = 7
numbers[5] = 11
numbers[6] = 13
numbers[7] = 17
```

实现相同功能的一种更 Python 式方法是使用 enumerate 函数。

```
for i, n in enumerate(numbers):
    print("numbers[%d] = %d" % (i, n))
```

在此代码中，i 变量将获取索引，n 变量将获取列表中的相应元素。此代码将产生与前一个循环完全相同的输出。

要将多个列表连接为一个，可以使用加号运算符。例如，考虑如下两个列表。

```
list1 = [1, 2, 3, 5]
```

```
list2 = [7, 11, 13, 17]
```

通过将两个列表连接起来，可以创建第三个列表，其中包含 list1 中的所有元素和 list2 中的元素。

```
new_list = list1 + list2
```

这将获得以下列表。

```
[1, 2, 3, 5, 7, 11, 13, 17]
```

最后，还可以创建列表的列表：其元素是列表。为证明这一点，首先创建 3 个带有数字的列表。

```
list1 = [1, 2, 3, 5]
list2 = [7, 11, 13, 17]
list3 = [19, 23, 27, 29]
```

将它们放在另一个列表中。

```
lists = [list1, list2, list3]
```

现在 lists 是一个列表的列表。当使用 for 循环对其进行迭代时，每次迭代都会得到一个列表。

```
for l in lists:
    print(l)
```

这将获得以下输出。

```
[1, 2, 3, 5]
[7, 11, 13, 17]
[19, 23, 27, 29]
```

### 2. 切片

Python 中另一个有用的概念是切片——它用于获取列表的一部分。例如，再次使用数字列表。

```
numbers = [1, 2, 3, 5, 7]
```

如果想选择一个包含前三个元素的子列表，可以使用冒号运算符(:)指定选择范围。

```
top3 = numbers[0:3]
```

在本例中，0:3 表示"选择从索引 0 到索引 3(不含)的元素"。结果包含前三个元素：[1, 2, 3]。注意，它选择索引 0、1 和 2 处的元素，因此不包括 3。

如果要包含列表的开头，则不需要指定范围中的第一个数字。

```
top3 = numbers[:3]
```

如果不指定范围内的第二个数字，则会得到直到列表末尾的所有内容。

```
last3 = numbers[2:]
```

如图 B-2 所示，列表 last3 包含最后三个元素：[3, 5, 7]。

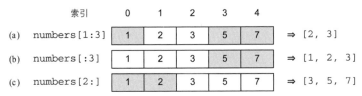

图 B-2　使用冒号运算符选择列表的子列表

### 3. 元组

之前在 B.1 节已遇到过元组。元组也是集合，它与列表非常相似。唯一的区别在于它是不可变的：一旦创建了元组，就无法更改其中的内容。

可使用圆括号创建元组。

```
numbers = (1, 2, 3, 5, 7, 11, 13)
```

与列表一样，可以通过索引获得其值。

```
el = numbers[1]
print(el)
```

但是，我们无法更新元组中的值。如果尝试这样做，将会得到一个错误。

```
numbers[1] = -2
```

当试图执行这段代码时，会发生以下情况。

```
---------------------------------------------------------------------------
TypeError                                 Traceback (most recent call last)
<ipython-input-15-9166360b9018> in <module>
----> 1 numbers[1] = -2

TypeError: 'tuple' object does not support item assignment
```

同样，不能将新元素附加到元组。但是，可以使用连接来实现相同的结果。

```
numbers = numbers + (17,)
```

此处创建了一个包含旧数字的新元组，并且将它与另一个只包含一个数字(17)的元组连接起来。注意，需要添加一个逗号来组成一个元组，否则 Python 会将其视为一个简单的数字。

从输出效果上来说，以下代码和上面代码的输出结果一样。

```
numbers = (1, 2, 3, 5, 7, 11, 13) + (17,)
```

在这之后，会得到一个包含新元素的新元组。当输出它时，会得到如下结果。

```
(1, 2, 3, 5, 7, 11, 13, 17)
```

### 4. 集

另一个有用的集合是集：它是一个无序的集合，只保留唯一的元素。与列表不同，它不能包含重复项，也不能通过索引访问集的单个元素。

可使用大括号创建集。

```
numbers = {1, 2, 3, 5, 7, 11, 13}
```

**注意：** 要创建一个空集，需要使用 set。

```
empty_set = set()
```

简单地加上空花括号将创建一个字典(本附录稍后将介绍这种集合)。

```
empty_dict = {}
```

在检查集合是否包含元素时，集比列表运算更快。可使用 in 运算符进行检查。

```
print(1 in numbers)
```

因为 1 在 numbers 集中，所以该行代码将输出 True。

使用 add 方法可向集中添加元素。

```
numbers.add(17)
```

为遍历集中的所有元素，再次使用 for 循环。

```
for n in numbers:
    print(n)
```

当执行上述代码时，会输出如下结果。

```
1
2
3
5
7
11
13
17
```

## 5. 字典

字典是 Python 中另一个非常有用的集合：我们使用它来构建键值映射。创建字典时，使用花括号，并且使用冒号(:)分隔键和值。

```
words_to_numbers = {
    'one': 1,
    'two': 2,
    'three': 3,
}
```

要通过键检索值，可使用方括号。

```
print(words_to_numbers['one'])
```

如果字典中没有我们想要的内容，Python 会报异常。

```
print(words_to_numbers['five'])
```

执行上述代码时，会发生以下错误。

```
--------------------------------------------------------------------------
KeyError                                      Traceback (most recent call last)
<ipython-input-38-66a309b8feb5> in <module>
----> 1 print(words_to_numbers['five'])

KeyError: 'five'
```

为避免这种情况，可以在尝试获取值之前先检查键是否在字典中。可以使用 in 语句来检查它。

```
if 'five' in words_to_numbers:
    print(words_to_numbers['five'])
else:
    print('not in the dictionary')
```

运行这段代码时，会在输出中看到 not in the dictionary。

另一个选项是使用 get 方法。它不会引发异常，但如果键不在字典中，将返回 None。

```
value = words_to_numbers.get('five')
print(value)
```

它将输出 None。使用 get 时，如果字典中不存在键，可以指定默认值。

```
value = words_to_numbers.get('five', -1)
print(value)
```

这种情况下，会得到 - 1。

为遍历字典中的所有键，可使用 for 循环来遍历 keys 方法的结果。

```
for k in words_to_numbers.keys():
    v = words_to_numbers[k]
    print("%s: %d" % (k, v))
```

输出如下所示。

```
one: 1
two: 2
three: 3
```

或者，可以使用 items 方法直接遍历字典中的键值对。

```
for k, v in words_to_numbers.items():
    print("%s: %d" % (k, v))
```

它产生与前面代码完全相同的输出。

### 6. 列表推导式

列表推导式是 Python 中创建和过滤列表的一种特殊语法。这里再次考虑一个带有数字的列表。

```
numbers = [1, 2, 3, 5, 7]
```

假设要创建另一个列表，其中原始列表的所有元素都进行平方。为此，可以使用 for 循环。

```
squared = []

for n in numbers:
    s = n * n
```

```
    squared.append(s)
```

可以使用列表推导式将这段代码简洁地重写为一行。

```
squared = [n * n for n in numbers]
```

也可以在内部添加一个 if 条件，以仅处理满足条件的元素。

```
squared = [n * n for n in numbers if n > 3]
```

它可以转换为以下代码。

```
squared = []

for n in numbers:
    if n > 3:
        s = n * n
        squared.append(s)
```

如果只需要应用过滤器并保持元素不变，也可以如下操作。

```
filtered = [n for n in numbers if n > 3]
```

这可以转换为以下代码。

```
filtered = []

for n in numbers:
    if n > 3:
        filtered.append(n)
```

也可以使用列表推导式通过稍有不同的语法创建其他集合。例如，对于字典，可以在表达式周围加上花括号，并且使用冒号分隔键和值。

```
result = {k: v * 10 for (k, v) in words_to_numbers.items() if v % 2 == 0}
```

它是以下代码的一个快捷方式。

```
result = {}

for (k, v) in words_to_numbers.items():
    if v % 2 == 0:
        result[k] = v * 10
```

**警告：** 在学习列表推导式时，可能开始很容易在任何地方使用它。通常它最适合简单的情况，但对于更复杂的情况，for 循环应该优先于列表推导式，以提高代码的可读性。如果有疑问，请使用 for 循环。

## B.1.3  代码可重用性

某些时候，当编写大量代码时，我们需要考虑如何更好地组织它。可以通过将可重用的小段代码放入函数或类中来实现这一点。具体操作如下。

### 1. 函数

可使用 def 关键字创建函数。

```
def function_name(arg1, arg2):
    # body of the function
    return 0
```

如果想退出该函数并返回一些值，可以使用 return 语句。如果在函数中简单地放置不带任何值的 return 或不包含 return，则该函数将返回 None。

例如，可以编写一个输出从 0 到指定数字值的函数。

```
def print_numbers(max):
    for i in range(max + 1):
        print(i)
```

创建一个参数为 max 的函数

在函数内部使用 max 参数

要调用此函数，只需要在名称后的括号中添加参数。

```
print_numbers(10)
```

调用此函数时，还可以提供参数的名称。

```
print_numbers(max=10)
```

### 2. 类

类提供比函数更高级别的抽象：它们可以有一个内部状态和在这个状态上操作的方法。考虑一个类 NumberPrinter，它与上一小节中的函数进行同样的操作——输出数字。

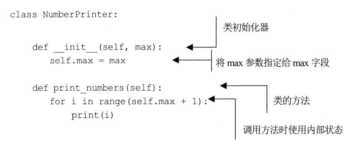

```
class NumberPrinter:

    def __init__(self, max):
        self.max = max

    def print_numbers(self):
        for i in range(self.max + 1):
            print(i)
```

类初始化器

将 max 参数指定给 max 字段

类的方法

调用方法时使用内部状态

在这段代码中，__init__ 是初始化器。当想要创建一个类的实例时，它就会运行。

```
num_printer = NumberPrinter(max=10)
```

注意，在类内部，__init__ 方法有两个参数：self 和 max。所有方法的第一个参数始终必须是 self：这样可以在方法内部使用 self 来访问对象的状态。

但是，当稍后调用该方法时，没有向 self 参数传递任何内容：它对我们是隐藏的。因此，当在 NumberPrinter 对象的实例上调用 print_number 方法时，只需要放入不带参数的空括号。

```
num_printer.print_numbers()
```

此代码生成与上一小节中的函数相同的输出。

### 3. 导入代码

现在假设想把一些代码放到一个单独的文件中。为此，创建一个名为 useful_code.py 的文件并将其放在与笔记本相同的文件夹中。

使用编辑器打开这个文件。在文件中，可以把刚创建的函数和类放进去。通过这种方式，我们创建了一个名为 useful_code 的模块。可以使用 import 语句导入模块内的函数和类以进行访问。

```
import useful_code
```

导入后，可以使用它。

```
num_printer = useful_code.NumberPrinter(max=10)
num_printer.print_numbers()
```

也可以导入一个模块并给它起一个简单名称。例如，如果想写 uc 而不是 useful_code，可以执行以下操作。

```
import useful_code as uc

num_printer = uc.NumberPrinter(max=10)
num_printer.print_numbers()
```

这是科学 Python 中非常常见的一个习惯用法。NumPy 和 Pandas 等软件包通常以较短的别名导入。

```
import numpy as np
import pandas as pd
```

最后，如果不想从模块中导入所有内容，可以使用 from ... import 语法选择要导入的内容。

```
from useful_code import NumberPrinter

num_printer = NumberPrinter(max=10)
num_printer.print_numbers()
```

## B.1.4　安装库

我们可以将代码放入每个人都可以使用的包中，例如 NumPy 或 Pandas 这样的包。它们已经在 Anaconda 发行版中可用，但通常不会与 Python 一起预安装。

要安装此类外部包，可以使用名为 pip 的内置包安装程序。要使用它，可打开终端并在那里执行 pip install 命令。

```
pip install numpy scipy pandas
```

在 install 命令后，我们列出了要安装的包。安装时还可以指定每个包的版本。

```
pip install numpy==1.16.5 scipy==1.3.1 pandas==0.25.1
```

如果我们已经有一个包，但它已经过时并且我们想要更新它，则需要运行带有-U 标志的 pip install。

```
pip install -U numpy
```

最后，如果想删除一个包，可以使用 pip uninstall 进行卸载。

```
pip uninstall numpy
```

## B.1.5 Python 程序

要执行 Python 代码，只需要简单调用 Python 解释器并指定要执行的文件。例如，要运行 useful_code.py 脚本中的代码，可在命令行中执行以下命令。

```
python useful_code.py
```

当我们执行它时，什么也没有发生：只在那里声明了一个函数和一个类，并没有实际使用它们。如要查看一些结果，需要在文件中添加几行代码。例如，可以添加以下内容。

```
num_printer = NumberPrinter(max=10)
num_printer.print_numbers()
```

现在，当执行该文件时，会看到 NumberPrinter 输出的数字。

但是，当导入一个模块时，Python 会在内部执行模块内的所有内容。这意味着下次在笔记本中执行 import useful_code 时，我们将看到那里输出的数字。

为避免出现这种情况，可以告诉 Python 解释器，有些代码仅在作为脚本执行时才需要运行，而不是导入时。为此，将代码放入以下结构中。

```
if __name__ == "__main__":
    num_printer = NumberPrinter(max=10)
    num_printer.print_numbers()
```

最后，还可以在运行 Python 脚本时传递参数。

```
import sys

# declarations of print_numbers and NumberPrinter

if __name__ == "__main__":
    max_number = int(sys.argv[1])          ◄── 将参数解析为整数：默认情
    num_printer = NumberPrinter(max=max_number)        况下，它是一个字符串
    num_printer.print_numbers()            ◄── 将解析的参数传递给
                                              NumberPrinter 实例
```

现在可以使用自定义参数运行脚本。

```
python useful_code.py 5
```

因此，将看到 0~5 的数字。

```
0
1
2
3
4
5
```

我们不要求读者提前掌握任何 NumPy 知识，因此会尽量把所有需要的信息放在各章节中。然而，因为本书的目的是讲授机器学习而不是 NumPy，所以我们无法在章节中详细介绍所有内容。这就是本附录的重点：在一个集中的地方概述 NumPy 中最重要的概念。

除介绍 NumPy 外，本附录还提到一些对机器学习有用的线性代数，包括矩阵和向量乘法、逆矩阵和标准方程。

NumPy 是一个 Python 库，因此如果你还不熟悉 Python，请查看附录 B。

## C.1 NumPy

NumPy 是 Numerical Python 的缩写——它是一个用于数值操作的 Python 库。NumPy 在 Python 机器学习生态系统中扮演着核心角色：Python 中几乎所有库都依赖它。例如，Pandas、Scikit-learn 和 TensorFlow 都依赖 NumPy 进行数值运算。

因为 NumPy 预装在 NumPy 的 Anaconda 发行版中，所以如果你使用它，不需要做任何额外的事情。但如果不使用 Anaconda，用 pip 安装 NumPy 也非常简单。

```
pip install numpy
```

为试验 NumPy，这里创建一个新 Jupyter Notebook 并将其命名为 appendix-c-numpy。

要使用 NumPy，就需要导入它。这就是它写在代码第一行的原因。

```
import numpy as np
```

在科学 Python 社区中，导入 NumPy 时通常使用别名。这也是在安装代码中添加 as np 的原因。这允许在代码中编写 np 而不是 numpy。

我们将从 NumPy 的核心数据结构开始探索它：NumPy 数组。

### C.1.1 NumPy 数组

NumPy 数组类似于 Python 列表，但更适合机器学习等数字运算任务。

可以使用 np.zeros 函数创建一个预定义大小的填充 0 的数组。

```
zeros = np.zeros(10)
```

这将创建一个包含 10 个 0 元素的数组(见图 C-1)。

```
zeros = np.zeros(10)
zeros

array([0., 0., 0., 0., 0., 0., 0., 0., 0., 0.])
```
图 C-1　创建一个长度为 10 且填充 0 的 NumPy 数组

同样，可以使用 np.ones 函数创建一个数组。

```
ones = np.ones(10)
```

它的工作原理与 zeros 完全相同，除了元素都是 1。

这两个函数都是更通用函数 np.full 的快捷方式。该函数创建一个用指定元素填充的特定大小的数组。例如，要创建一个用 0 填充且大小为 10 的数组，可执行以下操作。

```
array = np.full(10, 0.0)
```

可以使用 np.repeat 函数得到相同的结果。

```
array = np.repeat(0.0, 10)
```

该代码输出的结果与前面的代码相同(见图 C-2)。

```
array = np.full(10, 0.0)
array

array([0., 0., 0., 0., 0., 0., 0., 0., 0., 0.])
```

```
array = np.repeat(0.0, 10)
array

array([0., 0., 0., 0., 0., 0., 0., 0., 0., 0.])
```
图 C-2　要创建一个填充特定数字的数组，可使用 np.full 或 np.repeat

虽然在本例中，两个函数都生成相同的代码，但 np.repeat 实际上更强大。例如，可以使用它来创建一个数组，其中多个元素按顺序进行重复。

```
array = np.repeat([0.0, 1.0], 5)
```

它创建一个大小为 10 的数组，其中数字 0 重复 5 次，然后数字 1 重复 5 次(见图 C-3)。

```
array([0., 0., 0., 0., 0., 1., 1., 1., 1., 1.])
```

```
array = np.repeat([0.0, 1.0], 5)
array

array([0., 0., 0., 0., 0., 1., 1., 1., 1., 1.])
```

```
array = np.repeat([0.0, 1.0], [2, 3])
array

array([0., 0., 1., 1., 1.])
```
图 C-3　np.repeat 函数比 np.full 更灵活：它可以通过重复多个元素来创建数组

我们可以更灵活地指定每个元素应该重复多少次。

```
array = np.repeat([0.0, 1.0], [2, 3])
```

这种情况下，0.0 重复两次，1.0 重复三次。

```
array([0., 0., 1., 1., 1.])
```

与列表一样，可以使用方括号访问数组的元素。

```
el = array[1]
print(el)
```

这段代码输出 0.0。

与通常的 Python 列表不同，可以使用方括号中带有索引的列表同时访问数组的多个元素。

```
print(array[[4, 2, 0]])
```

结果是另一个大小为 3 的数组，由索引分别以 4、2 和 0 的原始数组的元素组成。

```
[1., 1., 0.]
```

还可以使用方括号更新数组的元素。

```
array[1] = 1
print(array)
```

因为将索引 1 处的元素从 0 更改为 1，所以会输出以下内容。

```
[0. 1. 1. 1. 1.]
```

如果已经有一个包含数字的列表，那么可以使用 np.array 将其转换为 NumPy 数组。

```
elements = [1, 2, 3, 4]
array = np.array(elements)
```

现在 **array** 是一个大小为 4 的 NumPy 数组，其元素与原始列表相同。

```
array([1, 2, 3, 4])
```

创建 NumPy 数组的另一个有用函数是 np.arange。它在 NumPy 中的作用等价于 Python 中的 range。

```
np.arange(10)
```

它创建了一个长度为 10 的数组，其中包含 0~9 的数字，并且与标准 Python 的 range 一样，数组中不包含 10。

```
array([0, 1, 2, 3, 4, 5, 6, 7, 8, 9])
```

通常我们需要创建一个特定大小的数组，其中填充介于 x 和 y 之间的数字。例如，假设需要创建一个数字从 0 到 1 的数组。

```
0.0, 0.1, 0.2, ..., 0.9, 1.0
```

可以使用 np.linspace。

```
thresholds = np.linspace(0, 1, 11)
```

此函数包含以下 3 个参数。

- 起始数字：本例中从 0 开始。
- 最后一个数字：以 1 结束。
- 结果数组的长度：本例中数组需要 11 个数字。

此代码输出从 0 到 1 的 11 个数字(见图 C-4)。

Python 列表通常可以包含任何类型的元素。NumPy 数组则并非如此：数组的所有元素必须具有相同的类型。这些类型称为 dtype。

```
thresholds = np.linspace(0, 1, 11)
thresholds
```

```
array([0. , 0.1, 0.2, 0.3, 0.4, 0.5, 0.6, 0.7, 0.8, 0.9, 1. ])
```

图 C-4　NumPy 的函数 linspace 生成一个指定长度(11)的序列，该序列从 0 开始到 1 结束

dtype 包含以下四大类。

- 无符号整数(uint)：始终为正(或 0)的整数。
- 有符号整数(int)：可以是正整数和负整数。
- 浮点数(float)：实数。
- 布尔值(bool)：只有 True 和 False 值。

每个 dtype 数据类型都有多种变体，这取决于用于表示内存中值的位数。

对于 uint，包含 4 种类型：uint8、uint16、uint32 和 uint64，大小分别为 8、16、32 和 64 位。同样，包含 4 种类型的 int：int8、int16、int32 和 int64。使用的位数越多，可以存储的数字就越大(见表 C-1)。

表 C-1　3 种常见的 NumPy dtype：uint、int 和 float

| 大小(位) | uint | int | float |
|---|---|---|---|
| 8 | $0 \sim 2^8 - 1$ | $-2^7 \sim 2^7 - 1$ | – |
| 16 | $0 \sim 2^{16} - 1$ | $-2^{15} \sim 2^{15} - 1$ | 半精度 |
| 32 | $0 \sim 2^{32} - 1$ | $-2^{31} \sim 2^{31} - 1$ | 单精度 |
| 64 | $0 \sim 2^{64} - 1$ | $-2^{63} \sim 2^{63} - 1$ | 双精度 |

float 包含 3 种类型：float16、float32 和 float64。使用的位数越多，浮点数就越精确。

可以在官方文档(https://docs.scipy.org/doc/numpy-1.13.0/user/basics.types.html)中查看不同 dtype 的完整列表。

**注意：**在 NumPy 中，默认的 float dtype 是 float64，每个数字有 64 位(8 字节)。对于大多数机器学习应用程序，并不需要这样的精度，可以通过使用 float32 而不是 float64 将内存占用减少一半。

当使用 np.zeros 和 np.ones 时，默认 dtype 是 float64。可以在创建数组时指定 dtype(见图 C-5)。

```
zeros = np.zeros(10, dtype=np.uint8)
```

```
zeros = np.zeros(10, dtype=np.uint8)
zeros
```

```
array([0, 0, 0, 0, 0, 0, 0, 0, 0, 0], dtype=uint8)
```

图 C-5　可以在创建数组时指定 dtype

如果有一个带有整数的数组并分配一个超出范围的数字，则该数字会被截断：只保留最低有效位。

例如，假设使用刚创建的 uint8 数组 zeros。因为 dtype 是 uint8，所以它可以存储的最大数字是 255。假设将 300 分配给数组的第一个元素。

```
zeros[0] = 300
print(zeros[0])
```

因为 300 大于 255，所以只保留最低有效位，这段代码输出 44。

**警告：** 为数组选择 dtype 时要小心。如果不小心选择了范围很小的 dtype，当输入一个大的数字时，NumPy 并不会警告你，它只会截断数字。

遍历数组的所有元素类似于列表，可以简单地使用 for 循环。

```
for i in np.arange(5):
    print(i)
```

此代码输出 0~4 的数字。

```
0
1
2
3
4
```

## C.1.2　二维 NumPy 数组

到目前为止，我们已介绍了一维 NumPy 数组。可以将这些数组视为向量。然而，对于机器学习应用程序来说，只有向量是不够的：还需要矩阵。

在常规的 Python 中会使用列表的列表。在 NumPy 中，与之等价的是二维数组。

要创建一个带 0 的二维数组，只需要在调用 np.zeros 时使用元组而不是数字。

```
zeros = np.zeros((5, 2), dtype=np.float32)
```

这里使用一个元组(5,2)，因此创建了一个五行两列的 0 的数组(见图 C-6)。

```
zeros = np.zeros((5, 2), dtype=np.float32)
zeros

array([[0., 0.],
       [0., 0.],
       [0., 0.],
       [0., 0.],
       [0., 0.]], dtype=float32)
```

图 C-6　要创建一个二维数组，可使用一个有两个元素的元组。第一个元素指定行数，第二个元素指定列数

同样，可以使用 np.ones 或 np.fill——放入一个元组而不是单个数字。

数组的维数称为形状(shape)。这是传递给 np.zeros 函数的第一个参数：它指定数组将包含多少行和列。要获取数组的形状，可以使用 shape 属性。

```
print(zeros.shape)
```

执行此代码时，将输出(5, 2)。

可以将一个列表的列表转换为 NumPy 数组。与通常的数字列表一样，只需要使用 np.array。

```
numbers = [
    [1, 2, 3],        ← 创建一个列表的列表
    [4, 5, 6],
    [7, 8, 9]
]
                      将列表转换为二维数组
numbers = np.array(numbers)    ←
```

执行此代码后，numbers 变成形状为(3, 3)的 NumPy 数组。当输出它时，会得到如下结果。

```
array([[1, 2, 3],
       [4, 5, 6],
       [7, 8, 9]])
```

要访问二维数组的元素，需要在括号内使用两个数字。

```
print(numbers[0, 1])
```

这个代码将访问索引为 0 的行和索引为 1 的列。因此它会输出 2。

与一维数组一样，使用赋值运算符(=)来更改二维数组的单个值。

```
numbers[0, 1] = 10
```

当执行上述代码时，数组的内容会发生变化。

```
array([[ 1, 10,  3],
       [ 4,  5,  6],
       [ 7,  8,  9]])
```

如果只输入一个而不是两个数字，将得到一整行，这是一个一维 NumPy 数组。

```
numbers[0]
```

此代码返回索引为 0 的整行。

```
array([1 2 3])
```

为访问二维数组的一列，可以使用冒号(:)代替第一个元素。与行一样，结果也是一维 NumPy 数组。

```
numbers[:, 1]
```

执行此代码时，能看到整个列。

```
array([2 5 8])
```

也可以使用赋值运算符覆盖整行或整列的内容。例如，假设要替换矩阵中的一行。

```
numbers[1] = [1, 1, 1]
```

这会导致以下变化。

```
array([[ 1, 10,  3],
       [ 1,  1,  1],
       [ 7,  8,  9]])
```

同样，可以替换整个列的内容。

```
numbers[:, 2] = [9, 9, 9]
```

因此，最后一列发生了变化。

```
array([[ 1, 10,  9],
       [ 1,  1,  9],
       [ 7,  8,  9]])
```

## C.1.3　随机生成的数组

通常，生成用随机数填充的数组是有用的。为此，在 NumPy 中使用 np.random 模块。
例如，要生成一个值均匀分布在 0~1 范围内的 5×2 的随机数数组，可以使用 np.random.rand。

```
arr = np.random.rand(5, 2)
```

运行此代码后，会生成一个如下所示的数组。

```
array([[0.64814431, 0.51283823],
       [0.40306102, 0.59236807],
       [0.94772704, 0.05777113],
       [0.32034757, 0.15150334],
       [0.10377917, 0.68786012]])
```

每次运行代码时，它都会产生不同的结果。有时需要结果是可重复的，这意味着如果以后想执
行这段代码，就会得到相同的结果。为此，可以设置随机数生成器的种子。设置种子后，每次运行
此代码时，随机数生成器都会生成相同的序列。

```
np.random.seed(2)
arr = np.random.rand(5, 2)
```

在带有 NumPy 版本 1.17.2 的 Ubuntu Linux 版本 18.04 上，它会生成以下数组。

```
array([[0.4359949 , 0.02592623],
       [0.54966248, 0.43532239],
       [0.4203678 , 0.33033482],
       [0.20464863, 0.61927097],
       [0.29965467, 0.26682728]])
```

无论重新执行这个代码多少次，结果都是一样的。

　　**警告：**固定随机数生成器的种子可确保生成器在具有相同 NumPy 版本的相同操作系统上执行
时产生相同的结果。但是，不能保证更新 NumPy 版本不会影响再现性：版本的改变可能会导致随
机数生成器算法的变化，这可能会导致不同版本之间出现不同结果。

如果想从标准正态分布而不是均匀分布中抽取样本，可使用 np.random.randn。

```
arr = np.random.randn(5, 2)
```

　　**注意：**在本附录中，每当生成一个随机数组时，要确保在生成它之前固定种子数字，即使我们
没有在代码中明确指定它——这样做是为了确保一致性。我们使用 2 作为种子，选择这个数字没有

特别的原因。

要生成 0~100(不含)之间的均匀分布的随机整数，可以使用 np.random.randint。

```
randint = np.random.randint(low=0, high=100, size=(5, 2))
```

执行代码时，将得到一个 5×2 的 NumPy 整数数组。

```
array([[40, 15],
       [72, 22],
       [43, 82],
       [75,  7],
       [34, 49]])
```

另一个非常有用的特性是对数组进行洗牌——以随机顺序重新排列数组中的元素。例如，创建一个指定范围的数组，然后对其进行洗牌。

```
idx = np.arange(5)
print('before shuffle', idx)

np.random.shuffle(idx)
print('after shuffle', idx)
```

运行上述代码后，会看到以下内容。

```
before shuffle [0 1 2 3 4]
after shuffle  [2 3 0 4 1]
```

# C.2　NumPy 操作

NumPy 带有针对 NumPy 数组的各种操作。本节将介绍整本书所需的操作。

## C.2.1　元素级操作

NumPy 数组支持所有算术运算：加法(+)、减法(-)、乘法(*)、除法(/)等。为说明这些运算，首先使用 arange 创建一个数组。

```
rng = np.arange(5)
```

该数组包含 0~4 的 5 个元素。

```
array([0, 1, 2, 3, 4])
```

要将数组的每个元素乘以 2，只需要使用乘法运算符(*)。

```
rng * 2
```

结果得到一个新数组，其中原始数组中的每个元素都乘以 2。

```
array([0, 2, 4, 6, 8])
```

注意，此处不需要显式编写任何循环来对每个元素单独应用乘法运算：NumPy 已经完成了这些工作。可以说乘法运算是在元素级应用的——一次应用于所有元素。加法(+)、减法(–)和除法(/)运算也是基于元素的，不需要显式循环。

这种元素级的操作通常被称为向量化：for 循环在本机代码(用 C 和 Fortran 编写)内部发生，因此操作非常快。

**注意**：尽可能使用 NumPy 中的向量化操作，而不是循环：向量化总是快很多。

前面的代码中只使用了一个操作。可以在一个表达式中同时应用多个操作。

```
(rng - 1) * 3 / 2 + 1
```

此代码创建了一个新数组，包含的结果如下。

```
array([-0.5, 1. , 2.5, 4. , 5.5])
```

注意，原始数组包含整数，但是因为使用了除法运算，所以结果是一个包含浮点数的数组。

之前的代码包含一个数组和简单的 Python 数字。如果两个数组具有相同的形状，则也可以对它们进行元素级操作。

例如，假设有两个数组，一个包含 0~4 的数字，另一个包含一些随机噪声。

```
noise = 0.01 * np.random.rand(5)
numbers = np.arange(5)
```

有时需要为不理想的真实数据建模：实际上，收集数据时总是存在缺陷，可以通过添加噪声来为这些缺陷建模。

首先生成 0~1 范围内的数字，然后将它们乘以 0.01 来构建 noise 数组。这有效地生成了 0~0.01 的随机数。

```
array([0.00435995, 0.00025926, 0.00549662, 0.00435322, 0.00420368])
```

然后可以将这两个数组相加来得到第三个数组。

```
result = numbers + noise
```

在这个数组中，结果的每个元素都是另两个数组的各个元素的总和。

```
array([0.00435995, 1.00025926, 2.00549662, 3.00435322, 4.00420368])
```

可以使用 round 方法将数字四舍五入到任意精度。

```
result.round(4)
```

这也是一种元素级操作，因此会同时应用于所有元素，并且会四舍五入到第 4 位。

```
array([0.0044, 1.0003, 2.0055, 3.0044, 4.0042])
```

有时需要对数组的所有元素求平方。为此，可以简单地将数组与自身相乘。首先生成一个数组。

```
pred = np.random.rand(3).round(2)
```

该数组包含 3 个随机数。

```
array([0.44, 0.03, 0.55])
```

现在可以让它与自身相乘。

```
square = pred * pred
```

结果得到一个新数组，其中原始数组的每个元素都进行了平方。

```
array([0.1936, 0.0009, 0.3025])
```

或者，可以使用幂运算符(**)。

```
square = pred ** 2
```

两种方法会得出相同的结果(见图 C-7)。

```
np.random.seed(2)
pred = np.random.rand(3).round(2)
pred
```

```
array([0.44, 0.03, 0.55])
```

```
square = pred * pred
square
```

```
array([0.1936, 0.0009, 0.3025])
```

```
square = pred ** 2
square
```

```
array([0.1936, 0.0009, 0.3025])
```

图 C-7    对数组元素求平方有两种方法：将数组与自身相乘或使用幂运算(**)

机器学习应用程序可能需要的其他有用的元素级操作是求指数、对数和平方根。

```
pred_exp = np.exp(pred)    ◄——  计算指数
pred_log = np.log(pred)    ◄—— 计算对数
pred_sqrt = np.sqrt(pred)  ◄——
                                 计算平方根
```

布尔运算也可以应用于 NumPy 数组的元素。为了演示，这里再次用一些随机数生成一个数组。

```
pred = np.random.rand(3).round(2)
```

该数组包含以下数字。

```
array([0.44, 0.03, 0.55])
```

可以在其中看到大于 0.5 的元素。

```
result = pred >= 0.5
```

结果将得到一个包含 3 个布尔值的数组。

```
array([False, False, True])
```

只有原始数组的最后一个元素大于 0.5，因此是 True，其余的都是 False。

与算术运算一样，可以对两个相同形状的 NumPy 数组应用布尔运算。这里生成两个随机数组。

```
pred1 = np.random.rand(3).round(2)
pred2 = np.random.rand(3).round(2)
```

该数组具有以下值。

```
array([0.44, 0.03, 0.55])
array([0.44, 0.42, 0.33])
```

现在可以使用大于等于运算符(>=)来比较这些数组的值。

```
pred1 >= pred2
```

结果将得到一个带有布尔值的数组(见图 C-8)。

```
array([ True, False, True])
```

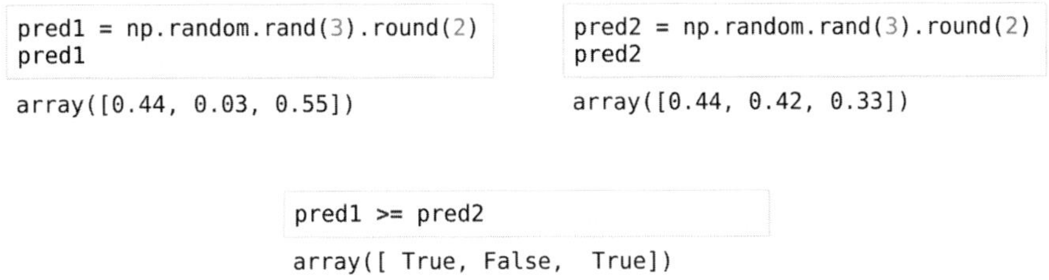

```
pred1 = np.random.rand(3).round(2)
pred1
```

```
array([0.44, 0.03, 0.55])
```

```
pred2 = np.random.rand(3).round(2)
pred2
```

```
array([0.44, 0.42, 0.33])
```

```
pred1 >= pred2
```

```
array([ True, False,  True])
```

图 C-8　NumPy 中的布尔运算是基于元素的，可以应用于两个形状相同的数组来比较值

最后可以对布尔 NumPy 数组应用逻辑运算，例如逻辑与(&)和逻辑或(|)。再次生成两个随机数组。

```
pred1 = np.random.rand(5) >= 0.3
pred2 = np.random.rand(5) >= 0.4
```

生成的数组具有以下值。

```
array([ True, False, True])
array([ True, True, False])
```

与算术运算一样，逻辑运算符也是基于元素的。例如，要按元素进行逻辑与运算，只需要对数组应用&运算符(见图 C-9)。

```
res_and = pred1 & pred2
```

最终将得到如下结果。

```
array([ True, False, False])
```

逻辑或以相同的方式工作(见图 C-9)。

```
res_or = pred1 | pred2
```

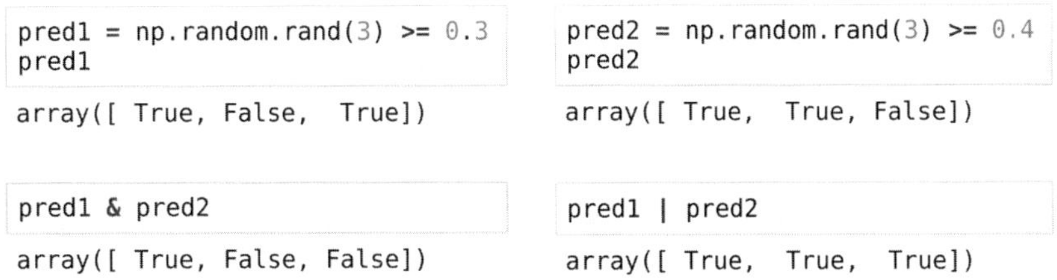

```
pred1 = np.random.rand(3) >= 0.3
pred1
```

```
array([ True, False,  True])
```

```
pred2 = np.random.rand(3) >= 0.4
pred2
```

```
array([ True,  True, False])
```

```
pred1 & pred2
```

```
array([ True, False, False])
```

```
pred1 | pred2
```

```
array([ True,  True,  True])
```

图 C-9　像逻辑与、逻辑或这样的逻辑操作也可以应用于元素

这将创建以下数组。

```
array([ True, True, True])
```

## C.2.2　汇总操作

基于元素的操作接收一个数组并生成一个相同形状的数组，而汇总操作接收一个数组并生成一个数字。

例如，可以生成一个数组，然后计算所有元素的总和。

```
pred = np.random.rand(3).round(2)
pred_sum = pred.sum()
```

在本例中，pred 如下所示。

```
array([0.44, 0.03, 0.55])
```

pred_sum 是所有 3 个元素的总和，即 1.02。

```
0.44 + 0.03 + 0.55 = 1.02
```

其他汇总操作包括 min、mean、max 和 std。

```
print('min = %.2f' % pred.min())
print('mean = %.2f' % pred.mean())
print('max = %.2f' % pred.max())
print('std = %.2f' % pred.std())
```

运行此代码后，会得到如下结果。

```
min = 0.03
mean = 0.34
max = 0.55
std = 0.22
```

当有一个二维数组时，汇总操作也会生成一个数字。但是，也可以将这些操作分别应用于行或列。

例如，准备生成一个 4×3 的数组。

```
matrix = np.random.rand(4, 3).round(2)
```

这会得到一个如下数组。

```
array([[0.44, 0.03, 0.55],
       [0.44, 0.42, 0.33],
       [0.2 , 0.62, 0.3 ],
       [0.27, 0.62, 0.53]])
```

调用 max 方法时，会返回一个数字。

```
matrix.max()
```

结果是 0.62，这是矩阵所有元素中的最大数。

如果现在想查找每一行中的最大数字，可以使用 max 方法指定应用这个操作的轴。当想操作行时，则使用 axis=1(见图 C-10)。

```
matrix.max(axis=1)
```

结果将得到一个包含 4 个数字(每行中最大的数字)的数组。

```
array([0.55, 0.44, 0.62, 0.62])
```

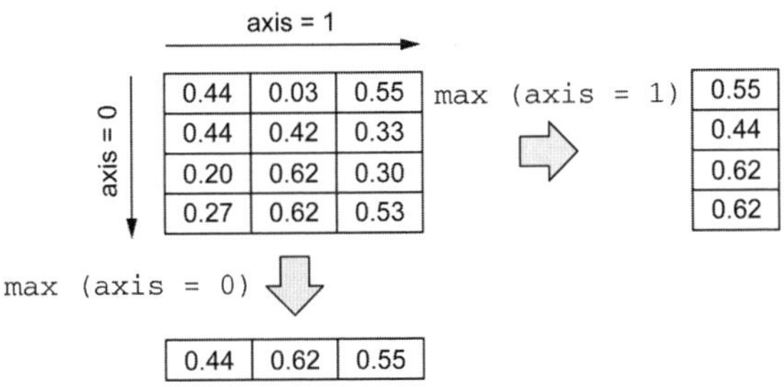

图 C-10　可以指定应用操作的轴: axis=1 表示将其应用于行, axis=0 表示将其应用于列

同样可以查找每一列中的最大数字。为此, 使用 axis=0。

```
matrix.max(axis=0)
```

这次结果是 3 个数字——每列中最大的数字。

```
array([0.44, 0.62, 0.55])
```

sum、min、mean、std 以及许多其他操作也可以将 axis 作为参数。例如, 可以很容易地计算每一行的元素之和。

```
matrix.sum(axis=1)
```

执行时, 会得到 4 个数字。

```
array([1.02, 1.19, 1.12, 1.42])
```

## C.2.3　排序

通常我们需要对数组的元素进行排序。接下来查看如何在 NumPy 中做到这一点。首先, 生成一个包含 4 个元素的一维数组。

```
pred = np.random.rand(4).round(2)
```

生成的数组包含以下元素。

```
array([0.44, 0.03, 0.55, 0.44])
```

要创建数组的排序副本, 可使用 np.sort。

```
np.sort(pred)
```

这将返回一个所有元素进行排序的数组。

```
array([0.03, 0.44, 0.44, 0.55])
```

因为它创建了一个副本并对其进行排序, 所以原始数组 pred 保持不变。

如果想在不创建另一个数组的情况下对数组的元素进行排序, 可以对数组本身调用 sort 方法。

```
pred.sort()
```

现在数组 pred 已完成排序。

当涉及排序时，还有一个有用的工具：argsort。它不是对数组进行排序，而是按排序顺序返回数组的索引(见图 C-11)。

```
idx = pred.argsort()
```

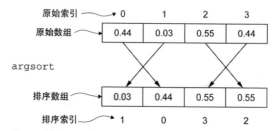

图 C-11  函数 sort 对数组进行排序，而 argsort 生成一个对数组进行排序的索引的数组

现在数组 idx 包含排序顺序的索引。

```
array([1, 0, 3, 2])
```

可以使用带索引的数组 idx 来按排序顺序获取原始数组。

```
pred[idx]
```

如我们所见，它确实是经过排序的。

```
array([0.03, 0.44, 0.44, 0.55])
```

## C.2.4  重塑和组合

每个 NumPy 数组都有一个形状，它指定了数组的大小。对于一维数组，它是数组的长度；对于二维数组，它是行数和列数。我们已经知道可以使用 shape 属性来访问数组的形状。

```
rng = np.arange(12)
rng.shape
```

rng 的形状是(12)，也就是说它是一个长度为 12 的一维数组。因为使用 np.arange 来创建数组，所以它包括 0~11(含)的数字。

```
array([ 0, 1, 2, 3, 4, 5, 6, 7, 8, 9, 10, 11])
```

可以将数组的形状从一维更改为二维。为此，可以使用 reshape 方法。

```
rng.reshape(4, 3)
```

结果会得到一个四行三列的矩阵。

```
array([[ 0,  1,  2],
       [ 3,  4,  5],
       [ 6,  7,  8],
       [ 9, 10, 11]])
```

重塑之所以有效，是因为可以将 12 个原始元素重新排列成四行三列。换言之，元素的总数没有改变。然而，假设尝试将其重塑为(4, 4)。

```
rng.reshape(4, 4)
```

当这样操作时，NumPy 会引发一个 ValueError。

```
----------------------------------------------------------------------
ValueError                               Traceback (most recent call last)
<ipython-input-176-880fb98fa9c8> in <module>
----> 1 rng.reshape(4, 4)

ValueError: cannot reshape array of size 12 into shape (4,4)
```

有时需要通过将多个数组放在一起来创建一个新 NumPy 数组。接下来查看如何操作。首先创建两个数组用于演示。

```
vec = np.arange(3)
mat = np.arange(6).reshape(3, 2)
```

第一个是一个包含 3 个元素的一维数组 vec。

```
array([0, 1, 2])
```

第二个是一个三行两列的二维数组 mat。

```
array([[0, 1],
       [2, 3],
       [4, 5]])
```

组合两个 NumPy 数组的最简单方法是使用 np.concatenate 函数。

```
np.concatenate([vec, vec])
```

它接收一个一维数组列表并将它们组合成一个更大的一维数组。本例中将 vec 传递了两次。因此，获得一个长度为 6 的数组。

```
array([0, 1, 2, 0, 1, 2])
```

可以使用 np.hstack 获得相同的结果，它是 horizontal stack(水平堆叠)的缩写。

```
np.hstack([vec, vec])
```

它再次接收一个数组列表并水平堆叠它们，由此生成一个更大的数组。

```
array([0, 1, 2, 0, 1, 2])
```

还可以将 np.hstack 应用于二维数组。

```
np.hstack([mat, mat])
```

结果是另一个矩阵，其中原始矩阵按列水平堆叠。

```
array([[0, 1, 0, 1],
       [2, 3, 2, 3],
       [4, 5, 4, 5]])
```

但是，在二维数组的情况下，np.concatenate 的工作方式与 np.hstack 不同。

```
np.concatenate([mat, mat])
```

当将 np.concatenate 应用于矩阵时，它将矩阵垂直堆叠而不是水平堆叠，就像一维数组一样，将创建一个有 6 行的新矩阵。

```
array([[0, 1],
       [2, 3],
       [4, 5],
       [0, 1],
       [2, 3],
       [4, 5]])
```

组合 NumPy 数组的另一个有用方法是 np.column_stack：它允许向量和矩阵堆叠在一起。例如，假设想在矩阵中添加一个额外列。为此，只需要传递一个包含向量和矩阵的列表。

```
np.column_stack([vec, mat])
```

因此获得一个新矩阵，其中 vec 成为第一列，mat 的其余部分跟在它后面。

```
array([[0, 0, 1],
       [1, 2, 3],
       [2, 4, 5]])
```

可以将 np.column_stack 应用于两个向量。

```
np.column_stack([vec, vec])
```

结果会生成一个两列矩阵。

```
array([[0, 0],
       [1, 1],
       [2, 2]])
```

类似水平堆叠数组的 np.hstack，有垂直堆叠数组的 np.vstack。

```
np.vstack([vec, vec])
```

当垂直堆叠两个向量时，会得到一个两行的矩阵。

```
array([[0, 1, 2],
       [0, 1, 2]])
```

也可以垂直堆叠两个矩阵。

```
np.vstack([mat, mat])
```

结果与 np.concatenate([mat, mat]) 相同，得到一个有 6 行的新矩阵。

```
array([[0, 1],
       [2, 3],
       [4, 5],
       [0, 1],
       [2, 3],
       [4, 5]])
```

np.vstack 函数还可以将向量和矩阵堆叠在一起，实际上是创建一个包含新行的矩阵。

```
np.vstack([vec, mat.T])
```

这样操作时，vec 会成为新矩阵的第一行。

```
array([[0, 1, 2],
       [0, 2, 4],
       [1, 3, 5]])
```

注意，这段代码中使用了 mat 的 T 属性。这是一个矩阵转置操作，将矩阵的行变为列。

```
mat.T
```

最初，mat 包含以下数据。

```
array([[0, 1],
       [2, 3],
       [4, 5]])
```

转置后，原来的列变成了行。

```
array([[0, 2, 4],
       [1, 3, 5]])
```

## C.2.5　切片和过滤

与 Python 列表一样，也可以使用切片来访问 NumPy 数组的一部分。例如，假设有一个 5×3 的矩阵。

```
mat = np.arange(15).reshape(5, 3)
```

该矩阵包含五行三列。

```
array([[ 0,  1,  2],
       [ 3,  4,  5],
       [ 6,  7,  8],
       [ 9, 10, 11],
       [12, 13, 14]])
```

可以使用切片来访问这个矩阵的一部分。例如，使用范围运算符(:)获取前三行。

```
mat[:3]
```

它返回由 0、1 和 2 索引的行(不包括 3)。

```
array([[0, 1, 2],
       [3, 4, 5],
       [6, 7, 8]])
```

如果只需要第 1 行和第 2 行，可以指定起止范围。

```
mat[1:3]
```

这将提供所需的行。

```
array([[3, 4, 5],
       [6, 7, 8]])
```

与行一样，我们可以只选择一些列，例如前两列。

```
mat[:, :2]
```

这里包含两个范围。

- 第一个只是一个冒号(:)，没有开始和结束范围，这意味着"包含所有行"。
- 第二个是包括第 0 列和第 1 列(不包括第 2 列)的范围。

因此，会得到如下结果。

```
array([[ 0,  1],
       [ 3,  4],
       [ 6,  7],
       [ 9, 10],
       [12, 13]])
```

当然也可以将两者结合起来，选择想要的任何矩阵部分。

```
mat[1:3, :2]
```

结果将包含第 1 行和第 2 行以及第 0 列和第 1 列。

```
array([[3, 4],
       [6, 7]])
```

如果不需要范围，而是需要一些特定的行或列，可以简单地提供一个索引列表。

```
mat[[3, 0, 1]]
```

这将提供索引为 3、0 和 1 的三行。

```
array([[ 9, 10, 11],
       [ 0,  1,  2],
       [ 3,  4,  5]])
```

可以使用二进制掩码来指定要选择的行，而不是单独的索引。例如，假设要选择第一个元素是奇数的行。

要检查第一个元素是否为奇数，需要执行以下操作。

(1) 选择矩阵的第一列。

(2) 对所有元素应用模 2 运算(%)以计算除以 2 的余数。

(3) 如果余数为 1，则该数为奇数；如果余数为 0，则该数为偶数。

这可转换为以下 NumPy 表达式。

```
mat[:, 0] % 2 == 1
```

最后，生成一个包含布尔值的数组。

```
array([False, True, False, True, False])
```

我们看到第 1 行和第 3 行的表达式为 True，第 0、2 和 4 行的表达式为 False。

现在可以使用此表达式仅选择表达式为 True 的行。

```
mat[mat[:, 0] % 2 == 1]
```

这将得到一个只有两行(第 1 行和第 3 行)的矩阵。

```
array([[ 3,  4,  5],
       [ 9, 10, 11]])
```

# C.3　线性代数

NumPy 如此受欢迎的原因之一是它支持线性代数运算。NumPy 将所有内部计算委托给 BLAS 和 LAPACK(经过时间验证的高效底层计算库)，这就是它速度极快的原因。

本节将简要概述本书中需要的线性代数运算，从最常见的矩阵和向量乘法开始。

## C.3.1　乘法

在线性代数中包含多种乘法。

- 向量-向量乘法：将一个向量乘以另一个向量。
- 矩阵-向量乘法：将一个矩阵乘以一个向量。
- 矩阵-矩阵乘法：将一个矩阵乘以另一个矩阵。

下面进一步查看其中的每一个并理解如何在 NumPy 中实现它们。

### 1. 向量-向量乘法

向量-向量乘法涉及两个向量。它通常被称为点积或标量积。该乘法接收两个向量并生成一个标量——一个数字。

假设有两个向量 $u$ 和 $v$，每个长度为 $n$，则 $u$ 和 $v$ 之间的点积如下。

$$u^{\mathrm{T}}v = \sum_{i=1}^{n} u_i v_i = u_1 v_1 + u_2 v_2 + \dots + u_n v_n$$

**注意**：在本附录中，长度为 $n$ 的向量的元素从 0 到 $n–1$ 进行索引：这样更容易将概念从数学符号映射到 NumPy。

这可以直接转换为 Python。如果有两个 NumPy 数组 u 和 v，它们之间的点积如下。

```
dot = 0

for i in range(n):
    dot = u[i] * v[i]
```

可以利用 NumPy 中的向量化运算，用一行表达式来计算它。

```
(u * v).sum()
```

但是，因为这是一个相当常见的操作，所以它是用 NumPy 内部的 dot 方法实现的。因此，要计算点积，只需要调用 dot。

```
u.dot(v)
```

### 2. 矩阵-向量乘法

另一种类型的乘法是矩阵-向量乘法。

假设有一个大小为 $m \times n$ 的矩阵 $X$ 和一个大小为 $n$ 的向量 $u$。如果将 $X$ 乘以 $u$，将得到另一个大小为 $m$ 的向量(见图 C-12)。

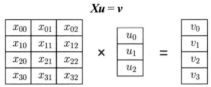

图 C-12 将一个 4×3 的矩阵乘以一个长度为 3 的向量时，会得到一个长度为 4 的向量

可以把矩阵 $X$ 看成 $n$ 个行向量 $x_i$ 的集合，每个行向量的大小为 $m$(见图 C-13)。

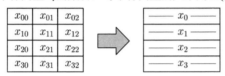

图 C-13 把矩阵 $X$ 想象成 4 个行向量 $x_i$，每个大小为 3

然后可以将矩阵-向量乘法 $Xu$ 表示为每行 $x_i$ 和向量 $u$ 之间的 $m$ 个向量-向量乘法。结果将得到另一个向量——向量 $v$(见图 C-14)。

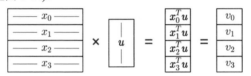

图 C-14 矩阵-向量乘法是一组向量-向量乘法：将矩阵 $X$ 的每行 $x_i$ 与向量 $u$ 相乘，得到向量 $v$

将这个想法转换成 Python 很简单。

```
v = np.zeros(m)          ← 创建一个空向量 v

for i in range(m):       ← 对于 X 的每行 x_i
    v[i] = X[i].dot(u)   ← 将 v 的第 i 个元素计算为点
                            积 x_i * u
```

与向量-向量乘法一样，可以使用矩阵 X(二维数组)的 dot 方法将其乘以向量 u(一维数组)。

```
v = X.dot(u)
```

结果是向量 v——一维 NumPy 数组。

### 3. 矩阵-矩阵乘法

最后是矩阵-矩阵乘法。假设有大小为 $m \times n$ 的矩阵 $X$ 和大小为 $n \times k$ 的矩阵 $U$，则结果为另一个大小为 $m \times k$ 的矩阵 $V$(见图 C-15)。

$$XU = V$$

理解矩阵-矩阵乘法的最简单方法是将 $U$ 视为一组列：$u_0$，$u_1$，...，$u_{k-1}$(见图 C-16)。

图 C-15　将一个 4×3 的矩阵 $X$ 乘以一个 3×2 的矩阵 $U$ 时，会得到一个 4×2 的矩阵 $v$

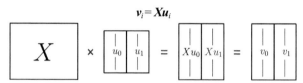

图 C-16　可以把 $U$ 想象成列向量的集合。这种情况下，有两列：$u_0$ 和 $u_1$

那么矩阵-矩阵乘法 $XU$ 是一组矩阵-向量乘法 $Xu_i$。每次乘法的结果是一个向量 $v_i$，它是结果矩阵 $V$ 的第 $i$ 列(见图 C-17)。

$$v_i = Xu_i$$

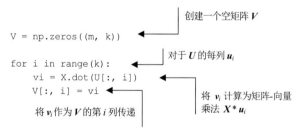

图 C-17　可以将矩阵-矩阵乘法 $XU$ 视为一组矩阵-向量乘法 $V_i = Xu_i$，其中 $u_i$ 是 $U$ 的列。
结果是一个矩阵 $V$，其中所有 $v_i$ 堆叠在一起

要在 NumPy 中实现，可以进行如下简单操作。

```
V = np.zeros((m, k))          ← 创建一个空矩阵 V

for i in range(k):            ← 对于 U 的每列 ui
    vi = X.dot(U[:, i])       ← 将 vi 计算为矩阵-向量
    V[:, i] = vi                 乘法 X* ui

    将 vi 作为 V 的第 i 列传递
```

其中 U[:, i]意味着获取第 i 列。然后将 X 乘以该列并得到 vi。通过使用 V[:, i]，并且因为有赋值(=)，所以用 vi 覆盖 V 的第 i 列。

当然，在 NumPy 中有一个快捷方式——还是 dot 方法。

```
V = X.dot(U)
```

## C.3.2　逆矩阵

方阵 $X$ 的逆矩阵是矩阵 $X^{-1}$，使得 $X^{-1}X = I$，其中 $I$ 是单位矩阵。当执行矩阵-向量乘法时，单位矩阵 $I$ 不会改变向量。

$$Iv = v$$

为什么需要它？假设有一个方程式。

$$Ax = b$$

已知矩阵 $\boldsymbol{A}$ 和向量 $\boldsymbol{b}$，但不知道向量 $\boldsymbol{x}$——我们想求出它。换言之，我们想解这个方程式。
其中一种可能的方法如下。

(1) 计算 $\boldsymbol{A}^{-1}$，它是 $\boldsymbol{A}$ 的逆。

(2) 将等式的两边乘以逆 $\boldsymbol{A}^{-1}$。

这样操作会得到

$$\boldsymbol{A}^{-1}\boldsymbol{A}\boldsymbol{x}=\boldsymbol{A}^{-1}\boldsymbol{b}$$

因为 $\boldsymbol{A}^{-1}\boldsymbol{A}=\boldsymbol{I}$，所以有

$$\boldsymbol{I}\boldsymbol{x}=\boldsymbol{A}^{-1}\boldsymbol{b}$$

或者

$$\boldsymbol{x}=\boldsymbol{A}^{-1}\boldsymbol{b}$$

在 NumPy 中，为计算逆，可以使用 np.linalg.inv。

```
A = np.array([
    [0, 1, 2],
    [1, 2, 3],
    [2, 3, 3]
])


Ainv = np.linalg.inv(A)
```

对于该特定方阵 A，可以计算其逆矩阵，因此 Ainv 具有以下值。

```
array([[-3.,  3., -1.],
       [ 3., -4.,  2.],
       [-1.,  2., -1.]])
```

我们可以进行验证：如果将矩阵乘以它的逆矩阵，将会得到单位矩阵。

```
A.dot(Ainv)
```

结果确实是单位矩阵。

```
array([[1., 0., 0.],
       [0., 1., 0.],
       [0., 0., 1.]])
```

**注意**：如果只是想要解方程 $\boldsymbol{A}\boldsymbol{x}=\boldsymbol{b}$，那么不需要计算逆。从计算的角度看，计算逆是一个非常占计算资源的操作。相反应该使用 np.linalg.solve，它要快一个数量级。

```
b = np.array([1, 2, 3])
x = np.linalg.solve(A, b)
```

在本书中，当计算线性回归的权重时，为简单起见，可以使用逆：这将使代码更容易理解。

有些矩阵没有逆矩阵。首先，非方阵是不可能求逆的。此外，并非所有方阵都可以求逆，有可能是奇异矩阵，即不存在逆矩阵的矩阵。

当尝试在 NumPy 中求逆奇异矩阵时，会出现错误。

```
B = np.array([
    [0, 1, 1],
    [1, 2, 3],
    [2, 3, 5]
])


np.linalg.inv(B)
```

此代码会引发 LinAlgError。

```
--------------------------------------------------------------------------
LinAlgError                               Traceback (most recent call last)
<ipython-input-286-14528a9f848e> in <module>
      5 ])
      6
----> 7 np.linalg.inv(B)

<__array_function__ internals> in inv(*args, **kwargs)

<...>

LinAlgError: Singular matrix
```

## C.3.3　标准方程

第 2 章中使用标准方程计算线性回归的权重向量。本节将简要概述如何得出该公式，但不作详细介绍。有关更多信息请参阅任意线性代数教科书。

这部分可能看起来偏重数学，但可以跳过它：它不会影响你对本书的理解。如果你在大学学习过标准方程和线性回归，但已经忘记了大部分内容，那么本节可以帮助你进行回忆。

假设有一个包含观察值的矩阵 $X$ 和一个包含结果的向量 $y$。现在想找到一个满足下列条件的向量 $w$。

$$Xw=y$$

然而，因为 $X$ 不是方阵，所以不能简单地将它求逆，这个方程式的精确解不存在。可以尝试找到一个非精确解并采用以下技巧。将两边乘以 $X$ 的转置。

$$X^TXw=X^Ty$$

现在 $X^TX$ 是一个方阵，应该可以求逆。这里称这个矩阵为 $C$。

$$C=X^TX$$

方程变为

$$Cw=X^Ty$$

在这个式子中，$X^TY$ 也是一个向量：当将一个矩阵乘以一个向量时，会得到一个向量。我们称之为 $z$。所以现在有

$$Cw=z$$

这个方程式现在有了一个精确解，这是我们最初想要求解的方程的最佳近似解。这超出了本书的范围，因此请参阅教科书了解更多详细信息。

为求解该方程式，可以对 $C$ 求逆并将两边都乘以它。

$$C^{-1}Cw = C^{-1}z$$

或者

$$w = C^{-1}z$$

现在有了 $w$ 的解。把它重写成 $X$ 和 $y$ 的形式。

$$w = (X^TX)^{-1}X^Ty$$

这是标准方程，它找到了原始方程式 $Xw = y$ 的最佳近似解 $w$。

转换成 NumPy 非常简单。

```
C = X.T.dot(X)
Cinv = np.linalg.inv(C)
w = Cinv.dot(X.T).dot(y)
```

现在数组 w 包含了方程的最佳近似解。

# Pandas 简介

我们不要求本书的读者有任何 Pandas 知识，但整本书中广泛使用了它。当使用它时，我们试图解释代码，但不可能总是详细地涵盖所有内容。

本附录将对 Pandas 进行更深入的介绍，涵盖所有章节中使用的功能。

## D.1 Pandas

Pandas 是一个用于处理表格数据的 Python 库。它是一种流行且方便的数据操作工具。Pandas 在为训练机器学习模型准备数据时特别有用。

如果你使用 Anaconda，那么它已经预安装 Pandas。如果没有，可使用 pip 安装 Pandas。

```
pip install pandas
```

为试验 Pandas，可创建一个名为 appendix-d-pandas 的笔记本并使用它来运行本附录中的代码。首先，需要导入它。

```
import pandas as pd
```

和 NumPy 一样，我们遵循惯例，使用别名 pd，而不是全名。

首先从 Pandas 的核心数据结构(DataFrame 和序列)开始探索。

### D.1.1 DataFrame

在 Pandas 中，DataFrame 只是一个表：具有行和列的数据结构(见图 D-1)。

| | Make | Model | Year | Engine HP | Engine Cylinders | Transmission Type | Vehicle_Style | MSRP |
|---|---|---|---|---|---|---|---|---|
| 0 | Nissan | Stanza | 1991 | 138.0 | 4 | MANUAL | sedan | 2000 |
| 1 | Hyundai | Sonata | 2017 | NaN | 4 | AUTOMATIC | Sedan | 27150 |
| 2 | Lotus | Elise | 2010 | 218.0 | 4 | MANUAL | convertible | 54990 |
| 3 | GMC | Acadia | 2017 | 194.0 | 4 | AUTOMATIC | 4dr SUV | 34450 |
| 4 | Nissan | Frontier | 2017 | 261.0 | 6 | MANUAL | Pickup | 32340 |

图 D-1　Pandas 中的 DataFrame：一个五行八列的表

要创建一个 DataFrame，首先需要创建一些数据，我们将把这些数据放入表中。它可以是包含一些列表值的列表。

```
data = [
    ['Nissan', 'Stanza', 1991, 138, 4, 'MANUAL', 'sedan', 2000],
    ['Hyundai', 'Sonata', 2017, None, 4, 'AUTOMATIC', 'Sedan', 27150],
    ['Lotus', 'Elise', 2010, 218, 4, 'MANUAL', 'convertible', 54990],
    ['GMC', 'Acadia', 2017, 194, 4, 'AUTOMATIC', '4dr SUV', 34450],
    ['Nissan', 'Frontier', 2017, 261, 6, 'MANUAL', 'Pickup', 32340],
]
```

这些数据取自在第 2 章中使用的价格预测数据集：包含一些汽车特征，例如型号、品牌、生产年份和变速箱类型。

创建 DataFrame 时需要知道每一列包含什么，因此先创建一个包含列名的列表。

```
columns = [
    'Make', 'Model', 'Year', 'Engine HP', 'Engine Cylinders',
    'Transmission Type', 'Vehicle_Style', 'MSRP'
]
```

现在准备通过它创建一个 DataFrame。为此，需要使用 pd.DataFrame。

```
df = pd.DataFrame(data, columns=columns)
```

它创建了一个五行八列的 DataFrame(见图 D-1)。

可以对 DataFrame 做的第一件事是查看数据中的前几行，以了解其中的内容。为此可以使用 head 方法。

```
df.head(n=2)
```

它显示了 DataFrame 的前两行。显示的行数由 n 参数控制(见图 D-2)。

`df.head(n=2)`

|   | Make | Model | Year | Engine HP | Engine Cylinders | Transmission Type | Vehicle_Style | MSRP |
|---|------|-------|------|-----------|------------------|-------------------|---------------|------|
| 0 | Nissan | Stanza | 1991 | 138.0 | 4 | MANUAL | sedan | 2000 |
| 1 | Hyundai | Sonata | 2017 | NaN | 4 | AUTOMATIC | Sedan | 27150 |

图 D-2　用 head 预览 DataFrame 的内容

或者，可以使用字典列表来创建 DataFrame。

```
data = [
    {
        "Make": "Nissan",
        "Model": "Stanza",
        "Year": 1991,
        "Engine HP": 138.0,
        "Engine Cylinders": 4,
        "Transmission Type": "MANUAL",
        "Vehicle_Style": "sedan",
        "MSRP": 2000
    },
    ... # more rows
```

```
]

df = pd.DataFrame(data)
```

这种情况下不需要指定列名，Pandas 会自动从字典的字段中获取它们。

## D.1.2　序列

DataFrame 中的每一列都是一个序列，序列是一种包含某类型值的特殊数据结构。在某种程度上，它非常类似于一维 NumPy 数组。

可以通过两种方式访问列的值。首先，可以使用点表示法，如图 D-3(a)所示。

```
df.Make
```

另一种方法是使用方括号表示法，如图 D-3(b)所示。

```
df['Make']
```

结果完全相同：一个 Pandas 序列，其值来自 Make 列。

如果列名包含空格或其他特殊字符，那么只能使用方括号表示法。例如，要访问 Engine HP 列，只能使用方括号。

```
df['Engine HP']
```

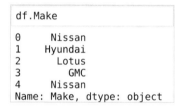

(a) 点表示法　　　　　　　　　　　(b) 方括号表示法

图 D-3　访问 DataFrame 列的两种方法

方括号表示法也更加灵活。可以将列的名称保存在变量中并使用它来访问其内容。

```
col_name = 'Engine HP'
df[col_name]
```

如果需要选择列的子集，可以再次使用方括号，但使用名称列表而不是单个字符串。

```
df[['Make', 'Model', 'MSRP']]
```

这将返回一个只有 3 列的 DataFrame(见图 D-4)。

```
df[['Make', 'Model', 'MSRP']]
```

| | Make | Model | MSRP |
|---|---|---|---|
| 0 | Nissan | Stanza | 2000 |
| 1 | Hyundai | Sonata | 27150 |
| 2 | Lotus | Elise | 54990 |
| 3 | GMC | Acadia | 34450 |
| 4 | Nissan | Frontier | 32340 |

图 D-4 要选择 DataFrame 的列子集，可使用带有名称列表的括号

要将列添加到 DataFrame 中，还是使用方括号表示法。

```
df['id'] = ['nis1', 'hyu1', 'lot2', 'gmc1', 'nis2']
```

DataFrame 包含 5 行内容，因此包含值的列表也应该有 5 个值。此外还有另一列——id(见图 D-5)。

```
df['id'] = ['nis1', 'hyu1', 'lot2', 'gmc1', 'nis2']
df
```

| | Make | Model | Year | Engine HP | Engine Cylinders | Transmission Type | Vehicle_Style | MSRP | id |
|---|---|---|---|---|---|---|---|---|---|
| 0 | Nissan | Stanza | 1991 | 138.0 | 4 | MANUAL | sedan | 2000 | nis1 |
| 1 | Hyundai | Sonata | 2017 | NaN | 4 | AUTOMATIC | Sedan | 27150 | hyu1 |
| 2 | Lotus | Elise | 2010 | 218.0 | 4 | MANUAL | convertible | 54990 | lot2 |
| 3 | GMC | Acadia | 2017 | 194.0 | 4 | AUTOMATIC | 4dr SUV | 34450 | gmc1 |
| 4 | Nissan | Frontier | 2017 | 261.0 | 6 | MANUAL | Pickup | 32340 | nis2 |

图 D-5 要添加新列，可使用方括号表示法

这里 id 不存在，因此在 DataFrame 的末尾附加一个新列。如果 id 存在，则下列代码将覆盖现有值。

```
df['id'] = [1, 2, 3, 4, 5]
```

现在，id 列的内容发生了变化(见图 D-6)。

```
df['id'] = [1, 2, 3, 4, 5]
df
```

| | Make | Model | Year | Engine HP | Engine Cylinders | Transmission Type | Vehicle_Style | MSRP | id |
|---|---|---|---|---|---|---|---|---|---|
| 0 | Nissan | Stanza | 1991 | 138.0 | 4 | MANUAL | sedan | 2000 | 1 |
| 1 | Hyundai | Sonata | 2017 | NaN | 4 | AUTOMATIC | Sedan | 27150 | 2 |
| 2 | Lotus | Elise | 2010 | 218.0 | 4 | MANUAL | convertible | 54990 | 3 |
| 3 | GMC | Acadia | 2017 | 194.0 | 4 | AUTOMATIC | 4dr SUV | 34450 | 4 |
| 4 | Nissan | Frontier | 2017 | 261.0 | 6 | MANUAL | Pickup | 32340 | 5 |

图 D-6 若要更改列的内容，可使用方括号表示法

要删除列，可使用 del 操作符。

```
del df['id']
```

运行后，该列从 DataFrame 中消失。

## D.1.3　索引

如图 D-7 所示，DataFrame 和序列的左侧都有数字；这些数字称为索引。索引描述了如何访问 DataFrame(或序列)中的行。

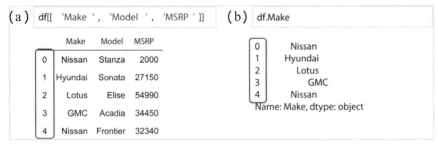

图 D-7　DataFrame 和序列都有一个索引——左侧的数字

可以使用 index 属性获取 DataFrame 的索引。

```
df.index
```

因为在创建 DataFrame 时没有指定索引，所以使用默认的索引(从 0 开始的一系列自动递增的数字)。

```
RangeIndex(start=0, stop=5, step=1)
```

索引的行为方式与序列对象相同，因此适用于序列的所有内容也适用于索引。

虽然序列只包含一个索引，但 DataFrame 却包含两个：一个用于访问行，另一个用于访问列。当从 DataFrame 中选择单个列时，我们已经为列使用了索引。

```
df['Make']        ◀──── 使用列索引获取 Make 列
```

可以使用 columns 属性来获取列名(见图 D-8)。

```
df.columns
```

```
df.columns
Index(['Make', 'Model', 'Year', 'Engine HP', 'Engine Cylinders',
       'Transmission Type', 'Vehicle_Style', 'MSRP'],
      dtype='object')
```

图 D-8　columns 属性包含列名

## D.1.4　访问行

可以通过两种方式访问行：使用 iloc 和 loc。

首先，从 iloc 开始。使用它通过位置编号访问 DataFrame 的行。例如，要访问 DataFrame 的第一行，可使用索引 0。

```
df.iloc[0]
```

这将返回第一行的内容。

```
Make                  Nissan
Model                 Stanza
Year                    1991
Engine HP                138
Engine Cylinders           4
Transmission Type     MANUAL
Vehicle_Style          sedan
MSRP                    2000
Name: 0, dtype: object
```

要获取行的子集，可传递一个带有整数(行号)的列表。

```
df.iloc[[2, 3, 0]]
```

结果是另一个只包含所需行的 DataFrame(见图 D-9)。

| df.iloc[[2, 3, 0]] | | | | | | | |
|---|---|---|---|---|---|---|---|
| | **Make** | **Model** | **Year** | **Engine HP** | **Engine Cylinders** | **Transmission Type** | **Vehicle_Style** | **MSRP** |
| 2 | Lotus | Elise | 2010 | 218.0 | 4 | MANUAL | convertible | 54990 |
| 3 | GMC | Acadia | 2017 | 194.0 | 4 | AUTOMATIC | 4dr SUV | 34450 |
| 0 | Nissan | Stanza | 1991 | 138.0 | 4 | MANUAL | sedan | 2000 |

图 D-9　使用 iloc 访问 DataFrame 的行

可以使用 iloc 来打乱 DataFrame 的内容。这里 DataFrame 中包含 5 行内容。因此，可以创建一个 0~4 的整数列表并将其打乱。然后可以在 iloc 中使用打乱的列表，这样将得到一个所有行都被打乱的 DataFrame。

接下来进行实现。首先使用 NumPy 创建一个大小为 5 的范围。

```
import numpy as np

idx = np.arange(5)
```

它将创建一个包含 0~4 的整数的数组。

```
array([0, 1, 2, 3, 4])
```

现在可以打乱这个数组。

```
np.random.seed(2)
np.random.shuffle(idx)
```

得到如下结果。

```
array([2, 4, 1, 3, 0])
```

最后，将这个数组与 iloc 一起使用来获得打乱顺序的行。

```
df.iloc[idx]
```

这样，行将根据 idx 中的数字重新排序(见图 D-10)。

**df.iloc[idx]**

|  | Make | Model | Year | Engine HP | Engine Cylinders | Transmission Type | Vehicle_Style | MSRP |
|---|---|---|---|---|---|---|---|---|
| 2 | Lotus | Elise | 2010 | 218.0 | 4 | MANUAL | convertible | 54990 |
| 4 | Nissan | Frontier | 2017 | 261.0 | 6 | MANUAL | Pickup | 32340 |
| 1 | Hyundai | Sonata | 2017 | NaN | 4 | AUTOMATIC | Sedan | 27150 |
| 3 | GMC | Acadia | 2017 | 194.0 | 4 | AUTOMATIC | 4dr SUV | 34450 |
| 0 | Nissan | Stanza | 1991 | 138.0 | 4 | MANUAL | sedan | 2000 |

图 D-10　使用 iloc 打乱 DataFrame 的行

这不会改变 df 中的 DataFrame，但可以将 df 变量重新赋给新 DataFrame。

```
df = df.iloc[idx]
```

df 现在包含一个打乱的 DataFrame。

在这个打乱的 DataFrame 中，仍可以使用 iloc 按位置编号来获取行。例如，如果将[0, 1, 2]传递给 iloc，将会获得前三行(见图 D-11)。

**df.iloc[[0, 1, 2]]**

|  | Make | Model | Year | Engine HP | Engine Cylinders | Transmission Type | Vehicle_Style | MSRP |
|---|---|---|---|---|---|---|---|---|
| 2 | Lotus | Elise | 2010 | 218.0 | 4 | MANUAL | convertible | 54990 |
| 4 | Nissan | Frontier | 2017 | 261.0 | 6 | MANUAL | Pickup | 32340 |
| 1 | Hyundai | Sonata | 2017 | NaN | 4 | AUTOMATIC | Sedan | 27150 |

图 D-11　使用 iloc 时，按位置获取行

然而，你可能已经注意到左边的数字不再是连续的：当打乱 DataFrame 时，也打乱了索引(见图 D-12)。

**df**

|  | Make | Model | Year | Engine HP | Engine Cylinders | Transmission Type | Vehicle_Style | MSRP |
|---|---|---|---|---|---|---|---|---|
| 2 | Lotus | Elise | 2010 | 218.0 | 4 | MANUAL | convertible | 54990 |
| 4 | Nissan | Frontier | 2017 | 261.0 | 6 | MANUAL | Pickup | 32340 |
| 1 | Hyundai | Sonata | 2017 | NaN | 4 | AUTOMATIC | Sedan | 27150 |
| 3 | GMC | Acadia | 2017 | 194.0 | 4 | AUTOMATIC | 4dr SUV | 34450 |
| 0 | Nissan | Stanza | 1991 | 138.0 | 4 | MANUAL | sedan | 2000 |

图 D-12　当打乱 DataFrame 的行时，也改变了索引，它不再是连续的

让我们检查索引。

```
df.index
```

它现在已变得不同。

```
Int64Index([2, 4, 1, 3, 0], dtype='int64')
```

要使用这个索引来访问行，可使用 loc 而不是 iloc。例如

```
df.loc[[0, 1]]
```

结果得到一个 DataFrame，其行索引为 0 和 1——最后一行和中间的行(见图 D-13)。

| **df.loc[[0, 1]]** | | | | | | | |
|---|---|---|---|---|---|---|---|
| | Make | Model | Year | Engine HP | Engine Cylinders | Transmission Type | Vehicle_Style | MSRP |
| 0 | Nissan | Stanza | 1991 | 138.0 | 4 | MANUAL | sedan | 2000 |
| 1 | Hyundai | Sonata | 2017 | NaN | 4 | AUTOMATIC | Sedan | 27150 |

图 D-13 当使用 loc 时，使用索引而不是位置来获取行

它与 iloc 完全不同：iloc 不使用索引。接下来进行比较。

```
df.iloc[[0, 1]]
```

这里也将得到一个包含两行的 DataFrame，但这是前两行，索引为 2 和 4(见图 D-14)。

| **df.iloc[[0, 1]]** | | | | | | | |
|---|---|---|---|---|---|---|---|
| | Make | Model | Year | Engine HP | Engine Cylinders | Transmission Type | Vehicle_Style | MSRP |
| 2 | Lotus | Elise | 2010 | 218.0 | 4 | MANUAL | convertible | 54990 |
| 4 | Nissan | Frontier | 2017 | 261.0 | 6 | MANUAL | Pickup | 32340 |

图 D-14 与 loc 不同，iloc 通过位置而不是索引获取行。在本例中得到位置为 0 和 1 的行(索引分别为 2 和 4)

因此，iloc 根本不查看索引，它只使用实际的位置。

可以替换索引并将其设置回默认值。为此，可以使用 reset_index 方法。

```
df.reset_index(drop=True)
```

它创建一个具有顺序索引的新 DataFrame(见图 D-15)。

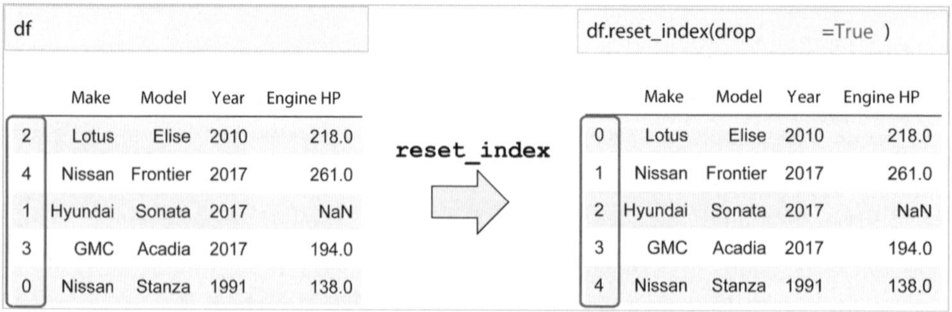

| **df** | | | | |
|---|---|---|---|---|
| | Make | Model | Year | Engine HP |
| 2 | Lotus | Elise | 2010 | 218.0 |
| 4 | Nissan | Frontier | 2017 | 261.0 |
| 1 | Hyundai | Sonata | 2017 | NaN |
| 3 | GMC | Acadia | 2017 | 194.0 |
| 0 | Nissan | Stanza | 1991 | 138.0 |

**reset_index** →

| **df.reset_index(drop =True )** | | | | |
|---|---|---|---|---|
| | Make | Model | Year | Engine HP |
| 0 | Lotus | Elise | 2010 | 218.0 |
| 1 | Nissan | Frontier | 2017 | 261.0 |
| 2 | Hyundai | Sonata | 2017 | NaN |
| 3 | GMC | Acadia | 2017 | 194.0 |
| 4 | Nissan | Stanza | 1991 | 138.0 |

图 D-15 可以使用 reset_index 将索引重置为连续编号

## D.1.5　划分 DataFrame

我们还可以使用 iloc 来选择 DataFrame 的子集。假设需要将 DataFrame 划分为三部分：训练集、验证集和测试集。其中将 60%的数据用于训练(3 行)、20%用于验证(1 行)和 20%用于测试(1 行)。

```
n_train = 3
n_val = 1
n_test = 1
```

使用切片运算符(:)来选择行范围。它作用于 DataFrame 的方式与作用于列表的方式相同。因此，为划分 DataFrame，执行以下操作。

❶
```
df_train = df.iloc[:n_train]          ←── 为训练数据选择行
df_val = df.iloc[n_train:n_train+n_val]  ❷ 为验证数据选择行
df_test = df.iloc[n_train+n_val:]     ←── 为测试数据选择行
```
❸

在❶中将得到训练集：iloc[:n_train]选择从 DataFrame 的一开始到 n_train 之前的行。对于 n_train=3，它选择第 0、1 和 2 行，不包括第 3 行。

在❷中将得到验证集：iloc[n_train:n_train+n_val]选择从 3 到 3 + 1 = 4 的行。它是不包含边界值的，因此只包括第 3 行。

在❸中将得到测试集：iloc[n_train+n_val:]选择从 3 + 1 = 4 到 DataFrame 最后的行。本例中只有第 4 行。

结果将获得 3 个 DataFrame(见图 D-16)。

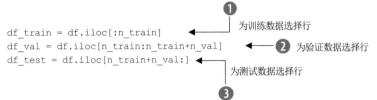

图 D-16　使用 iloc 和冒号运算符将 DataFrame 划分为 3 个子 DataFrame

更多有关 Python 切片的信息请参阅附录 B。

上述已经介绍了基本的 Pandas 数据结构，现在查看可以用它们做什么。

# D.2 操作

Pandas 是一个很好的数据操作工具，它支持多种操作。可以将这些操作分为元素级操作、汇总操作、过滤、排序以及分组等。本节将介绍这些操作。

## D.2.1 元素级操作

在 Pandas 中，序列支持元素级操作。就像在 NumPy 中一样，元素级操作应用于序列中的每个元素，结果将得到另一个序列。

所有基本算术运算都是基于元素的：加法(+)、减法(–)、乘法(*)和除法(/)。对于元素级操作，不需要编写任何循环，Pandas 会自动完成。

例如，可以将序列的每个元素乘以 2。

```
df['Engine HP'] * 2
```

结果将得到另一个序列，其中每个元素都被乘以 2(见图 D-17)。

```
df['Engine HP']                              df['Engine HP'] * 2

0      218.0                                 0      436.0
1      261.0                                 1      522.0
2        NaN                                 2        NaN
3      194.0                                 3      388.0
4      138.0                                 4      276.0
Name: Engine HP, dtype: float64             Name: Engine HP, dtype: float64
```

图 D-17　与 NumPy 数组一样，序列的所有基本算术运算都是元素级的

与算术一样，逻辑运算也是基于元素的。

```
df['Year'] > 2000
```

该表达式返回一个布尔序列，对于大于 2000 的元素来说为 True(见图 D-18)。

```
df['Year']                                   df['Year'] > 2000

0      2010                                  0      True
1      2017                                  1      True
2      2017                                  2      True
3      2017                                  3      True
4      1991                                  4      False
Name: Year, dtype: int64                     Name: Year, dtype: bool
```

图 D-18　逻辑运算是按元素应用的：在结果中，满足条件的所有元素都为 True

我们可以用逻辑与(&)或者逻辑或(|)组合多个逻辑运算。

```
(df['Year'] > 2000) & (df['Make'] == 'Nissan')
```

结果也是一个序列。逻辑运算对于过滤很有用，接下来进行介绍。

## D.2.2 过滤

通常，我们需要根据某些标准选择行的子集。为此，将布尔运算与方括号表示法一起使用。

例如，要选择所有 Nissan 汽车，将条件放在方括号内。

```
df[df['Make'] == 'Nissan']
```

结果将得到另一个包含 Nissan 的 DataFrame(见图 D-19)。

```
df[df['Make'] == 'Nissan']
```

|   | Make | Model | Year | Engine HP | Engine Cylinders | Transmission Type | Vehicle_Style | MSRP |
|---|------|-------|------|-----------|------------------|-------------------|---------------|------|
| 1 | Nissan | Frontier | 2017 | 261.0 | 6 | MANUAL | Pickup | 32340 |
| 4 | Nissan | Stanza | 1991 | 138.0 | 4 | MANUAL | sedan | 2000 |

图 D-19　要过滤行，可将过滤条件放在方括号内

如果需要一个更复杂的选择条件，可以将多个条件用逻辑运算符结合起来。

例如，要选择 2000 年以后制造的自动变速汽车，可以使用逻辑与(见图 D-20)。

```
df[(df['Year'] > 2010) & (df['Transmission Type'] == 'AUTOMATIC')]
```

```
df[(df['Year'] > 2010) & (df['Transmission Type'] == 'AUTOMATIC')]
```

|   | Make | Model | Year | Engine HP | Engine Cylinders | Transmission Type | Vehicle_Style | MSRP |
|---|------|-------|------|-----------|------------------|-------------------|---------------|------|
| 2 | Hyundai | Sonata | 2017 | NaN | 4 | AUTOMATIC | Sedan | 27150 |
| 3 | GMC | Acadia | 2017 | 194.0 | 4 | AUTOMATIC | 4dr SUV | 34450 |

图 D-20　要使用多个选择条件，可使用逻辑与

## D.2.3　字符串操作

尽管对于 NumPy 数组，只能执行元素级算术和逻辑操作，但 Pandas 支持字符串操作：小写、替换子字符串以及可以对字符串对象执行的其他所有操作。

现在查看 Vehicle_Style，它是 DataFrame 中的一列。我们在数据中看到一些不一致的地方：有时名称以小写字母开头，有时以大写字母开头(见图 D-21)。

```
df['Vehicle_Style']

0    convertible
1         Pickup
2          Sedan
3        4dr SUV
4          sedan
Name: Vehicle_Style, dtype: object
```

图 D-21　Vehicle_Style 列中的数据有些不一致

为解决该问题，可以将所有内容都设为小写。对于常见的 Python 字符串，可以使用 lower 函数并将其应用于序列的所有元素。Pandas 中没有编写循环，而是使用特殊的 str 访问器——它使字符串操作按元素进行，避免了显式编写 for 循环。

```
df['Vehicle_Style'].str.lower()
```

结果得到一个新序列，所有字符串都变为小写(见图 D-22)。

```
df['Vehicle_Style'].str.lower()

0    convertible
1        pickup
2         sedan
3      4dr suv
4         sedan
Name: Vehicle_Style, dtype: object
```

图 D-22　可以使用 lower 将序列的所有字符串小写

也可以通过多次使用 str 访问器来链接多个字符串操作(见图 D-23)。

```
df['Vehicle_Style'].str.lower().str.replace(' ', '_')
```

```
df['Vehicle_Style'].str.lower().str.replace(' ', '_')

0    convertible
1        pickup
2         sedan
3      4dr_suv
4         sedan
Name: Vehicle_Style, dtype: object
```

图 D-23　可以使用 replace 方法替换序列的所有字符串中的字符。可以在一行中将多个方法链接在一起

这里，我们一次性将所有内容都改为小写并用下画线替换空格。

DataFrame 的列名也不一致：有时有空格，有时有下画线(见图 D-24)。

| | Make | Model | Year | Engine HP | Engine Cylinders | Transmission Type | Vehicle_Style | MSRP |
|---|---|---|---|---|---|---|---|---|
| 0 | Lotus | Elise | 2010 | 218.0 | 4 | MANUAL | convertible | 54990 |
| 1 | Nissan | Frontier | 2017 | 261.0 | 6 | MANUAL | Pickup | 32340 |
| 2 | Hyundai | Sonata | 2017 | NaN | 4 | AUTOMATIC | Sedan | 27150 |
| 3 | GMC | Acadia | 2017 | 194.0 | 4 | AUTOMATIC | 4dr SUV | 34450 |
| 4 | Nissan | Stanza | 1991 | 138.0 | 4 | MANUAL | sedan | 2000 |

图 D-24　DataFrame 的列名不一致

还可以使用字符串操作来规范化列名。

```
df.columns.str.lower().str.replace(' ', '_')
As a result, we have:
Index(['make', 'model', 'year', 'engine_hp', 'engine_cylinders',
       'transmission_type', 'vehicle_style', 'msrp'],
      dtype='object')
```

上述代码返回新名称,但不会更改 DataFrame 的列名。要修改它们,需要将结果分配回 df.columns。

```
df.columns = df.columns.str.lower().str.replace(' ', '_')
```

如此操作时，列名会发生改变(见图 D-25)。

可以在 DataFrame 的所有列中解决这种不一致的问题。为此，需要选择所有带有字符串的列并对其进行规范化。

要选择所有字符串，可以使用 DataFrame 的 dtype 属性(见图 D-26)。

| | make | model | year | engine_hp | engine_cylinders | transmission_type | vehicle_style | msrp |
|---|---|---|---|---|---|---|---|---|
| 0 | Lotus | Elise | 2010 | 218.0 | 4 | MANUAL | convertible | 54990 |
| 1 | Nissan | Frontier | 2017 | 261.0 | 6 | MANUAL | Pickup | 32340 |
| 2 | Hyundai | Sonata | 2017 | NaN | 4 | AUTOMATIC | Sedan | 27150 |
| 3 | GMC | Acadia | 2017 | 194.0 | 4 | AUTOMATIC | 4dr SUV | 34450 |
| 4 | Nissan | Stanza | 1991 | 138.0 | 4 | MANUAL | sedan | 2000 |

图 D-25　列名规范化后的 DataFrame

```
df.dtypes

make                  object
model                 object
year                   int64
engine_hp            float64
engine_cylinders       int64
transmission_type     object
vehicle_style         object
msrp                   int64
dtype: object
```

图 D-26　dtypes 属性返回 DataFrame 每一列的类型

所有字符串列的 dtype 都设置为 object。因此，如果想选择它们，需要使用过滤。

```
df.dtypes[df.dtypes == 'object']
```

这将返回一个仅包含 object dtype 列的序列(见图 D-27)。

```
df.dtypes[df.dtypes == 'object']

make                  object
model                 object
transmission_type     object
vehicle_style         object
dtype: object
```

图 D-27　可以使用 object dtype 仅获取带有字符串的列

实际名称存储在索引中，因此需要获取它们。

```
df.dtypes[df.dtypes == 'object'].index
```

这将提供以下列名。

```
Index(['make', 'model', 'transmission_type', 'vehicle_style'], dtype='object')
```

现在可以使用该列表来迭代字符串列并分别对每一列应用规范化。

```
string_columns = df.dtypes[df.dtypes == 'object'].index

for col in string_columns:
    df[col] = df[col].str.lower().str.replace(' ', '_')
```

运行后的结果如下所示(见图 D-28)。

| | make | model | year | engine_hp | engine_cylinders | transmission_type | vehicle_style | msrp |
|---|---|---|---|---|---|---|---|---|
| 0 | lotus | elise | 2010 | 218.0 | 4 | manual | convertible | 54990 |
| 1 | nissan | frontier | 2017 | 261.0 | 6 | manual | pickup | 32340 |
| 2 | hyundai | sonata | 2017 | NaN | 4 | automatic | sedan | 27150 |
| 3 | gmc | acadia | 2017 | 194.0 | 4 | automatic | 4dr_suv | 34450 |
| 4 | nissan | stanza | 1991 | 138.0 | 4 | manual | sedan | 2000 |

图 D-28　列名和值都被规范化：名称为小写，同时空格替换为下画线

接下来将介绍另一种类型的操作：汇总操作。

## D.2.4　汇总

与在 NumPy 中一样，Pandas 中也包含生成汇总的操作。

汇总操作对于进行探索性数据分析非常有用。对于数值字段，操作与在 NumPy 中类似。例如，要计算列中所有值的平均值，可以使用 mean 方法。

```
df.msrp.mean()
```

可以使用的其他方法包括如下。

● sum：计算所有值的总和。

● min：获取序列中的最小数。

● max：获取序列中的最大数。

● std：计算标准差。

可以使用 describe 一次获取所有这些值，而不是单独检查这些内容。

```
df.msrp.describe()
```

它创建一个包含行数、平均值、最小值和最大值，以及标准差和其他特征的汇总。

```
count          5.000000
mean       30186.000000
std        18985.044904
min         2000.000000
25%        27150.000000
50%        32340.000000
75%        34450.000000
max        54990.000000
Name: msrp, dtype: float64
```

在整个 DataFrame 上调用 mean 时，它会计算所有数字列的平均值。

```
df.mean()
```

本例中有 4 个数字列，因此得到每个列的平均值。

```
year                2010.40
engine_hp            202.75
engine_cylinders       4.40
msrp               30186.00
```

```
dtype: float64
```

同样，可以在 DataFrame 上使用 describe 方法。

```
df.describe()
```

因为 describe 已经返回一个序列，所以在 DataFrame 上调用它时，也会得到一个 DataFrame(见图 D-29)。

|  | year | engine_hp | engine_cylinders | msrp |
|---|---|---|---|---|
| count | 5.00 | 4.00 | 5.00 | 5.00 |
| mean | 2010.40 | 202.75 | 4.40 | 30186.00 |
| std | 11.26 | 51.30 | 0.89 | 18985.04 |
| min | 1991.00 | 138.00 | 4.00 | 2000.00 |
| 25% | 2010.00 | 180.00 | 4.00 | 27150.00 |
| 50% | 2017.00 | 206.00 | 4.00 | 32340.00 |
| 75% | 2017.00 | 228.75 | 4.00 | 34450.00 |
| max | 2017.00 | 261.00 | 6.00 | 54990.00 |

图 D-29　要获得所有数值特征的汇总统计，可以使用 describe 方法

## D.2.5　缺失值

我们之前没有关注这个问题，但是数据中存在一个缺失值：第 2 行的 engine_hp 的值未知(见图 D-30)。

|  | make | model | year | engine_hp | engine_cylinders | transmission_type | vehicle_s tyle | m srp |
|---|---|---|---|---|---|---|---|---|
| 0 | lotus | elise | 2010 | 218.0 | 4 | manual | convertible | 54990 |
| 1 | nissan | frontier | 2017 | 261.0 | 6 | manual | pickup | 32340 |
| 2 | hyundai | sonata | 2017 | NaN | 4 | automatic | sedan | 27150 |
| 3 | gmc | acadia | 2017 | 194.0 | 4 | automatic | 4dr_suv | 34450 |
| 4 | nissan | stanza | 1991 | 138.0 | 4 | manual | sedan | 2000 |

图 D-30　DataFrame 中有一个缺失值

可以使用 isnull 方法查看缺少哪些值。

```
df.isnull()
```

如果原始 DataFrame 中缺少相应的值，则此方法将返回一个新 DataFrame，其中单元格为 True(见图 D-31)。

但是，当有较大的 DataFrame 时，查看所有值是不切实际的。可以通过对结果运行 sum 方法轻松地进行汇总。

```
df.isnull().sum()
```

df.isnull()

| | make | model | year | engine_hp | engine_cylinder s | transmission_type | vehicle_style | msrp |
|---|---|---|---|---|---|---|---|---|
| 0 | False | False | False | False | False | False | False | False |
| 1 | False | False | False | False | False | False | False | False |
| 2 | False | False | False | True | False | False | False | False |
| 3 | False | False | False | False | False | False | False | False |
| 4 | False | False | False | False | False | False | False | False |

图 D-31　可以使用 isnull 方法查找缺失值

它返回一个序列，其中包含每列缺失值的数量。在本例中，只有 engine_hp 有缺失值，其他都没有(见图 D-32)。

```
df.isnull().sum()

make                 0
model                0
year                 0
engine_hp            1
engine_cylinders     0
transmission_type    0
vehicle_style        0
msrp                 0
dtype: int64
```

图 D-32　要查找具有缺失值的列，可以使用 isnull 后跟 sum

为了用一些实际值替换缺失值，可以使用 fillna 方法。例如，可以用 0 填充缺失值。

```
df.engine_hp.fillna(0)
```

结果得到一个新序列，其中 NaN 被 0 替换。

```
0    218.0
1    261.0
2      0.0
3    194.0
4    138.0
Name: engine_hp, dtype: float64
```

或者，可以通过获取平均值来替换。

```
df.engine_hp.fillna(df.engine_hp.mean())
```

这种情况下，NaN 被平均值替换。

```
0    218.00
1    261.00
2    202.75
3    194.00
4    138.00
Name: engine_hp, dtype: float64
```

fillna 方法返回一个新序列。因此，如果要从 DataFrame 中删除缺失值，需要将结果写回。

```
df.engine_hp = df.engine_hp.fillna(df.engine_hp.mean())
```

现在得到一个没有缺失值的 DataFrame(见图 D-33)。

```
df.engine_hp = df.engine_hp.fillna(df.engine_hp.mean())
df
```

|   | make | model | year | engine_hp | engine_cylinders | transmission_type | vehicle_style | msrp |
|---|------|-------|------|-----------|------------------|-------------------|---------------|------|
| 0 | lotus | elise | 2010 | 218.00 | 4 | manual | convertible | 54990 |
| 1 | nissan | frontier | 2017 | 261.00 | 6 | manual | pickup | 32340 |
| 2 | hyundai | sonata | 2017 | 202.75 | 4 | automatic | sedan | 27150 |
| 3 | gmc | acadia | 2017 | 194.00 | 4 | automatic | 4dr_suv | 34450 |
| 4 | nissan | stanza | 1991 | 138.00 | 4 | manual | sedan | 2000 |

图 D-33 没有缺失值的 DataFrame

## D.2.6 排序

前面介绍的操作主要用于序列。我们也可以对 DataFrame 执行操作。

排序是这些操作之一：它重新排列 DataFrame 中的行，以便按某列(或多列)的值排序。

例如，按 MSRP 对 DataFrame 进行排序。为此，可以使用 sort_values 方法。

```
df.sort_values(by='msrp')
```

结果将得到一个新 DataFrame，其中行从最小的 MSRP(2000)到最大的 MSRP(54990)排序(见图 D-34)。

```
df.sort_values(by='msrp')
```

|   | make | model | year | engine_hp | engine_cylinders | transmission_type | vehicle_style | msrp |
|---|------|-------|------|-----------|------------------|-------------------|---------------|------|
| 4 | nissan | stanza | 1991 | 138.00 | 4 | manual | sedan | 2000 |
| 2 | hyundai | sonata | 2017 | 202.75 | 4 | automatic | sedan | 27150 |
| 1 | nissan | frontier | 2017 | 261.00 | 6 | manual | pickup | 32340 |
| 3 | gmc | acadia | 2017 | 194.00 | 4 | automatic | 4dr_suv | 34450 |
| 0 | lotus | elise | 2010 | 218.00 | 4 | manual | convertible | 54990 |

图 D-34 可以使用 sort_values 对 DataFrame 的行进行排序

如果希望首先出现最大值，可以将 ascending 参数设置为 False。

```
df.sort_values(by='msrp', ascending=False)
```

现在第一行的 MSRP 是 54990，最后一行是 2000(见图 D-35)。

| | make | model | year | engine_hp | engine_cylinders | transmission_type | vehicle_style | msrp |
|---|---|---|---|---|---|---|---|---|
| 0 | lotus | elise | 2010 | 218.00 | 4 | manual | convertible | 54990 |
| 3 | gmc | acadia | 2017 | 194.00 | 4 | automatic | 4dr_suv | 34450 |
| 1 | nissan | frontier | 2017 | 261.00 | 6 | manual | pickup | 32340 |
| 2 | hyundai | sonata | 2017 | 202.75 | 4 | automatic | sedan | 27150 |
| 4 | nissan | stanza | 1991 | 138.00 | 4 | manual | sedan | 2000 |

图 D-35　要按降序对 DataFrame 的行进行排序，可以使用 ascending=False

## D.2.7　分组

Pandas 提供了很多汇总操作：求和、求均值和许多其他操作。之前已看到如何应用它们来计算整个 DataFrame 的汇总。然而，有时我们希望按组计算——例如计算每种变速器类型的平均价格。

在 SQL 中，我们会像下面这样写。

```sql
SELECT
    tranmission_type,
    AVG(msrp)
FROM
    cars
GROUP BY
    transmission_type;
```

在 Pandas 中，则可以使用 groupby 方法。

```python
df.groupby('transmission_type').msrp.mean()
```

结果是每种变速器类型的平均价格。

```
transmission_type
automatic    30800.000000
manual       29776.666667
Name: msrp, dtype: float64
```

在 SQL 中，如果还想计算每种类型的记录数以及平均价格，会在 SELECT 子句中添加另一条语句。

```sql
SELECT
    tranmission_type,
    AVG(msrp),
    COUNT(msrp)
FROM
    cars
GROUP BY
    transmission_type
```

在 Pandas 中，可以使用 groupby 后跟 agg(aggregate 的缩写)。

```python
df.groupby('transmission_type').msrp.agg(['mean', 'count'])
```

结果会得到一个 DataFrame(见图 D-36)。

```
df.groupby('transmission_type').msrp.agg(['mean', 'count'])
```

|                      | mean          | count |
| -------------------- | ------------- | ----- |
| **transmission_type** |               |       |
| automatic            | 30800.000000  | 2     |
| manual               | 29776.666667  | 3     |

图 D-36　分组时，可以使用 agg 方法应用多个聚合函数

Pandas 是一个非常强大的数据操作工具，它通常用于在训练机器学习模型之前准备数据。有了本附录中的信息，你将更容易理解本书中的代码。

# AWS SageMaker

AWS SageMaker 是 AWS 提供的一组与机器学习相关的服务。SageMaker 可以轻松地在 AWS 上创建安装好 Jupyter 的服务器。笔记本已配置好：它们拥有需要的大部分库，包括 NumPy、Pandas、Scikit-learn 和 TensorFlow，因此可以将它们用于我们的项目。

## E.1　AWS SageMaker Notebooks

SageMaker 的笔记本对于训练神经网络特别有趣，原因有两个。
- 无须担心设置 TensorFlow 和所有库。
- 可以租用带有 GPU 的计算机，这能够更快地训练神经网络。

要使用 GPU，需要调整默认配额。E.1.1 节中将介绍如何执行此操作。

### E.1.1　增加 GPU 配额限制

AWS 上的每个账户都有配额限制。例如，如果对具有 GPU 的实例数量的配额限制为 10，则无法请求 11 个 GPU 实例。

默认情况下，配额限制为 0，这意味着在不更改配额限制的情况下无法租用 GPU 机器。

要增加配额，可以在 AWS Console 中打开支持中心：单击右上角的 Support 并选择 Support Center 选项(见图 E-1)。

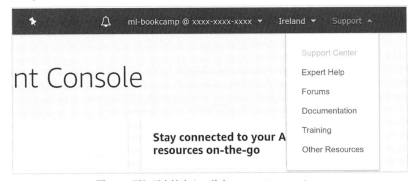

图 E-1　要打开支持中心，单击 Support | Support Center

接下来，单击 Create case 按钮(见图 E-2)。

现在选择 Service limit increase 选项。在 Case details 部分，从 Limit type 下拉列表中选择 SageMaker(见图 E-3)。

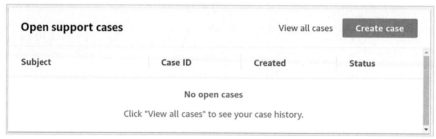

图 E.-2　在支持中心单击 Create case 按钮

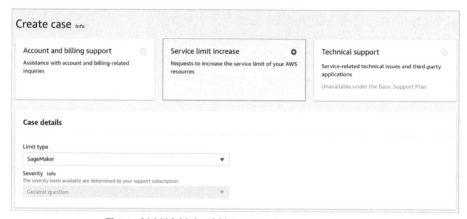

图 E-3　创建新案例时，选择 Service limit increase | SageMaker

之后，填写配额增加表(见图 E-4)。

- Region：选择离你最近或最便宜的。可以通过 https://aws.amazon.com/sagemaker/pricing/查看价格。Resource Type 选择 SageMaker Notebooks。
- Limit：一个带有 GPU 的机器的 ml.p2.xlarge 实例。
- New limit value：填写 1。

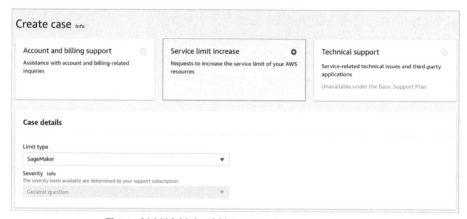

图 E-4　将 ml.p2.xlarge 的限制增加到 1 个实例

最后,描述为什么需要增加配额限制。例如,可以输入 I'd like to train a neural network using a GPU machine(见图 E-5)。

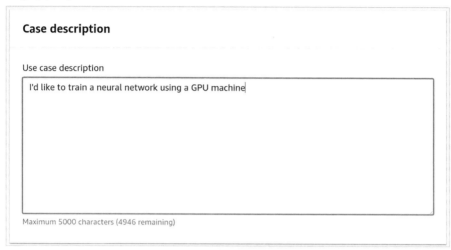

图 E-5　需要解释为什么要增加限制

准备好后就可以单击 Submit 按钮。

之后，会看到请求的一些详细信息。回到支持中心，可以在打开的案例列表中看到新案例(见图 E-6)。

图 E-6　打开的支持案例列表

处理请求和增加配额限制通常需要一到两天的时间。

一旦增加了配额限制，就可以创建一个带有 GPU 的 Jupyter Notebook 实例。

## E.1.2　创建笔记本实例

要在 SageMaker 中创建一个 Jupyter Notebook，首先要在服务列表中找到 SageMaker(见图 E-7)。

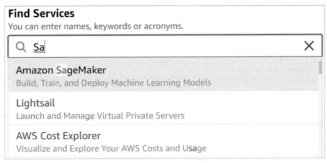

图 E-7　要查找 SageMaker，可以在搜索框中输入 SageMaker

**注意：** SageMaker 笔记本不在免费套餐范围内，因此租用 Jupyter Notebook 需要花钱。

对于带有一个 GPU(ml.p2.xlarge)的实例，在撰写本书时，一小时的花费如下。

- Frankfurt：1.856 美元。
- Ireland：1.361 美元。
- Northern Virginia：1.26 美元。

第 7 章的项目需要一到两小时才能完成。

**注意：** 请确保你所在的区域与请求增加配额限制的区域相同。

在 SageMaker 中，选择 Notebook instances，然后单击 Create notebook instance 按钮(见图 E-8)。

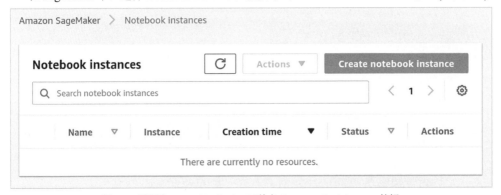

图 E-8　要创建 Jupyter Notebook，可单击 Create notebook instance 按钮

接下来需要配置实例。首先，输入实例的名称及类型。因为我们对 GPU 实例感兴趣，所以在 Accelerated computing 部分选择 ml.p2.xlarge(见图 E-9)。

在 Additional Configuration 的 Volume size 字段中写入 5GB。这样应该有足够的空间来存储数据集以及保存模型。

如果你之前使用过 SageMaker 并且已拥有一个 IAM 角色，那么在 IAM role 部分选择它。

但如果你是第一次这样做，请选择 Create a new role 选项(见图 E-10)。

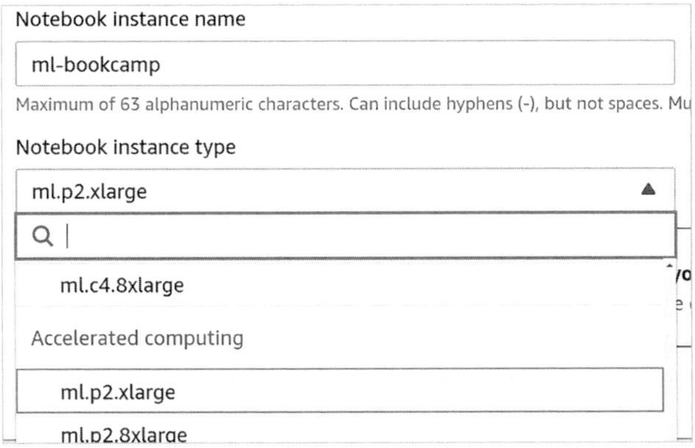

图 E-9　Accelerated computing 部分包含带有 GPU 的实例

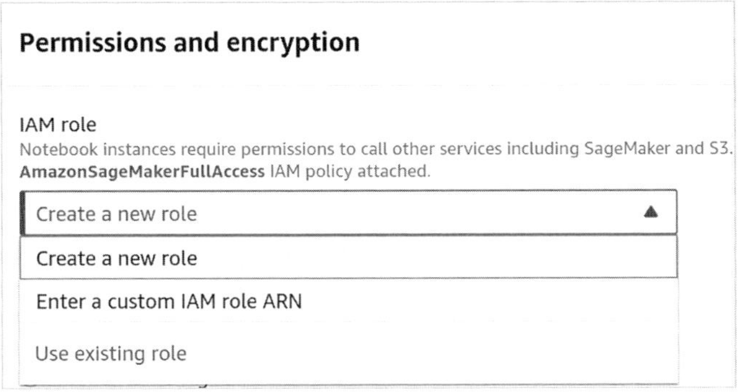

图 E-10　要使用 SageMaker 笔记本，需要为其创建一个 IAM 角色

创建角色时，保留默认值，然后单击 Create role 按钮(见图 E-11)。

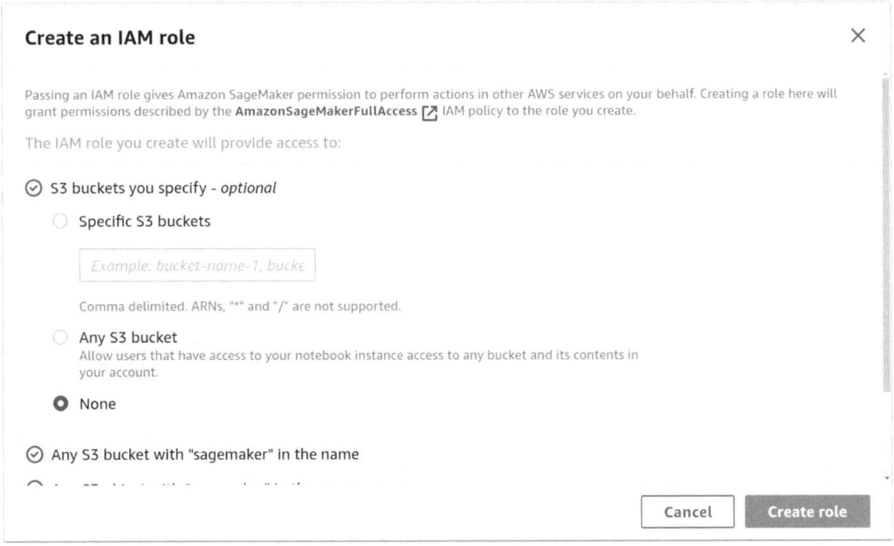

图 E-11　保留新 IAM 角色的默认值

其余选项保持不变。

- Root access：Enable。
- Encryption key：No custom encryption。
- Network：No VPC。
- Git repositories：None。

最后，单击 Create notebook instance 按钮以启动它。

如果由于某些原因看到 ResourceLimitExceeded 错误消息(见图 E-12)，请确保如下事项。

- 已请求增加 ml.p2.xlarge 实例类型的配额限制。
- 请求已被处理。
- 你正试图在要求增加配额的同一区域创建一个笔记本。

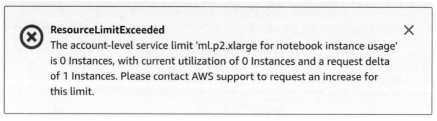

图 E-12　如果看到 ResourceLimitExceeded 错误消息，那么就是需要增加配额限制

创建一个实例后，笔记本将出现在笔记本实例列表中(见图 E-13)。

现在需要等到笔记本的状态从 Pending 变为 InService，这可能需要一到两分钟。一旦它处于 InService 状态，就可以使用(见图 E-14)。单击 Open Jupyter 以访问它。

接下来查看如何在 TensorFlow 中使用它。

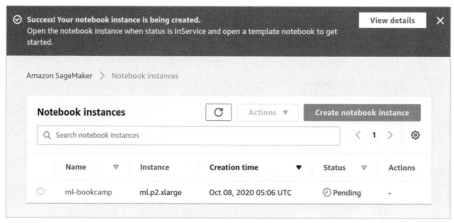

图 E-13　笔记本实例已创建

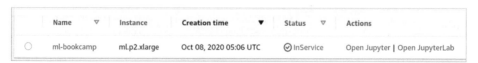

图 E-14　新的笔记本实例已处于服务状态并可以使用

## E.1.3　训练模型

单击 Open Jupyter 后，会看到熟悉的 Jupyter Notebook 界面。

要创建一个新笔记本，可单击 New 按钮，然后选择 conda_tensorflow2_p36(见图 E-15)。

该笔记本有 Python 3.6 版本和 TensorFlow 2.1.0 版本。在撰写本书时，2.1.0 版本是 SageMaker 中 TensorFlow 的最新版本。

现在，导入 TensorFlow 并检查其版本。

```
import tensorflow as tf
tf.__version__
```

版本应为 2.1.0 或更高版本(见图 E-16)。

现在转到第 7 章并训练一个神经网络。训练完成后，需要关闭笔记本。

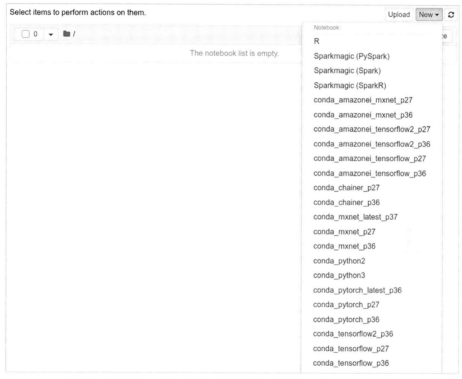

图 E-15　要使用 TensorFlow 创建一个新笔记本，可选择 conda_tensorflow2_p36

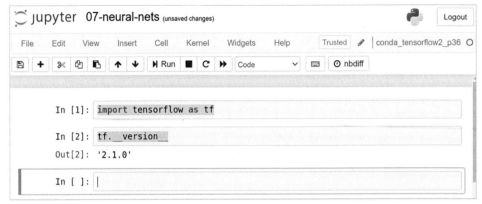

图 E-16　对于需要演示的示例，至少需要 TensorFlow 2.1.0 版本

## E.1.4　关闭笔记本

要停止笔记本，首先选择要停止的实例，然后在 Actions 下拉列表中选择 Stop 操作(见图 E-17)。

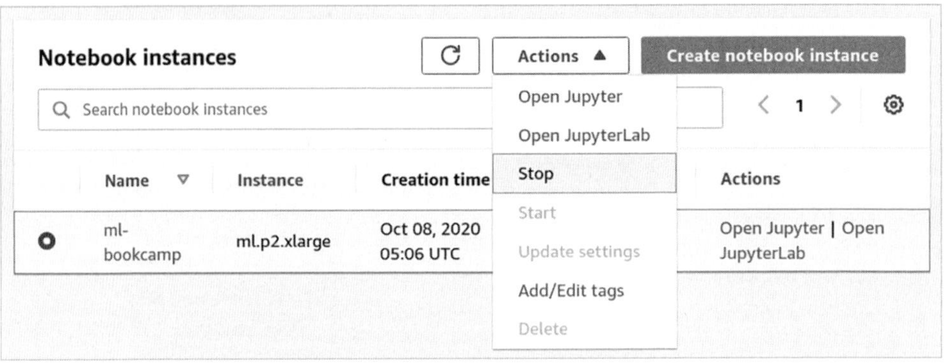

图 E-17　要关闭笔记本，可选择 Stop 操作

完成此操作后，笔记本的状态将从 InService 更改为 Stopping。这可能需要几分钟才能完全停止并将状态从 Stopping 更改为 Stopped。

**注意**：当停止一个笔记本时，所有的代码和数据都会被保存。下次再启动时，可以从中断的地方继续。

**警告**：笔记本实例很昂贵，因此请确保不会随意让它运行。SageMaker 不在免费套餐范围内，因此如果忘记停止它，你将在月底收到巨额账单。不过可以在 AWS 中设置预算来避免巨额账单。可以参阅有关 AWS 成本管理的文档：https://docs.aws.amazon.com/awsaccountbilling/latest/aboutv2/budgets-managing-costs.html。当不再需要笔记本时就关掉它。

完成项目工作后，可以删除笔记本。选择一个笔记本，然后从下拉列表中选择 Delete(见图 E-18)。注意，笔记本必须处于 Stopped 状态才能将其删除。

它将首先从 Stopped 状态更改为 Deleting 状态，并且在 30 秒后，它将从笔记本列表中消失。

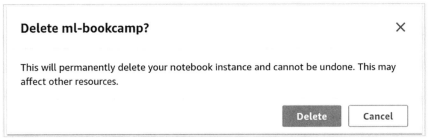

图 E-18   完成第 7 章内容后，就可以删除笔记本